# C++开发案例精讲

主编　杨国兴

中国水利水电出版社
www.waterpub.com.cn
·北京·

## 内 容 提 要

本书以五子棋项目案例为主线，介绍使用 C++开发应用软件的各种技术，并充分体现面向对象的程序设计思想。本书内容包括多线程与网络编程基础、单机版五子棋、网络五子棋、棋谱的保存与回放和五子棋人机对战等。本书对 C++中的界面编程、多线程编程、网络编程、数据库编程以及五子棋算法都有详细的讨论。

本书案例趣味性强，项目实现过程描述详细，可作为大专院校计算机类各专业 C++程序设计实训、C++程序设计课程设计等课程的教材，也可以作为 C++程序设计爱好者的参考书。

**图书在版编目（CIP）数据**

C++开发案例精讲 / 杨国兴主编. -- 北京 : 中国水利水电出版社, 2023.11
ISBN 978-7-5226-1922-4

Ⅰ. ①C… Ⅱ. ①杨… Ⅲ. ①C++语言－程序设计－案例 Ⅳ. ①TP312.8

中国国家版本馆CIP数据核字(2023)第217415号

策划编辑：周益丹　　责任编辑：魏渊源　　加工编辑：刘　瑜　　封面设计：苏　敏

| | |
|---|---|
| 书　名 | C++开发案例精讲<br>C++ KAIFA ANLI JINGJIANG |
| 作　者 | 主编　杨国兴 |
| 出版发行 | 中国水利水电出版社<br>（北京市海淀区玉渊潭南路 1 号 D 座　100038）<br>网址：www.waterpub.com.cn<br>E-mail：mchannel@263.net（答疑）<br>sales@mwr.gov.cn<br>电话：（010）68545888（营销中心）、82562819（组稿） |
| 经　售 | 北京科水图书销售有限公司<br>电话：（010）68545874、63202643<br>全国各地新华书店和相关出版物销售网点 |
| 排　版 | 北京万水电子信息有限公司 |
| 印　刷 | 三河市鑫金马印装有限公司 |
| 规　格 | 184mm×240mm　16 开本　17 印张　392 千字 |
| 版　次 | 2023 年 11 月第 1 版　2023 年 11 月第 1 次印刷 |
| 印　数 | 0001—2000 册 |
| 定　价 | 49.00 元 |

# 前　言

C++是目前最流行的程序设计语言之一，是在 C 语言的基础上发展起来的，融入了面向对象的程序设计方法。对软件开发人员来说，掌握 C++基础以及具有使用 C++进行软件开发的能力是非常重要的，因此大多数与计算机相关的专业都开设了 C++程序设计课程。

C++程序设计（包括任何一种计算机语言课程）是一门实践性很强的课程，仅掌握 C++的基本语法知识，与利用 C++进行软件开发还有很大的差距。因此，学习者在掌握 C++的基本语法知识后，应该通过大量的编程实践，逐步提高利用 C++进行软件开发的能力。

《C++开发案例精讲》以五子棋游戏制作为例，介绍利用 C++进行软件开发的技术。五子棋游戏比较简单，是大家比较熟悉的游戏之一，因此选择五子棋游戏为例，有助于提高学习者的兴趣，易于按照书中介绍的步骤，逐步将五子棋游戏制作出来。

本书由 5 章内容组成，包括多线程与网络编程基础、单机版五子棋、网络五子棋、棋谱的保存与回放以及五子棋人机对战，涉及的主要知识有界面编程、多线程编程、数据库编程和网络编程等。本书的所有程序都由编者亲自编写，并在 Visual Studio 2022 环境下调试通过，数据库使用的是 MySQL 数据库。

本书的主要特色是给出了程序实现的详细过程，真正体现手把手教学，学习者只要按照书中介绍的步骤练习，就能得到最终所需要的程序。

为了方便教师教学与学生学习，本书提供了 PowerPoint 电子教案，方便教师根据具体情况进行必要的修改；为自学的读者提供了全书的视频讲解，可扫描书中的二维码观看。

北京科技大学姚琳教授、魏增产教授，防灾科技学院李忠教授认真审阅了全书并提出了许多宝贵意见。本书的编写得到了北京科技大学教材建设经费的资助，在此一并表示衷心的感谢！

由于编者水平有限，书中若有不妥之处，恳请专家与读者批评指正。

编　者

2023 年 5 月

# 目　录

# 第 1 章　多线程与网络编程基础

## 1.1　安装 Visual Studio 2022

安装 Visual Studio 2022

Visual Studio 是微软公司推出的开发环境，也是目前最流行的 Windows 平台应用程序开发环境，目前最新版本是 Visual Studio 2022。Visual Studio 早期的版本号使用序号，如 Visual Studio 5.0、Visual Studio 6.0，从 Visual Studio 6.0 之后不再使用序号，而是使用版本发布的年份，如 Visual Studio 2017、Visual Studio 2019。本书的程序全部运行在 Visual Studio 2022 环境下，下面介绍 Visual Studio 2022 的安装，其他版本的 Visual Studio 安装与之类似。

### 1.1.1　下载 Visual Studio 2022 安装程序

Visual Studio 可在官网下载，打开网页后，可以看到 Visual Studio 2022 提供了三个版本可供用户下载，即社区版（Community）、专业版（Professional）和企业版（Enterprise），如图 1-1 所示。其中社区版是免费下载的，另外两个版本的下载是要收费的，学习 C++使用社区版就足够了。单击社区版的“免费下载”按钮下载 Visual Studio 安装程序。

图 1-1　下载 Visual Studio 2022 安装程序

下载完成后，可以找到安装程序，其文件名是“VisualStudioSetup.exe”。

### 1.1.2　安装 Visual Studio 2022

运行安装程序 VisualStudioSetup.exe，出现如图 1-2 所示的界面，单击“继续”按钮，进行安装前的一些配置工作。

图 1-2　Visual Studio 2022 安装初始界面

安装程序经过一段时间处理后，出现如图 1-3 所示的界面，从该界面中可以看出 Visual Studio 2022 不仅可以进行 C++程序开发，还可以完成其他类型程序的开发。

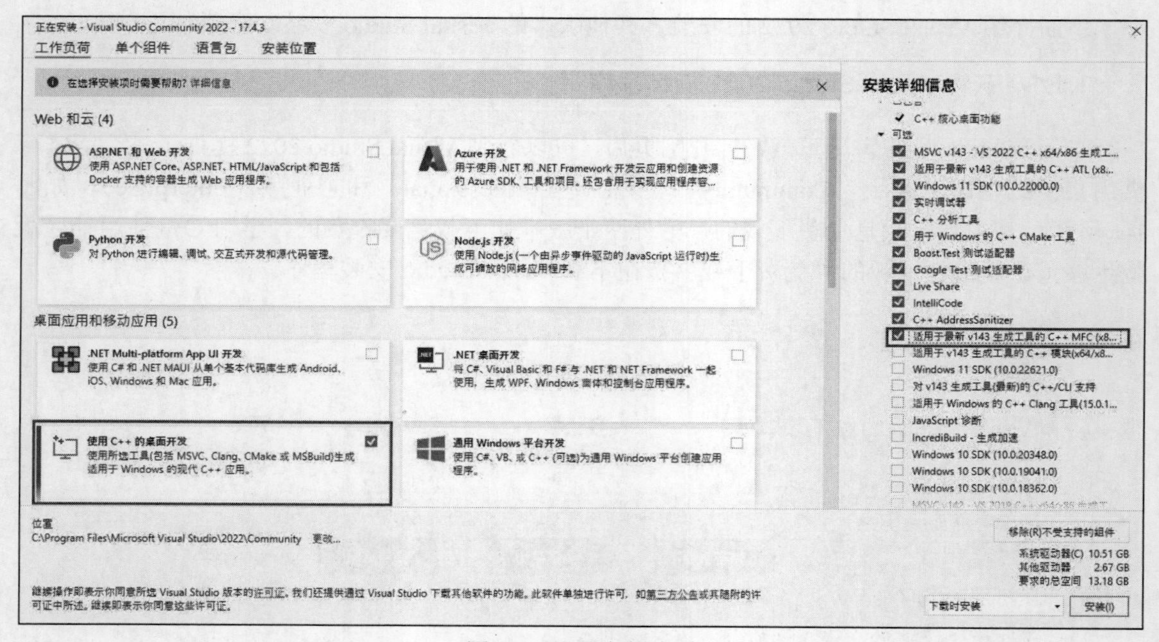


图 1-3　设置安装选项

在图 1-3 中，选中“使用 C++的桌面开发”，则在界面右侧显示可以选择安装的功能，除默认选中的功能外，将“适用于最新 v143 生成工具的 C++MFC（x86 和 x64）”也选中。

在界面的下方还可以找到改变 Visual Studio 2022 安装路径的按钮，如果不想将其安装在 C 盘的默认路径，则可以单击该按钮选择或输入其他安装路径，设置好之后，单击界面右下角的“安装”按钮开始安装。由于安装的软件较大，安装时间比较长，计算机的性能、网速不同，安装所需要的时间也不同。Visual Studio 2022 安装结束后出现如图 1-4 所示的界面。

在安装成功界面中可以创建一个账户，这里不需要创建，单击“以后再说”按钮，然后出现如图 1-5 所示的界面，在该界面中可以选择需要的“开发设置”及“颜色主题”，在“开发设置”下面选择“常规”，“颜色主题”可以根据自己的喜好选择。

图 1-4　Visual Studio 安装成功

图 1-5　“开发设置”及“颜色主题”设置

单击“启动 Visual Studio(S)”按钮，就可以打开 Visual Studio 2022 集成开发环境了。

**注意：**如果是第一次安装 Visual Studio 2022，那么在安装过程中，如果需要重新启动计算机，则根据安装向导的要求重新启动。由于是在线安装，Visual Studio 2022 也在不断地升级，所以安装过程中所显示的界面可能会略有不同。

## 1.2　多线程编程基础

多线程编程基础

一个进程就是计算机中实际运行的一个程序，线程是进程的一部分，是进程中实际执行代码的最小单元，由操作系统安排调度。进程中的一个单一顺序的控制流就是一条线程，一个进程拥有多个线程的程序设计，就是多线程编程。

C++多线程编程可以使用 Win32 API 函数、Window CRT 库中的多线程函数、MFC 多线程开发和 C++11 标准提供的多线程函数。

本节以 Win32 API 函数为例介绍 C++多线程编程基础。

### 1.2.1　线程的基本操作

1. 创建线程

在 Windows 上创建线程需要使用 Windows API 函数 CreateThread()，其函数的原型如下。

```
HANDLE CreateThread(
    LPSECURITY_ATTRIBUTES lpThreadAttributes,
    SIZE_T dwStackSize,
    LPTHREAD_START_ROUTINE lpStartAddress,
    LPVOID lpParameter,
    DWORD dwCreationFlags,
    LPDWORD lpThreadId
);
```

参数 lpThreadAttributes 表示线程的安全属性，一般情况下设置为 NULL。

参数 dwStackSize 表示线程栈空间的大小，一般取 0 值，表示使用默认大小。

参数 lpStartAddress 表示线程函数（线程入口函数），线程函数的定义格式如下。

```
DWORD WINAPI ThreadProc(LPVOID lpParameter)
{
    //线程中要做的事情
}
```

参数 lpParameter 是传递给线程函数的参数，是一个无类型指针（void *）。

参数 dwCreationFlags 是启动选项，是一个 32 位的无符号整数，有两个可选值，0 表示线程建立后立即执行线程函数，CREATE_SUSPENDED 表示线程建立后会挂起等待，以后即可以调用函数 ResumeThread()恢复线程的运行，也可以调用函数 SuspendThread()挂起线程。

参数 lpThreadId 表示线程创建成功时返回的线程 ID，是线程的唯一标识，是一个指向 32 位无符号整型变量的指针。

函数 CreateThread()的返回值是线程的句柄。

2. 等待线程结束

有时某个线程结束后，需要等待其他线程结束后，自己再结束。可以调用 Windows API 函数 WaitForSingleObject()，等待指定的线程结束。其函数原型如下。

```
DWORD WaitForSingleObject(HANDLE hObject, DWORD dwMilliseconds);
```

参数 hObject 指定要等待的线程句柄。

参数 dwMilliseconds 指定等待的最大时间，单位是毫秒。

有关函数 WaitForSingleObject()的更多功能，后面再详细介绍。下面通过一个例子演示如何创建线程，以及多线程程序的运行效果。

**例 1-1** 创建线程

创建一个空的 C++项目，在项目中添加一个 C++源文件 ex1_1.cpp，在文件中添加如下代码。

```
1  //ex1_1.cpp 创建线程
2  #include<Windows.h>
3  #include<cstdio>
4  DWORD WINAPI ThreadProc(LPVOID lpParameter)          //线程函数
5  {
```

```
6         for (int i = 0; i < 5; ++i)
7         {
8             DWORD id = GetCurrentThreadId();          //获取线程的 ID
9             printf("ThreadPro %5d    %d\n", id, i);
10            for (int j = 0; j < 12000; ++j)           //消耗很短的时间
11            {
12                ;
13            }
14        }
15        return 0;
16    }
17    int main()
18    {
19        DWORD dwThreadID1, dwThreadID2;
20        HANDLE hThread1 = CreateThread(NULL, 0, ThreadProc, NULL, 0, &dwThreadID1);
21        HANDLE hThread2 = CreateThread(NULL, 0, ThreadProc, NULL, 0, &dwThreadID2);
22        if (hThread1 == NULL || hThread2 == NULL)
23        {
24            printf("线程创建失败\n");
25        }
26        else
27        {
28            for (int i = 0; i < 5; i++)
29            {
30                printf("ThreadMain            %d\n",i);
31                for (int j = 0; j < 12000; ++j)       //消耗很短的时间
32                {
33                    ;
34                }
35            }
36            WaitForSingleObject(hThread1, INFINITE);
37            WaitForSingleObject(hThread2, INFINITE);
38            CloseHandle(hThread1);
39            CloseHandle(hThread2);
40        }
41        return 0;
42    }
```

程序运行结果如下。

```
ThreadMain          0
ThreadPro 17700     0
ThreadPro 17700     1
ThreadMain          1
```

```
ThreadPro 19976   0
ThreadPro 17700   2
ThreadMain        2
ThreadPro 19976   1
ThreadPro 19976   2
ThreadMain        3
ThreadPro 17700   3
ThreadPro 17700   4
ThreadMain        4
ThreadPro 19976   3
ThreadPro 19976   4
```

说明：由于分配给每个线程的 CPU 时间是不定的，程序每次运行时，线程的 ID 也是不确定的，因此程序每次运行的结果是不一样的。

第 4～16 行代码是线程函数 ThreadProc()的定义。其函数原型如下。

```
DWORD WINAPI ThreadProc(LPVOID lpParameter);
```

在 Windows 操作系统上使用函数 CreateThread()创建线程时，要求线程函数必须使用_stdcall 调用方式，而函数的默认调用方式是_cdecl，因此在定义线程函数时要显示指定为_stdcall 调用方式。

在 Windows 操作系统中，宏 WINAPI 和 CALLBACK 的值都是_stdcall，因此以下两种写法是等价的。

```
DWORD CALLBACK ThreadProc(LPVOID lpParameter);
DWORD _stdcall ThreadProc(LPVOID lpParameter);
```

其中，DWORD 就是 unsigned long。参数 lpParameter 是传递给线程的参数，LPVOID 就是 void *类型。

第 8 行代码调用函数 GetCurrentThreadId()获取当前线程的 ID。

第 20 行和第 21 行代码分别创建两个线程，这两个线程的线程函数都是 ThreadProc()，如果创建线程失败，则函数返回的线程句柄为 NULL，如果线程创建都成功，则线程自动启动。

为避免主线程提前结束而使整个程序结束，第 36 行和第 37 行代码调用函数 WaitForSingleObject()，分别等待线程 hThread1 和线程 hThread2 结束，第二个参数 INFINITE 表示无限等待下去。第 38 行和第 39 行代码调用函数 CloseHandle()将两个线程句柄关闭。

为了能够看到多个线程交替执行，在线程函数和主函数中都使用一个循环消耗一定的时间，使其他线程在这个线程结束之前有机会运行。

3. 类的静态成员函数作为线程函数

由于类的非静态成员函数都有一个隐含的参数 this，而线程函数的参数必须具有特定的格式，因此只有类的静态成员函数才能作为线程函数。为了在线程函数中访问类的实例方法，通常将当前线程对象的地址（也就是 this 指针）传给线程函数。

**例 1-2**　类的静态成员函数作为线程函数

本程序使用类的静态成员函数作为线程函数，在线程函数中改变属性的值。在前面的项目中添加一个 C++源文件 ex1_2.cpp，在文件中添加如下代码。

```
1   //ex1_2.cpp 类的静态成员函数作为线程函数
2   #include<Windows.h>
3   #include<cstdio>
4   class MyThread
5   {
6   private:
7       int amount;
8   public:
9       MyThread(int amount)
10      {
11          this->amount = amount;
12      }
13      static DWORD WINAPI ThreadProc(LPVOID lpParameter);        //线程函数
14  };
15  DWORD WINAPI MyThread::ThreadProc(LPVOID lpParameter)
16  {
17      MyThread* pThread = (MyThread*)lpParameter;
18      DWORD id = GetCurrentThreadId();
19      for (int i = 0; i < 5; ++i)
20      {
21          printf("ThreadPro %5d    %d\n", id, pThread->amount);
22          pThread->amount--;
23          for (int j = 0; j < 12000; ++j)
24          {
25              ;
26          }
27      }
28      return 0;
29  }
30  int main()
31  {
32      DWORD dwThreadID1, dwThreadID2;
33      HANDLE hThread1, hThread2;
34      MyThread myThread(100);
35      hThread1= CreateThread(NULL, 0, MyThread::ThreadProc, &myThread, 0, &dwThreadID1);
36      hThread2= CreateThread(NULL, 0, MyThread::ThreadProc, &myThread, 0, &dwThreadID2);
37      if (hThread1 != NULL && hThread2 != NULL)
38      {
39          WaitForSingleObject(hThread1, INFINITE);
```

```
40            WaitForSingleObject(hThread2, INFINITE);
41            CloseHandle(hThread1);
42            CloseHandle(hThread2);
43        }
44        return 0;
45    }
```

程序运行结果如下。

```
ThreadPro  7524  100
ThreadPro  8164  100
ThreadPro  8164  98
ThreadPro  8164  97
ThreadPro  7524  99
ThreadPro  8164  96
ThreadPro  7524  95
ThreadPro  8164  94
ThreadPro  7524  93
ThreadPro  7524  91
```

因为一个项目中只能有一个主函数，而 ex1_1.cpp 和 ex1_2.cpp 都有主函数，因此需要将 ex1_1.cpp 排除在编译之外。方法是在解决方案资源管理器中的 ex1_1.cpp 上右击，在弹出的快捷菜单中选择“属性”菜单项，出现文件属性对话框，如图 1-6 所示。

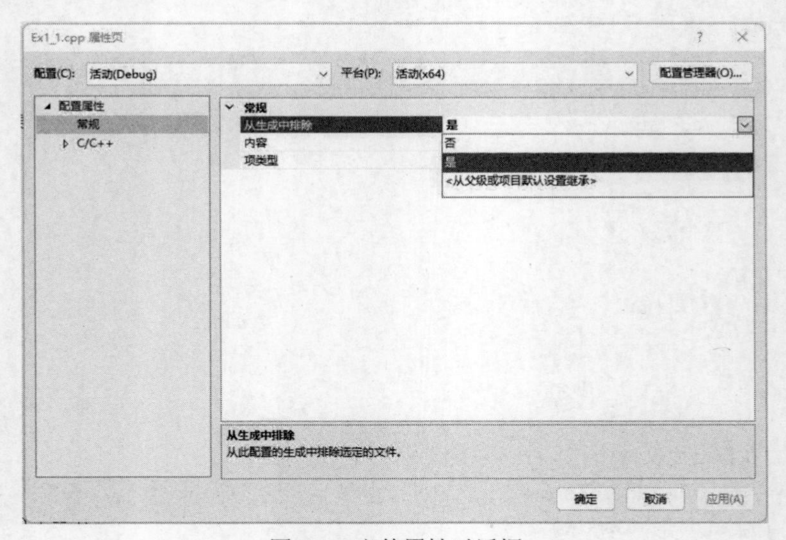


图 1-6　文件属性对话框

在“从生成中排除”后面选择“是”，然后单击“确定”按钮，设置完毕。

说明：由于分配给每个线程的 CPU 时间是不定的，程序每次运行时，线程的 ID 也是不确定的，因此程序每次运行的结果是不一样的。

第 4～29 行代码是 MyThread 类的定义，类中的静态成员函数 ThreadProc()是线程函数。第 15～29 行代码是线程函数 ThreadProc()的定义。在函数中首先将参数 lpParameter 强制转换为 MyThread 类型的指针 pThread，之后可以通过 pThread 访问类的成员。

第 19～27 行代码的 for 语句循环 5 次，每次循环输出线程的 ID 和类中数据成员 amount 的值，然后将 amount 的值减 1。

在主函数中，首先定义 MyThread 类的对象 myThread，并将属性 amount 初始化为 100，然后创建两个线程 hThread1 和 hThread2，线程函数是 MyThread 类的静态成员函数 ThreadProc()，并将 myThread 的地址作为线程函数的参数。

由于线程 hThread1 和 hThread2 传递给线程函数的参数都是 myThread 的地址，因此两个线程操作的是同一个对象 myThread。从程序运行结果可以看出，amount 从开始的 100 减少到最后的 91。从程序运行结果中还可以发现，有的值输出两次（如 100），有的值没有输出（如 92），并且 amount 值的输出顺序也和正常的程序不同，这是多个线程同时访问同一个数据而引起的，将在下一节解决这一问题。

### 1.2.2　线程同步

从例 1-2 的程序运行结果可以看到，前两行输出的 amount 值都是 100，其原因是多个线程访问同一个数据而产生的，下面借助图 1-7 解释产生这一结果的原因。

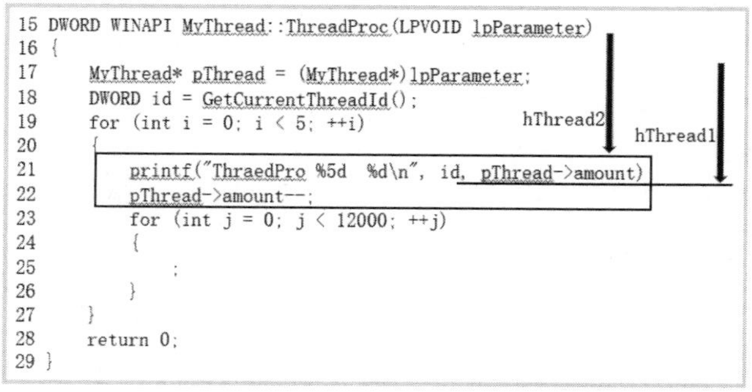

```
15 DWORD WINAPI MyThread::ThreadProc(LPVOID lpParameter)
16 {
17     MyThread* pThread = (MyThread*)lpParameter;
18     DWORD id = GetCurrentThreadId();
19     for (int i = 0; i < 5; ++i)
20     {
21         printf("ThraedPro %5d  %d\n", id, pThread->amount);
22         pThread->amount--;
23         for (int j = 0; j < 12000; ++j)
24         {
25             ;
26         }
27     }
28     return 0;
29 }
```

hThread2　hThread1

图 1-7　多个线程访问同一个数据

在前面的例 1-2 程序中，开始将 amount 设置为 100，假设线程 hThread1 首先获得运行机会，当它运行完第 21 行代码，输出线程 ID 和 amount 值（100）之后，还没有执行第 22 行代码，系统分配给它的 CPU 时间用完，因此 amount 的值还没有减 1，这时线程 hThread2 获得运行机会，当它执行第 21 行代码时，输出的 amount 值仍然是 100。

线程同步可以解决例 1-2 程序中的问题。线程同步有四种方法，包括临界区对象、互斥对象、事件对象和信号量对象，下面将逐一介绍。

1. 临界区对象

临界区（Critical Section）又称关键代码块，临界区的代码块在某个时刻只允许一个线程执行。程序中通常将多线程同时访问的某个资源作为临界区，需要定义一个 CRITICAL_SECTION 类型的变量。

操作临界区对象的几个主要函数如下。

void InitializeCriticalSection(LPCRITICAL_SECTION lpCriticalSection );

void EnterCriticalSection(LPCRITICAL_SECTION lpCriticalSection);

void LeaveCriticalSection(LPCRITICAL_SECTION lpCriticalSection);

void DeleteCriticalSection(LPCRITICAL_SECTION lpCriticalSection);

函数 InitializeCriticalSection()的功能是初始化一个临界区，参数 lpCriticalSection 是一个 CRITICAL_SECTION 结构指针，表示用于初始化的临界区。

函数 EnterCriticalSection()判断是否有线程访问函数参数表示的临界区资源，如果没有，则改变 CRITICAL_SECTION 结构的成员变量的值，赋予当前线程访问权，函数立即返回；如果有线程正在访问资源，则进入等待状态，直到没有线程访问。

函数 LeaveCriticalSection()释放函数参数所表示的临界区资源。位于 EnterCriticalSection()和 LeaveCriticalSection()之间的代码就是临界区代码。

函数 DeleteCriticalSection()销毁函数参数代表的临界区对象。

以下例题演示如何使用临界区对象实现线程同步。

**例 1-3　使用临界区对象实现线程同步**

程序的功能与例 1-2 相同，只是增加了线程同步的代码，保证了输出的 MyThread 类的属性 amount 不再有重复的值。

```
1   //ex1_3.cpp   使用 CriticalSection 对象实现线程同步
2   #include<Windows.h>
3   #include<cstdio>
4   class MyThread
5   {
6   private:
7       int amount;
8       CRITICAL_SECTION cs;                    //创建临界区对象 cs
9   public:
10      MyThread(int amount)
11      {
12          this->amount = amount;
13          InitializeCriticalSection(&cs);     //初始化临界区对象 cs
14      }
15      ~MyThread()
16      {
17          DeleteCriticalSection(&cs);         //销毁临界区对象 cs
18      }
19      static DWORD WINAPI ThreadProc(LPVOID lpParameter);
```

```
20  };
21  DWORD WINAPI MyThread::ThreadProc(LPVOID lpParameter)
22  {
23      MyThread* pThread = (MyThread*)lpParameter;
24      DWORD id = GetCurrentThreadId();
25      for (int i = 0; i < 5; ++i)
26      {
27          EnterCriticalSection(&pThread->cs);          //临界区代码块起始
28          printf("ThreadPro %5d    %d\n", id, pThread->amount);
29          pThread->amount--;
30          LeaveCriticalSection(&pThread->cs);          //临界区代码块结束
31          for (int j = 0; j < 12000; ++j)
32          {
33              ;
34          }
35      }
36      return 0;
37  }
38  int main()
39  {
40      DWORD dwThreadID1, dwThreadID2;
41      HANDLE hThread1, hThread2;
42      MyThread myThread(100);
43      hThread1=CreateThread(NULL, 0, MyThread::ThreadProc, &myThread, 0, &dwThreadID1);
44      hThread2=CreateThread(NULL, 0, MyThread::ThreadProc, &myThread, 0, &dwThreadID2);
45      if (hThread1 != NULL && hThread2 != NULL)
46      {
47          WaitForSingleObject(hThread1, INFINITE);
48          WaitForSingleObject(hThread2, INFINITE);
49          CloseHandle(hThread1);
50          CloseHandle(hThread2);
51      }
52      return 0;
53  }
```

程序运行结果如下。

```
ThreadPro 11476    100
ThreadPro 12480    99
ThreadPro 11476    98
ThreadPro 12480    97
ThreadPro 11476    96
ThreadPro 12480    95
```

```
ThreadPro 11476    94
ThreadPro 11476    93
ThreadPro 12480    92
ThreadPro 12480    91
```

从程序运行结果可以看到，输出的 amount 值已经没有重复的，这就是线程同步的作用。和线程同步有关的代码有第 8 行、第 13 行、第 17 行、第 27 行和第 30 行。

第 8 行代码在类中定义了一个 CRITICAL_SECTION 类型的属性 cs，在构造函数中调用函数 InitializeCriticalSection()，对 cs 初始化，并在析构函数中将 cs 销毁。

第 28 行和第 29 行代码位于 EnterCriticalSection()和 LeaveCriticalSection()两个函数调用之间，就是临界区对象 cs 保护的代码块。

当线程 1 执行到第 27 行代码时，调用 EnterCriticalSection()函数，如果当前没有其他线程执行这段代码，则设置 cs 中的相关标志并返回，然后线程 1 继续向下执行。当其执行到第 30 行代码时，调用 LeaveCriticalSection()函数，清除 cs 中的相应标志，以便其他线程有机会执行此段代码。如果已经有其他线程执行此段代码，则 cs 对象中已有相应的标志，则线程 1 进入等待状态，直到其他线程执行完这段代码，清除 cs 中的相关标志。

2. 互斥对象

互斥对象也称互斥量，只有拥有互斥对象的线程才有访问共享资源的权限。使用互斥对象通常需要等待函数（WaitForSingleObject()或 WaitForMultipleObject()）的配合。当没有线程拥有互斥对象时，系统会将互斥对象设置为有信号量状态，即向外发送信号，如果此时有线程在等待该互斥对象，则等待的线程可以获得互斥对象，并将互斥对象设置为无信号状态，即不向外发送信号。当线程访问完共享资源后，可调用 ReleaseMutex()函数释放互斥对象的所有权，将互斥对象设置为有信号状态。

与互斥对象有关的常用 Windows API 函数有 CreateMutex()和 ReleaseMutex()。

CreateMutex()函数创建互斥对象，原型如下。

```
HANDLE CreateMutex(LPSECURITY_ATTRIBUTES lpMutexAttributes,
                   BOOL bInitialOwner, LPCTSTR lpName );
```

参数 lpMutexAttributes 是指向 LPSECURITY_ATTRIBUTES 结构的指针，表示互斥对象的安全属性。参数 bInitialOwner 指定初始化互斥对象的所有者，如果是 TRUE 则表示创建互斥对象的线程拥有该互斥对象的所有权，如果是 FALSE 则表示创建互斥对象的线程不拥有该互斥对象的所有权。参数 lpName 是一个字符串指针，表示互斥对象的名字。返回值是互斥对象句柄，如果失败则返回 NULL。

ReleaseMutex()函数用于释放互斥对象的所有权，原型如下。

```
BOOL ReleaseMutex(HANDLE hMutex);
```

参数 hMutex 是互斥对象的句柄，成功返回非 0，失败返回 0。

WaitForSingleObject()函数用于等待某个对象的信号，直到有信号或超时返回，原型如下。

```
DWORD WaitForSingleObject(HANDLE hHandle, DWORD dwMilliseconds);
```

参数 hHandle 是要等待对象（如线程、互斥对象、事件对象等）的句柄。参数 dwMilliseconds 是以毫秒为单位的最大等待时间。WaitForSingleObject()函数的返回值有以下几种。

（1）WAIT_ABANDONED，表示等待的对象是 Mutex，如果持有该 Mutex 对象的线程已经结束，但线程结束前未调用 ReleaseMutex()函数释放对该 Mutex 对象的拥有权，则会返回 WAIT_ABANDONED。

（2）WAIT_OBJECT_0，表示等待成功（等待的对象处于有信号状态）。

（3）WAIT_TIMEOUT，表示等待超时（等待的对象一直处于无信号状态）。

（4）WAIT_FAILED，函数调用失败。

**例 1-4**　使用互斥对象实现线程同步

设有两个窗口（甲，乙）买票，要求每卖出一张票要输出卖出票的信息以及剩余票数，代码如下。

```
1  //ex1_4.cpp     Mutex 对象
2  #include<Windows.h>
3  #include<iostream>
4  using namespace std;
5  DWORD WINAPI FunProc(LPVOID lpParameter);          //线程函数
6  int g_tickets = 10;                                //剩余票数
7  HANDLE g_hMutex;                                   //全局互斥对象
8  int main()
9  {
10     HANDLE hThread1;
11     HANDLE hThread2;
12     g_hMutex = CreateMutex(NULL, FALSE, NULL);     //创建互斥对象
13     if (!g_hMutex)
14     {
15         cout << "Mutex 创建失败！ " << endl;
16         return 0;
17     }
18     hThread1 = CreateThread(NULL, 0, FunProc, (LPVOID)0, 0, NULL);
19     hThread2 = CreateThread(NULL, 0, FunProc, (LPVOID)1, 0, NULL);
20     if (hThread1 == NULL || hThread2 == NULL) {
21         cout << "线程创建失败！ " << endl;
22         return 0;
23     }
24     WaitForSingleObject(hThread1, INFINITE);
25     WaitForSingleObject(hThread2, INFINITE);
26     CloseHandle(hThread1);                         //关闭线程句柄
27     CloseHandle(hThread2);
28     CloseHandle(g_hMutex);                         //关闭互斥对象句柄
```

```
29          return 0;
30  }
31  DWORD WINAPI FunProc(LPVOID lpParameter)
32  {
33          while (TRUE)
34          {
35                  WaitForSingleObject(g_hMutex, INFINITE);      //等待互斥对象有信号
36                  if (g_tickets > 0)
37                  {
38                          --g_tickets;
39                          if (lpParameter == 0)
40                                  cout << "甲卖出一张票，还剩车票:" << g_tickets << endl;
41                          else
42                                  cout << "乙卖出一张票，还剩车票:" << g_tickets << endl;
43                          ReleaseMutex(g_hMutex);                     //释放互斥对象的所有权
44                  }
45                  else
46                  {
47                          ReleaseMutex(g_hMutex);                     //释放互斥对象的所有权
48                          break;
49                  }
50          }
51          return 0;
52  }
```

程序运行结果如下。

```
甲卖出一张票，还剩车票:9
乙卖出一张票，还剩车票:8
甲卖出一张票，还剩车票:7
乙卖出一张票，还剩车票:6
甲卖出一张票，还剩车票:5
乙卖出一张票，还剩车票:4
甲卖出一张票，还剩车票:3
乙卖出一张票，还剩车票:2
甲卖出一张票，还剩车票:1
乙卖出一张票，还剩车票:0
```

第 6 行和第 7 行代码分别定义了剩余的票数和互斥对象。在主函数中，第 12 行代码创建互斥对象 g_hMutex，因第二个参数是 FALSE，因此主线程不拥有互斥对象的所有权，互斥对象处于有信号状态。

在线程函数中，第 35 行代码调用 WaitForSingleObject()函数，等待互斥对象的信号，当第一个线程执行到这一行代码时，因为互斥对象 g_hMutex 处于有信号状态，所以该线程获得 g_hMutex 的所有权，将 g_hMutex 设置为无信号状态。此时如果有其他线程执行到第 35 行代

码处，就需要等待，直到 g_hMutex 重新处于有信号状态，这样才有机会获得 g_hMutex 的所有权。

第 43 行代码调用 ReleaseMutex()函数释放 g_hMutex 的所有权。当线程执行完这行代码后，互斥对象 g_hMutex 重新处于有信号状态。

如果票已卖完，那么也要调用 ReleaseMutex()函数释放 g_hMutex 的所有权（第 47 行代码），然后结束循环，线程结束。

3. 事件对象

事件对象（Event）与互斥对象的使用方法类似，但功能更多一些。事件对象操作的主要函数有 CreateEvent()、SetEvent()和 ResetEvent()。

创建 Event 对象的函数是 CreateEvent()，其函数原型如下。

```
HANDLE CreateEvent(
    LPSECURITY_ATTRIBUTES lpEventAttributes,    // 安全属性
    BOOL bManualReset,                          // 复位方式
    BOOL bInitialState,                         // 初始状态
    LPCTSTR lpName                              // 对象名称
);
```

参数 lpEventAttributes 是指向 SECURITY_ATTRIBUTES 结构的指针，确定返回的句柄是否可被子进程继承。如果 lpEventAttributes 是 NULL，则此句柄不能被继承。

参数 bManualReset 指定将事件对象创建成手动复原还是自动复原，如果设置为 TRUE，那么必须用 ResetEvent()函数来手工将事件的状态复原到无信号状态；如果设置为 FALSE，那么当一个线程等待到事件信号后，系统会自动将事件的状态复原为无信号状态。

参数 bInitialState 指定事件对象的初始状态，如果设置为 TRUE，则表示事件对象创建后处于有信号状态；如果设置为 FALSE，则处于无信号状态。可以使用函数 SetEvent()将事件对象设置为有信号状态，使用函数 ResetEvent()将事件的状态复原到无信号状态。

参数 lpName 指定事件对象的名称，是一个以 0 结束的字符串指针。

如果函数调用成功，则返回事件对象的句柄，否则返回 NULL。

SetEvent()函数设置事件对象为有信号状态，原型如下。

```
BOOL SetEvent(HANDLE hEvent);
```

参数 hEvent 是事件对象的句柄。函数成功返回非 0，失败返回 0。

ResetEvent()函数将事件对象设置为无信号状态，原型如下。

```
BOOL ResetEvent(HANDLE hEvent);
```

参数 hEvent 是事件对象的句柄。函数成功返回非 0，失败返回 0。

**例 1-5**　使用事件对象实现线程同步

使用事件对象实现例 1-4 程序的功能，代码如下。

```
1   //ex1_5.cpp     Event 对象
2   #include<Windows.h>
3   #include<iostream>
4   using namespace std;
5   DWORD WINAPI FunProc(LPVOID lpParameter);          //线程函数
6   int g_tickets = 10;                                //剩余数
7   HANDLE g_hEvent;                                   //全局事件对象
8   int main()
9   {
10      HANDLE hThread1;
11      HANDLE hThread2;
12      g_hEvent = CreateEvent(NULL, FALSE, TRUE, NULL);    //创建事件对象
13      if (!g_hEvent)
14      {
15          cout << "Event 创建失败！ " << endl;
16          return 0;
17      }
18      hThread1 = CreateThread(NULL, 0, FunProc, (LPVOID)0, 0, NULL);
19      hThread2 = CreateThread(NULL, 0, FunProc, (LPVOID)1, 0, NULL);
20      if (hThread1 == NULL || hThread2 == NULL) {
21          cout << "线程创建失败！ " << endl;
22          return 0;
23      }
24      WaitForSingleObject(hThread1, INFINITE);
25      WaitForSingleObject(hThread2, INFINITE);
26      CloseHandle(hThread1);
27      CloseHandle(hThread2);
28      CloseHandle(g_hEvent);                         //关闭事件对象句柄
29      return 0;
30  }
31  DWORD WINAPI FunProc(LPVOID lpParameter)
32  {
33      while (TRUE)
34      {
35          WaitForSingleObject(g_hEvent, INFINITE);      //等待事件对象 g_hEvent
36          if (g_tickets > 0)
37          {
38              --g_tickets;
39              if(lpParameter ==0)
40                  cout << "甲卖出一张票，还剩车票:" << g_tickets << endl;
41              else
42                  cout << "乙卖出一张票，还剩车票:" << g_tickets << endl;
```

```
43              SetEvent(g_hEvent);                     //使事件对象 g_hEvent 处于有信号状态
44          }
45          else
46          {
47              SetEvent(g_hEvent);                     //使事件对象 g_hEvent 处于有信号状态
48              break;
49          }
50      }
51      return 0;
52  }
```

程序运行结果如下。

```
甲卖出一张票，还剩车票:9
乙卖出一张票，还剩车票:8
甲卖出一张票，还剩车票:7
乙卖出一张票，还剩车票:6
甲卖出一张票，还剩车票:5
乙卖出一张票，还剩车票:4
甲卖出一张票，还剩车票:3
乙卖出一张票，还剩车票:2
甲卖出一张票，还剩车票:1
乙卖出一张票，还剩车票:0
```

第 6 行和第 7 行代码分别定义了剩余的票数和事件对象。在主函数中，第 12 行代码创建事件对象 g_hEvent，因第三个参数是 TRUE，所以事件对象 g_hEvent 创建后处于有信号状态。

在线程函数中，第 35 行代码调用 WaitForSingleObject()函数，等待事件对象的信号，当第一个线程执行到这一行代码时，因为事件对象 g_hEvent 处于有信号状态，函数返回，所以该线程继续向下执行。由于第 12 行代码调用 CreateEvent()函数创建事件对象时，第二个参数是 FALSE，所以系统会自动将事件状态复原为无信号状态。此时如果有其他线程执行到第 35 行代码处，则需要等待，直到第一个线程执行到第 43 行代码，调用 SetEvent()函数，使事件对象 g_hEvent 重新处于有信号状态。

如果票已卖完，那么也要调用 SetEvent()函数，使事件对象 g_hEvent 处于有信号状态，然后结束循环，线程结束。

如果创建事件对象函数的第二个参数是 TRUE，则每次调用 WaitForSingleObject()函数之后，都要调用 ResetEvent()函数使事件对象处于无信号状态。

4. 信号量对象

信号量（Semaphore）内部有一个计数器，当计数器大于 0 时，信号量处于有信号状态，等待此信号对象的线程可以继续运行，并将信号量对象的计数器减 1。在线程离开共享资源的处理代码后，再将信号量对象的计数器加 1。

当计数器等于 0 时，信号量处于无信号状态，等待此信号对象的线程需要等待信号对象有信号后才能继续运行。

信号量操作的主要函数有 CreateSemaphore()和 ReleaseSemaphore()。

函数 CreateSemaphore()用于创建信号量对象，原型如下。

```
HANDLE CreateSemaphore(
    LPSECURITY_ATTRIBUTES lpSemaphoreAttributes,    //安全属性指针
    LONG lInitialCount,                             //信号量对象的初始计数
    LONG lMaximumCount,                             //信号量对象的最大计数
    LPCTSTR lpName                                  //信号量对象名
);
```

参数 lpSemaphoreAttributes 指定信号量对象的安全属性，一般可设置为 NULL。

参数 lInitialCount 指定信号量对象计数的初始值。

参数 lMaximumCount 指定信号量对象计数的最大值。

参数 lpName 可以为创建的信号量对象定义一个名称。

函数 ReleaseSemaphore()用来增加当前可用资源计数，原型如下。

```
BOOL ReleaseSemaphore(
    HANDLE hSemaphore,                              // 信号量句柄
    LONG lReleaseCount,                             // 计数递增数量
    LPLONG lpPreviousCount                          // 先前计数
);
```

参数 hSemaphore 是要增加计数的信号量句柄。

参数 lReleaseCount 指定为信号量对象的计数增加的数量。

参数 lpPreviousCount 可用于获取增加计数之前的计数。

**例 1-6　使用信号量对象实现线程同步**

某超市促销商品，促销的商品一共 10 件。现有四名顾客前来购买该商品，由于场地限制，只能容纳三名顾客同时进入超市，每名顾客进入超市一次只能购买一件商品，购买之后可以再次进入超市购买商品。程序以四个线程模拟四名顾客的购买活动，代码如下。

```
1   //ex1_6.cpp    信号量对象
2   #include<Windows.h>
3   #include<iostream>
4   using namespace std;
5   DWORD WINAPI FunProc(LPVOID lpParameter);              //线程函数
6   HANDLE g_hSemaphore;                                   //全局信号量对象
7   CRITICAL_SECTION g_cs;
8   int Quantity = 10;
9   int main()
10  {
11      InitializeCriticalSection(&g_cs);
12      g_hSemaphore = CreateSemaphore(NULL, 3, 3, NULL);  //创建信号量对象
```

```
13        if (!g_hSemaphore)
14        {
15            cout << "Semaphore 创建失败！ " << endl;
16            return 0;
17        }
18        HANDLE hThread[4];          //创建 4 个线程，代表 4 名顾客
19        for (int i = 0; i < 4; i++)
20        {
21            hThread[i] = CreateThread(NULL, 0, FunProc, NULL, 0, NULL);
22        }
23        for (int i = 0; i < 4; i++)
24        {
25            if (hThread[i] != NULL) {
26                WaitForSingleObject(hThread[i], INFINITE);
27                CloseHandle(hThread[i]);
28            }
29        }
30        CloseHandle(g_hSemaphore);
31        DeleteCriticalSection(&g_cs);
32        return 0;
33    }
34    DWORD WINAPI FunProc(LPVOID lpParameter)
35    {
36        DWORD dwThreadID = GetCurrentThreadId();
37        while (true)
38        {
39            if (WaitForSingleObject(g_hSemaphore, INFINITE) == WAIT_OBJECT_0)
40            {
41                EnterCriticalSection(&g_cs);    //允许 3 名顾客进入，但同一时间只能接待 1 名
42                if (Quantity >0)
43                {
44                    --Quantity;
45                    cout << "线程: "<< dwThreadID<< " 购买一件， 还剩： " << Quantity << endl;
46                    LeaveCriticalSection(&g_cs);
47                    ReleaseSemaphore(g_hSemaphore, 1, NULL);     //资源计数加 1
48                }
49                else
50                {
51                    cout << "商品已经售完，线程: " << dwThreadID << "结束。";
52                    long n;          //n 用于获取之前的资源计数值
53                    ReleaseSemaphore(g_hSemaphore, 1, &n);
54                    cout << "  之前信号量计数： " << n << endl;
55                    LeaveCriticalSection(&g_cs);
```

```
56                         break;
57                   }
58             }
59       }
60       return 0;
61 }
```

程序运行结果如下。

```
线程: 15188 购买一件 ， 还剩：9
线程: 8156 购买一件 ， 还剩：8
线程: 15188 购买一件 ， 还剩：7
线程: 10924 购买一件 ， 还剩：6
线程: 12904 购买一件 ， 还剩：5
线程: 8156 购买一件 ， 还剩：4
线程: 15188 购买一件 ， 还剩：3
线程: 10924 购买一件 ， 还剩：2
线程: 12904 购买一件 ， 还剩：1
线程: 8156 购买一件 ， 还剩：0
商品已经售完，线程: 15188 结束。  之前信号量计数：0
商品已经售完，线程: 10924 结束。  之前信号量计数：0
商品已经售完，线程: 12904 结束。  之前信号量计数：1
商品已经售完，线程: 8156 结束。  之前信号量计数：2
```

第 6～8 行代码分别定义了临界区变量、信号量对象和商品数量。

在主函数中，第 11 行代码初始化临界区变量，第 12 行代码创建信号量对象 g_hSemaphore，信号量对象的最大计数和初始计数都是 3。

第 18～22 行代码创建 4 个线程，线程函数都是 FunProc()。

线程函数 FunProc()模仿顾客购买商品的行为。当线程执行到第 39 行代码处时，如果信号量对象的计数不为 0（表示超市人数未满），则信号量对象的计数减 1，线程继续向下执行。如果信号量对象的计数为 0（表示超市人数已满），则线程需等待。

当线程执行完临界区代码后（表示顾客购买完商品后离开超市），调用 ReleaseSemaphore()函数，将信号量对象的计数加 1。

当线程进入临界区后，首先判断商品数是否大于 0，如果大于 0，则完成购买；否则显示商品已经售完，并显示当前信号量对象的计数，然后结束线程。

网络编程基础

## 1.3　网络编程基础

网络编程是指编写运行在多个设备（计算机）上的程序，这些设备都通过网络连接起来。程序员所做的主要工作就是把数据发送到指定的位置，或者接收从指定位置发送过来的数据。

### 1.3.1　网络基本概念

1. IP 地址

IP（Internet Protocol）是网络之间互连的协议，也就是为计算机网络相互连接进行通信而设计的协议。

参与网络通信的计算机，必须有一个唯一的地址，以便能够被其他计算机找到，而 IP 地址就是用来给 Internet 上的计算机一个唯一的编号，目前 IP 地址有 IPv4 和 IPv6 两个版本。

以 IPv4 为例介绍 IP 地址的格式，IPv4 版本的 IP 地址是一个 32 位的二进制数，通常被分割为 4 个“8 位二进制数”，因此每一段的取值范围是 0～255，如“61.135.169.121”“211.150.65.26”都是合法的 IP 地址。

2. 端口号

一个 IP 地址对应网络上的一台计算机，但是一台服务器通常会运行多个网络程序，例如网络游戏服务器会运行多款游戏，当收到客服端发来的游戏 A 的信息时，这个信息只能由游戏 A 的程序处理，而不能由其他游戏程序处理，因此只有 IP 地址还不够，还要能区分服务器上的每一个网络程序。可通过端口号来区分不同的网络程序，计算机端口号用 2 个字节的整数表示，因此每台计算机有 $2^{16}$ 个端口号，在启动一台服务器上的网络程序时，要指定程序所占用的端口号。系统通常会占用 1024 以内的端口号，为避免冲突，我们的程序应该使用 1024 以上的端口号。

3. 主机名

主机名有时也称为域名，主机名映射到 IP 地址。例如，百度的主机名是“www.baidu.com”，显然主机名比 IP 地址更容易被人记住。

有一个特殊的 IP 地址“127.0.0.1”指本机地址，可以使用它进行网络程序的测试。

4. TCP

传输控制协议（Transmission Control Protocol，TCP）是一种面向连接的、可靠的、基于字节流的传输层通信协议，它保障了两个应用程序之间的可靠通信。面向连接的含义就是在通信之前，要首先在两台计算机之间创建连接。

5. 套接字

套接字（Socket）是 TCP/IP 网络编程中的基本操作单元，可以将套接字看作不同主机间的进程进行双向通信的端点，它构成了单台主机内及整个网络间的编程界面。

### 1.3.2　套接字编程的基本步骤

网络上的两个程序通过一条双向链路实现数据的交换，这条双向链路的一端称为一个 Socket（套接字）。Socket 是 TCP/IP 的一个十分流行的编程接口，一个 Socket 由一个 IP 地址和一个端口号唯一确定。

TCP 套接字编程包括服务器端编程和客户端编程。

1. 服务器端编程步骤

服务器端编程步骤如下。

（1）加载套接字库，创建服务器端套接字。

（2）绑定套接字到一个 IP 地址和端口上。

（3）将套接字设置为监听模式等待连接请求，这个套接字就是监听套接字。

（4）请求到来时，接受连接请求，返回一个新的对应此连接的套接字。

（5）用返回的新创建的套接字和客户端进行通信，即发送或接收数据，通信结束就关闭这个新创建的套接字。

（6）监听套接字继续处于监听状态，等待其他客户端的连接请求。

（7）如果要退出服务器端程序，则先关闭监听套接字，再释放套接字库。

2. 客户端编程步骤

客户端编程步骤如下。

（1）加载套接字库，创建客户端套接字。

（2）向服务器发出连接请求。

（3）连接成功后就可以与服务器端进行通信，即发送或接收数据。

（4）如果要关闭客户端程序，则先关闭套接字，再释放套接字库。

上述的部分编程步骤以及客户端与服务器端的交互如图 1-8 所示。

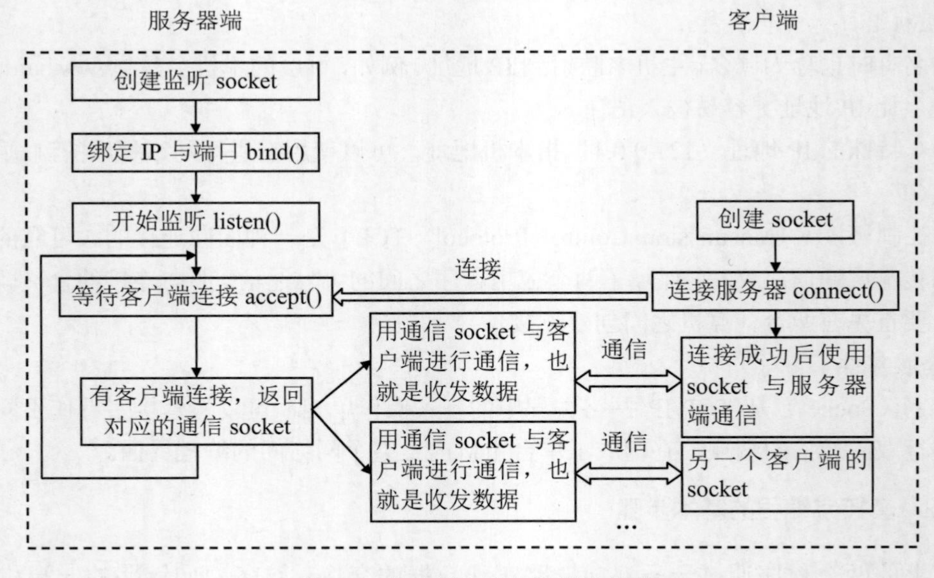


图 1-8 客户端与服务器端的交互

服务器端处于监听状态后，一旦有客户端请求连接，accept()函数就会返回与该客户端对应的 socket，这个 socket 将负责与该客户端的通信。因为会有多个客户端与服务器连接，所以需要一个循环不断地等待客户端的连接请求。通常要为每个客户端创建一个线程，在线程中完成与客户端的通信，因此服务器端程序都是一个多线程程序。

### 1.3.3　网络编程的主要函数

本小节首先介绍有关网络编程的主要函数与数据结构，然后用一个简单的例子演示这些函数的用法，结合案例学习函数效果会更好。

1. WSAStartup()函数

WSAStartup()函数的功能是初始化 Winsock DLL 库，该库提供了所有的 Winsock 函数，原型如下。

```
int WSAStartup(WORD wVersionRequested, LPWSADATA lpWSAData);
```

参数 wVersionRequested 指明程序请求使用的 Socket 版本，其中高位字节指明副版本，低位字节指明主版本。

参数 lpWSAData 用于返回请求的 Socket 的版本信息。

若函数调用成功则返回 0；否则返回错误码。

例如：

```
WORD wVersionRequested = MAKEWORD(2,0);
WSADATA wsaData;
int err=WSAStartup(wVersionRequested,&wsaData);
```

函数 MAKEWORD()将两个 byte 型数合并成一个 word 型数，第 1 个参数是低 8 位，第二个参数是高 8 位，MAKEWORD(2,0)表示要使用 2.0 版本的 WinSock。

结构 WSADATA 用来存储被 WSAStartup()函数调用后返回的 Windows Sockets 数据。

2. socket()函数

socket()函数根据参数指定的地址簇、数据类型和协议来分配一个套接字及其所用的资源，即创建一个套接字，原型如下。

```
SOCKET WSAAPI socket(int af, int type, int protocol);
```

参数 af 为地址簇(Address Family)，也就是 IP 地址类型，常用的有 AF_INET 和 AF_INET6。AF_INET 表示 IPv4 地址；AF_INET6 表示 IPv6 地址。

参数 type 指定套接字的类型，如 SOCK_STREAM 为流格式套接字，SOCK_DGRAM 为数据报套接字。

参数 protocol 表示传输协议，常用的有 IPPROTO_TCP 和 IPPTOTO_UDP，分别表示 TCP 传输协议和 UDP 传输协议。一般情况下有了 af 和 type 两个参数就可以创建套接字，操作系统会自动推导出协议类型，若 af 是 AF_INET，type 是 SOCK_STREAM，则可推导出 protocol 就是 IPPROTO_TCP；af 是 AF_INET，type 是 SOCK_DGRAM，则可推导出 protocol 就是 IPPTOTO_UDP，这时参数 protocol 可以是 0。

例如：

```
SOCKET s = socket(AF_INET, SOCK_STREAM, 0);
```

创建了一个 IP 地址类型是 IPv4 的流格式套接字，传输协议是 IPPROTO_TCP。

3．bind()函数

bind()函数的功能是将本地地址和端口绑定到套接字上，原型如下。

```
int bind(SOCKET s, const struct sockaddr *name, int namelen);
```

参数 s 指定要绑定的套接字。

参数*name 指向结构体 sockaddr 的指针，可由 sockaddr_in 强制转换。

参数 namelen 是 name 的长度。

若函数成功则返回 0；失败则返回 SOCKET_ERROR。

结构体 sockaddr 的定义如下。

```
struct sockaddr {
    unsigned short sa_family;
    char sa_data[14];
};
```

其中，sa_family 是 2 字节的协议簇，它的值可以是以下三种：AF_INET，AF_INET6 和 AF_UNSPEC。本书的程序均使用 AF_INET。sa_data 用于存放 IP 地址和端口号，一共是 14 个字节。

由于这个结构体中的 sa_data 作为一个整体接收 IP 地址和端口号，不方便为其赋值，因此又定义了另一个结构体 sockaddr_in，定义如下。

```
struct sockaddr_in {
    short int sin_family;
    unsigned short int sin_port;
    struct in_addr sin_addr;
    unsigned char sin_zero[8];
};
```

其中，sin_family 与结构体 sockaddr 一样，表示地址簇；sin_port 表示端口号；sin_addr 表示 IP 地址。

sin_addr 本身又是结构体类型，占 4 个字节，这样 sin_port 和 sin_addr 一共占 6 个字节，为了使 sockaddr_in 与 sockaddr 具有同样的字节数，在 sockaddr_in 的最后增加一个 8 字节的 sin_zero。

结构体 in_addr 的定义如下。

```
typedef struct in_addr {
    union {
        struct{ unsigned char s_b1,s_b2, s_b3,s_b4;} S_un_b;
        struct{ unsigned short s_w1, s_w2;} S_un_w;
```

```
            unsigned long S_addr;
        } S_un;
    } IN_ADDR;
```

结构体 sin_addr 只有一个共用体成员，可以使用三种方式为 IP 地址赋值。第一种方法用四个字节来表示 IP 地址的四个数字，第二种方法用两个双字节来表示 IP 地址，第三种方法用一个长整型来表示 IP 地址。

可以使用函数 inet_pton()将一个点分十进制文本的 IP 地址转化为 in_addr 类型，其函数原型如下。

```
int inet_pton(int af, const char *src, void *dst);
```

参数 af 是地址簇，参数*src 是点分十进制文本的 IP 地址，参数*dst 用来接收转换后的数据。

例如，下面的代码首先定义结构体变量 serverAddr（SOCKADDR_IN 与 sockaddr_in 相同），然后为其前三个成员赋值。最后调用 bind()函数将 serverAddr 绑定到套接字 serverSocket 上。

```
SOCKADDR_IN serverAddr;         //struct sockaddr_in
serverAddr.sin_family = AF_INET;
inet_pton(AF_INET, "127.0.0.1", &serverAddr.sin_addr);
serverAddr.sin_port = htons(8000);   // 传输协议端口
if (bind(serverSocket, (sockaddr*)&serverAddr, sizeof(serverAddr) ) ==-1)
{
        cout << "绑定失败: " << endl;
        WSACleanup();
        return 0;
}
```

其中，函数 htons()是将 16 位整数主机字节序转换为网络字节序。

4. listen()函数

在服务器端绑定了套接字后，再调用 listen()函数使套接字进入监听状态，用来监听客户端的连接。listen()函数返回 0 表示成功，返回 SOCKET_ERROR 表示失败，原型如下。

```
int listen(SOCKET s, int backlog);
```

参数 s 为监听套接字。

参数 backlog 是客户端请求队列的最大长度。

5. accept()函数

在监听状态下，调用 accept()函数进行接收客户端的连接，即在客户端请求队列中取出排在最前面的客户端请求，并创建一个套接字负责与该客户端通信。其函数原型如下。

```
SOCKET accept(SOCKET s, struct sockaddr *addr, int *addrlen);
```

参数 s 为监听套接字

参数*addr 用于返回新创建套接字的地址结构。

参数*addrlen 用于返回新创建套接字地址的长度。

accept()函数的返回值为 0 表示成功，为 INVALIDE_SOCKET 表示失败。

6. connect()函数

connect()函数用于客户端请求与服务器的监听套接字连接原型如下。

```
int connect(SOCKET s, const struct sockaddr *name, int    namelen);
```

参数 s 是要建立连接的套接字。

参数*name 是服务器套接字的地址信息。

参数 namelen 是 name 所指缓冲区的大小。

connect()函数的返回值为 0 表示成功，为 SOCKET_ERROR 表示失败。

7. send()函数

send()函数用于向 TCP 连接的另一端发送数据，实际上 send()函数是将要发送的数据复制到 socket 的发送缓冲区中，真正的数据发送是由协议完成的。其函数原型如下。

```
int send(SOCKET s, const char *buf, int len, int flags);
```

参数 s 是发送端的套接字。

参数*buf 是指向要发送的数据缓冲区。

参数 len 是发送数据缓冲区的大小。

参数 flags 一般是 0。

函数成功发送数据，则返回发送的字节数；失败则返回 SOCKET_ERROR。

8. recv()函数

recv()函数的功能是从 TCP 连接的另一端接收数据，实际上 recv()函数是将 socket 的接收缓冲中的数据复制出来，真正的数据接收是由协议来完成的，原型如下。

```
int recv(SOCKET s, const char *buf, int len, int flags);
```

参数 s 为接收端的套接字。

参数*buf 是指向要接收数据的缓冲区。

参数 len 是接收数据缓冲区的大小。

参数 flags 一般设置为 0。

函数成功接收数据，则返回接收的字节数；失败则返回 SOCKET_ERROR；如果连接关闭，则返回 0。

9. closesocket()函数

closesocket()函数的功能是将一个套接字关闭，原型如下。

```
int closesocket(SOCKET s);
```

参数 s 为关闭的套接字。函数成功返回 0，失败返回 SOCKET_ERROR。

10. WSACleanup()函数

WSACleanup()函数的功能是终止 Winsock 2 DLL(ws2_32.dll)的使用，原型如下。

```
int WSACleanup();
```

函数成功返回 0，失败返回 SOCKET_ERROR。

### 1.3.4　服务器端与客户端编程实例

下面编写一个服务器端程序和一个客户端程序，以便掌握套接字编程的具体步骤，以及前面所介绍网络编程的主要函数的具体应用。

1．服务器端编程

创建一个空项目 Server，然后在项目中添加一个 C++源文件 Server.cpp，在 Server.cpp 中添加如下代码。

```
1  #include<WinSock2.h>
2  #include<iostream>
3  #include<WS2tcpip.h>
4  #pragma comment(lib,"ws2_32")     //加载动态链接库
5  using namespace std;
6  #define SERVER_ADDR "127.0.0.1"
7  #define SERVER_PORT 8000
8  int main() {
9      //初始化 Winsock DLL 库
10     WSADATA wsaData;
11     if (WSAStartup(MAKEWORD(2, 2), &wsaData))
12     {
13         cout << "网络初始化失败: " << endl;
14         return 0;
15     }
16     //创建套接字
17     SOCKET serverSocket = socket(AF_INET, SOCK_STREAM, 0);
18     if (serverSocket == INVALID_SOCKET)
19     {
20         cout << "创建 socket 失败: " << endl;
21         WSACleanup();
22         return 0;
23     }
24     //绑定 IP 和端口
25     sockaddr_in serverAddr;         //struct sockaddr_in
26     serverAddr.sin_family = AF_INET;
27     inet_pton(AF_INET, SERVER_ADDR, &serverAddr.sin_addr);
28     serverAddr.sin_port = htons(SERVER_PORT);    //函数 htons()将参数转换为网络字节序
29     if (bind(serverSocket, (sockaddr*)&serverAddr, sizeof(serverAddr)) == -1)
30     {
31         cout << "绑定失败: " << endl;
32         WSACleanup();
33         return 0;
34     }
```

```
35      //开始监听(listen())
36      if (INVALID_SOCKET == listen(serverSocket, 5))
37      {
38          cout << "监听失败: " << endl;
39          WSACleanup();
40          return 0;
41      }
42      int i = 0;          //记录连接客户端的数量
43      while (true)        //循环接收数据
44      {
45          sockaddr_in clientAddr = { 0 };
46          int iLen = sizeof(sockaddr_in);
47          //accept()函数取出客户端请求连接队列中最前面的请求，并创建与该客户端通信的套接字
48          SOCKET clientSocket = accept(serverSocket, (sockaddr*)&clientAddr, &iLen);
49          if (clientSocket == INVALID_SOCKET)
50          {
51              cout << "监听失败: " << endl;
52              return 0;
53          }
54          ++i;
55          cout << "第" << i << "个客户端已连接！ " << endl;
56          //用返回的套接字和客户端进行通信
57          char recvData[64] = { 0 };
58          int ret = recv(clientSocket, recvData, 64, 0);   //接收数据
59          if (ret > 0)
60          {
61              cout <<"接收到客户端数据: " << recvData << endl;
62              char sendData[] = "Welcome Client!";
63              ret = send(clientSocket, sendData, sizeof(sendData), 0);//发送数据
64              if (ret != sizeof(sendData))
65                  cout << "发送数据出错!" << endl;
66          }
67          else
68          {
69              cout << "接收数据出错!" << endl;
70          }
71          closesocket(clientSocket);   //关闭客户端套接字
72      }
73      closesocket(serverSocket);   //关闭加载的套接字库
74      WSACleanup();
75      return 0;
76  }
```

第 4 行代码表示链接 ws2_32.dll 这个库，这样在后面的程序中就可以使用其中的 API 了。

第 10～15 行代码初始化 Winsock DLL 库。第 17～23 行代码创建 socket 对象。第 25～34 行代码绑定 IP 和端口到 socket 对象，因结构体 sockaddr_in 和结构体 sockaddr 大小完全相同，因此可以强制相互转换。

第 36～41 行代码使 serverSocket 处于监听状态。第 42 行代码定语的变量 i 用于记录连接客户端的数量。

在第 43～72 行的循环中，第 48 行代码使用 accept()函数等待客户端的连接，一旦有客户端成功连接，就会得到一个与该客户端通信的 socket。第 55 行代码输出有客户端连接的信息。

第 58 行代码调用 recv()函数，读取从客户端发来的数据。如果读取数据成功，则输出读到的数据，然后第 63 行代码再向客户端发送数据“Welcome Client!”，最后第 71 行代码关闭这个与客户端通信的 socket，与此客户端的连接中断。回到循环开始处，继续等待其他客户端的连接。

在实际的程序中，客户端连接成功后，一般需要创建一个线程，专门负责与该客户端的通信，而不是接收一个数据，再发送一个数据就结束。

2. 客户端编程

在同一个工作空间中创建另一个空项目 Client，然后在项目中添加一个 C++源文件 Client.cpp，在 Client.cpp 中添加如下代码。

```
 1  #include<WinSock2.h>
 2  #include<iostream>
 3  #include<WS2tcpip.h>
 4  #pragma comment(lib,"ws2_32")    //加载动态链接库
 5  using namespace std;
 6  #define SERVER_ADDR "127.0.0.1"
 7  #define SERVER_PORT 8000
 8  int main() {
 9      //初始化 Winsock DLL 库
10      WSADATA wsaData;
11      if (WSAStartup(MAKEWORD(2, 2), &wsaData))
12      {
13          cout << "网络初始化失败: " << endl;
14          return 0;
15      }
16      //创建套接字
17      SOCKET s = socket(AF_INET, SOCK_STREAM, 0);
18      if (s == INVALID_SOCKET)
19      {
```

```
20              cout << "创建 socket 失败: " << endl;
21              WSACleanup();
22              return 0;
23          }
24          //连接服务器（绑定 socket 到服务器的 IP 和端口）
25          sockaddr_in serverAddr;
26          serverAddr.sin_family = AF_INET;
27          inet_pton(AF_INET, SERVER_ADDR, &serverAddr.sin_addr);
28          serverAddr.sin_port = htons(SERVER_PORT);   //函数 htons()将参数转换为网络字节序
29          if (connect(s, (sockaddr*)&serverAddr, sizeof(serverAddr)) == -1)
30          {
31              cout << "连接失败！  " << endl;
32              WSACleanup();
33              return 0;
34          }
35          char sendData[] = "Hello Server!";
36          int ret = send(s, sendData, sizeof(sendData), 0); //发送数据
37          if (ret != sizeof(sendData))
38          {
39              cout << "发送数据出错!" << endl;
40              return 0;
41          }
42          char recvData[64] = { 0 };
43          ret = recv(s, recvData, 64, 0); //接收数据
44          if (ret > 0)
45          {
46              cout << "接收到服务器数据: " << recvData << endl;
47          }
48          else
49          {
50              cout << "接收数据出错!" << endl;
51          }
52          closesocket(s);
53          WSACleanup();
54          return 0;
55      }
```

第 6 行和第 7 行代码定义了服务器的 IP 地址和端口，其中“127.0.0.1”是本机的测试地址，端口是服务器端程序使用的端口，因此要与 Server.cpp 中的定义相同。

第 29 行代码调用 connect()函数与服务器连接，与服务器连接的实质就是将 socket 与服务器的 IP 地址和端口绑定。如果连接成功，则向服务器发送“Hello Server!”，然后读取从服务

器发来的数据，如果读取成功，则将读取的数据输出到屏幕。

最后关闭 socket 和 ws2_32.dll 库。

在实际的程序中，服务器连接成功后，通常是创建一个线程，专门负责从服务器接收数据，而不是发送一个数据，再接收一个数据就结束。

首先运行服务器端程序，然后多次运行客户端程序。下面是运行服务器端程序后，三次运行客户端程序的输出结果。

服务器端程序的运行结果如下：

```
第 1 个客户端已连接！
接收到客户端数据: Hello Server!
第 2 个客户端已连接！
接收到客户端数据: Hello Server!
第 3 个客户端已连接！
接收到客户端数据: Hello Server!
```

三次运行客户端程序的运行结果都是一样的：

```
接收到服务器数据: Welcome Client!
```

在同一个解决方案中，如果有多个项目，其中有一个是启动项目，则运行程序时就是运行这个项目。如果要运行其他项目，则可在其他项目名上右击，在弹出的快捷菜单中选择“调试”→“启动但不调试”菜单项，如图 1-9 所示。

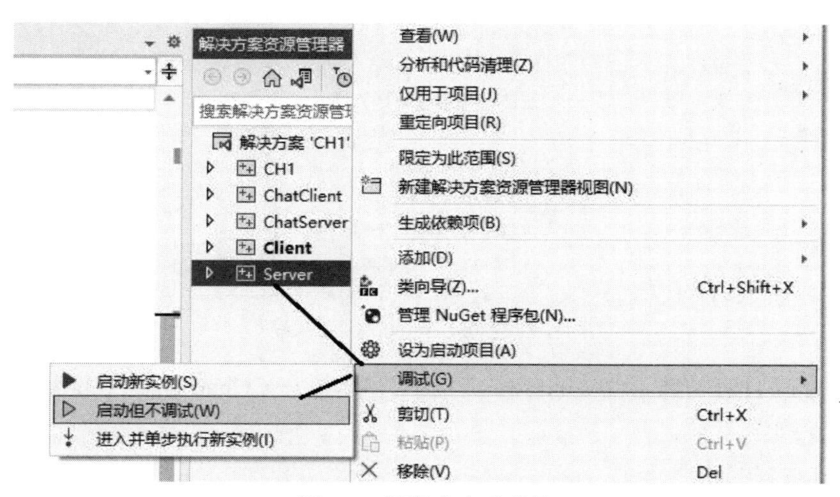


图 1-9　运行非启动项目

图中的启动项目 Client 用粗体显示，如果要运行 Server 项目，则可在 Server 上右击，通过快捷菜单实现。

当然也可以修改启动项目，方法是在项目名称上右击，在弹出的快捷菜单中选择“设置为启动项”菜单项。

# 1.4 一个简单的聊天室程序

本节完成一个简单的聊天室程序的编写，该程序由服务器端和客户端两个项目组成，这两个项目都是基于对话框的程序。服务器端项目负责客户端的上线、离线，以及转发客户端发来的信息等。客户端项目可向服务器发送信息，以及从服务器端接收信息，并将接受的信息显示到客户端界面。

创建服务器端界面

## 1.4.1 创建服务器端界面

### 1. 创建项目

创建 MFC 项目 ChatServer，应用程序类型选择基于对话框，在“高级功能”中勾选“Windows 套接字”，如图 1-10 所示。

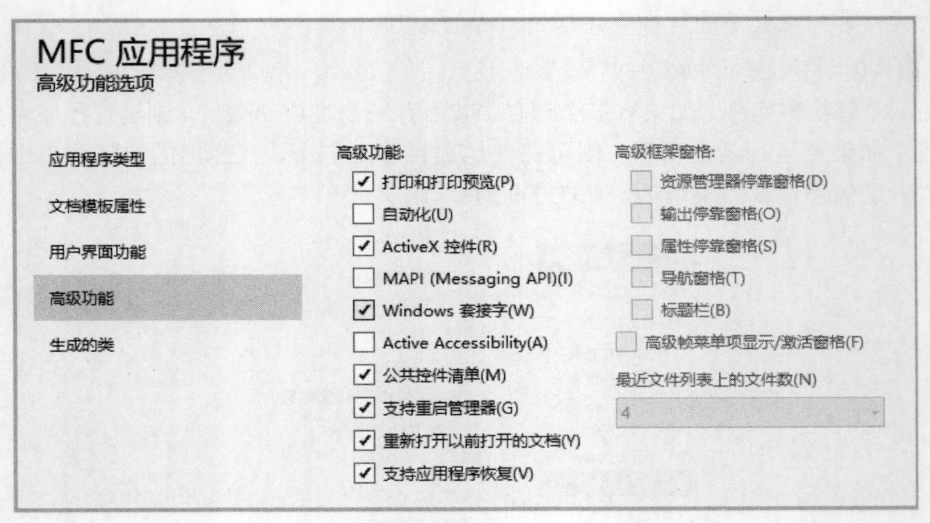


图 1-10 勾选“Windows 套接字”

由于在创建项目时勾选了“Windows 套接字”，所以在 CChatServerApp 类的 InitInstance() 函数中可以找到如下代码。

```
1  if (!AfxSocketInit())
2  {
3      AfxMessageBox(IDP_SOCKETS_INIT_FAILED);
4      return FALSE;
5  }
```

在上面的代码中调用 AfxSocketInit()函数完成 Winsock DLL 库的初始化工作，因此在后面的程序中省略了初始化 Winsock DLL 库的代码。

2. 编辑对话框资源

打开对话框资源，将对话框的标题（文字描述）设置为“聊天室服务器端”，边框选择“对话框外框”，删除对话框中原有的控件，添加如图 1-11 所示的控件。

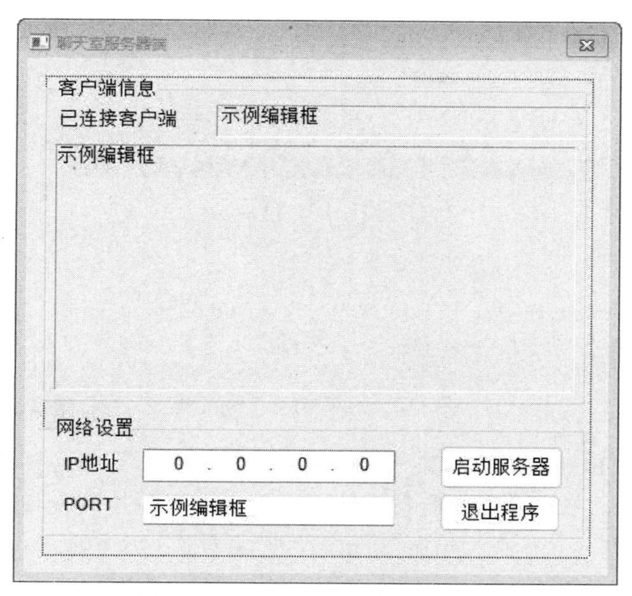


图 1-11　服务器端对话框中的控件

除了静态控件，对话框中其他控件的 ID 及属性见表 1-1。

表 1-1　服务器端对话框中控件的 ID 及属性

| 控件名 | ID | 其他属性 |
| --- | --- | --- |
| 编辑框（已连接客户端右侧） | IDC_EDIT_CLIENTS | 只读：true |
| 编辑框（中间较大的编辑框） | IDC_EDIT_MSG | 只读：true；多行：true；垂直滚动：true |
| IP 地址 | IDC_IPADDRESS | |
| 编辑框（PORT 右侧） | IDC_EDIT_PORT | |
| 按钮（启动服务器） | IDC_START | 文字描述：启动服务器 |
| 按钮（退出程序） | IDC_EXIT | 文字描述：退出程序 |

3. 为控件添加关联变量

为了方便获取和设置对话框中控件的值，可以为对话框的部分控件添加关联变量。在解决方案资源管理器中，右击项目名称 ChatServer，在弹出的快捷菜单中选择“类向导”，打开“类向导”对话框。在类向导对话框中，确保项目名称是 ChatServer，在“类名”下方选择 CChartServerDlg，单击“成员变量”标签，如图 1-12 所示。

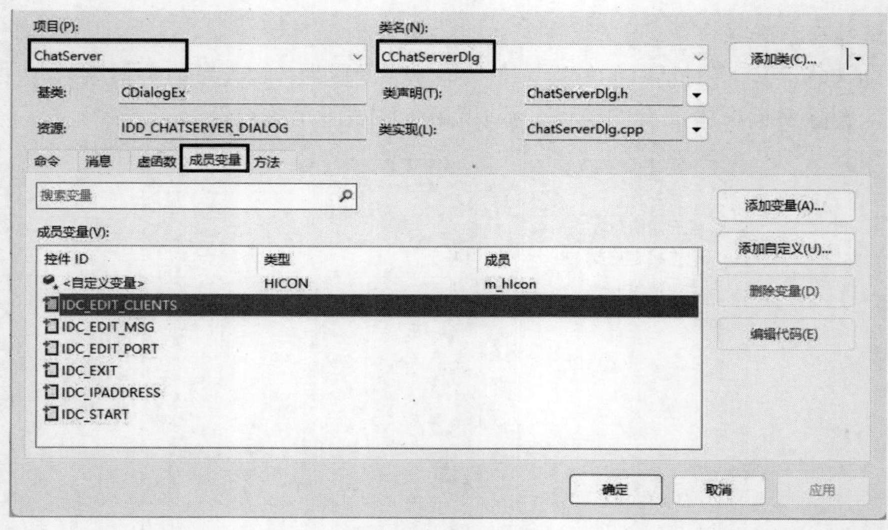


图 1-12 “类向导”对话框

下面为控件 IDC_EDIT_CLIENTS 添加关联变量。在如图 1-12 所示的对话框中，选中 IDC_EDIT_CLIENTS，单击“添加变量”按钮，出现“添加控制变量”对话框。在“类别”下方选择“值”,“名称”下方输入 m_nClients，“变量类型”下方输入 unsigned int，如图 1-13 所示。

在图 1-13 中，单击“完成”按钮，返回到“类向导”对话框，控件 IDC_EDIT_CLIENTS 的关联变量 m_nClients 添加完毕。

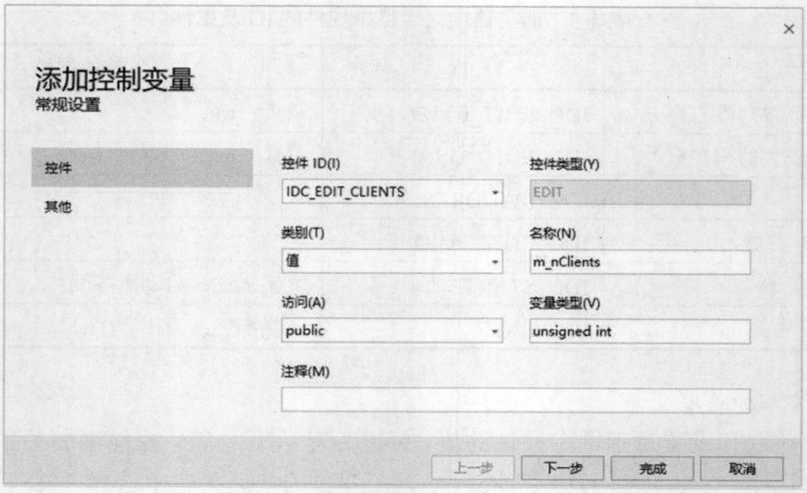

图 1-13 添加控制变量对话框

按照上面同样的办法为其他控件添加关联变量，最终控件的关联变量及其类型见表 1-2。

表 1-2　服务器端对话框控件的关联变量

| ID | 变量类型 | 变量名 |
| --- | --- | --- |
| IDC_IPADDRESS | CIPAddressCtrl | m_ipServer |
| IDC_EDIT_PORT | unsigned int | m_nPort |
| IDC_EDIT_CLIENTS | unsigned int | m_nClients |
| IDC_EDIT_MSG | CEdit | m_edtMsg |

4. 对话框初始化

为了避免每次运行服务器端程序都要输入 IP 地址、端口等数据，可为这两个控件设置初值。打开文件 ChatServerDlg.cpp，找到对话框初始化函数 OnInitDialog()，在“//TODO:”一行的后面输入以下代码。

```
// TODO: 在此添加额外的初始化代码
m_ipServer.SetAddress(127, 0, 0, 1);
m_nPort = 8888;
m_nClients = 0;
UpdateData(false);
```

编译运行程序，程序运行结果如图 1-14 所示。

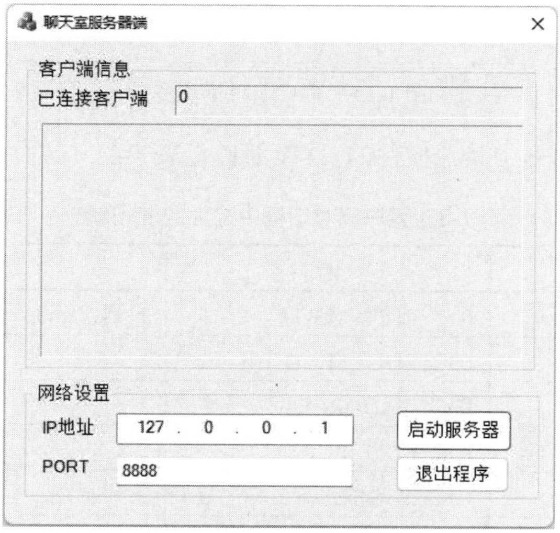

图 1-14　服务器端对话框程序运行结果

上面添加的初始化代码，为 IP 地址控件设置初值“127.0.0.1”，为端口编辑框关联变量 m_nPort 赋值 8888，为已连接客户端编辑框关联变量 m_nClients 赋值 0，最后调用函数 UpdateData(false)，将控件关联变量的值显示在对应的控件中。如果函数 UpdateData()的参数是 true，则将控件中显示的值保存在对应的关联变量中。

创建客户端界面

### 1.4.2 创建客户端界面

1. 创建项目

与 ChatServer 项目类似，创建 MFC 项目 ChatClient，应用程序类型选择基于对话框，在“高级功能”中勾选“Windows 套接字”。

2. 编辑对话框资源

打开对话框资源，将对话框的标题（文字描述）设置为“聊天室客户端”，边框选择“对话框外框”。删除对话框中原有的控件，添加如图 1-15 所示的控件。

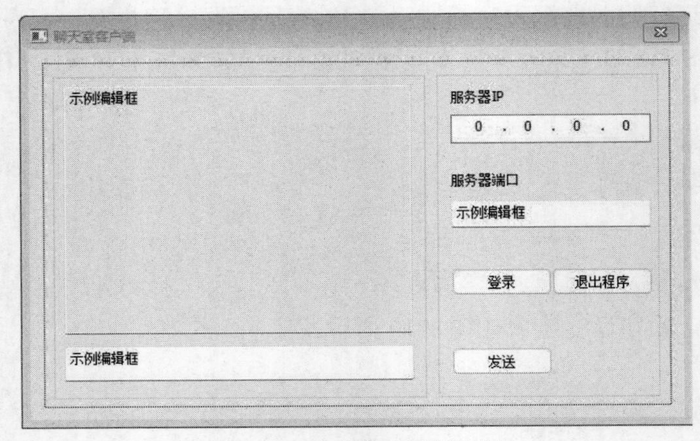


图 1-15 客户端对话框资源

除了静态控件，对话框中其他控件的 ID 及属性见表 1-3。

表 1-3 客户端对话框中控件的 ID 及属性

| 控件名 | ID | 其他属性 |
|---|---|---|
| 编辑框（中间较大的编辑框） | IDC_EDIT_MSG | 只读：true；多行：true；垂直滚动：true |
| 编辑框（左下方） | IDC_EDIT_SEND | |
| IP 地址 | IDC_IPADDRESS | |
| 编辑框（服务器端口） | IDC_EDIT_PORT | |
| 按钮 | IDC_LOGIN | 文字描述：登录 |
| 按钮 | IDC_EXIT | 文字描述：退出程序 |
| 按钮 | IDC_SEND | 文字描述：发送 |

3. 为控件添加关联变量

与服务器端项目类似，为客户端对话框的部分控件添加关联变量，具体添加方法与服务器端对话框相同，添加的关联变量见表 1-4。

表 1-4　客户端对话框控件的关联变量

| ID | 变量类型 | 变量名 |
|---|---|---|
| IDC_IPADDRESS | CIPAddressCtrl | m_ipServer |
| IDC_EDIT_PORT | unsigned int | m_nPort |
| IDC_EDIT_SENT | CString | m_strSend |
| IDC_EDIT_MSG | CEdit | m_edtMsg |

4. 对话框初始化

与服务器端对话框类似，在客户端对话框的初始化函数中为 IP 地址和端口提供初始化值。打开文件 ChatClientDlg.cpp，找到对话框初始化函数 OnInitDialog()，在“//TODO:”一行的后面输入以下代码。

```
// TODO: 在此添加额外的初始化代码
m_ipServer.SetAddress(127, 0, 0, 1);
m_nPort = 8888;
UpdateData(false);
```

编译运行程序，程序运行结果如图 1-16 所示。

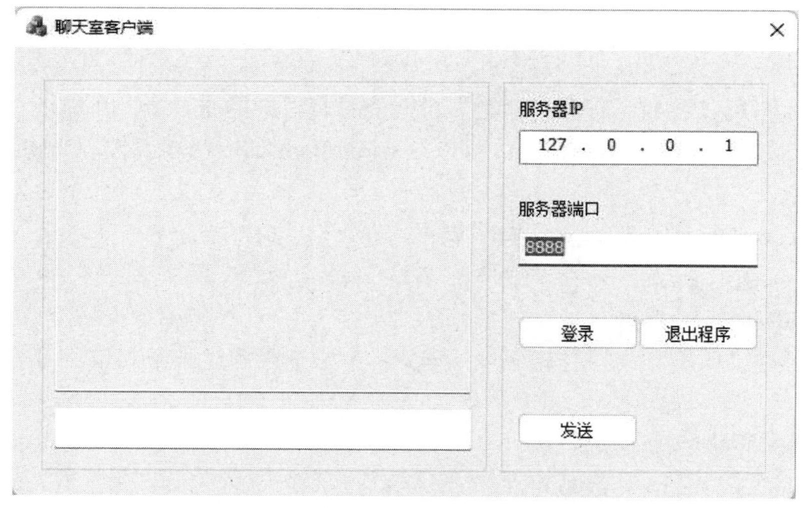


图 1-16　客户端对话框程序运行结果

### 1.4.3　服务器端编程

服务器端编程

1. 对话框类中添加数据成员

因为在对话框类 CChatServerDlg 中需要使用向量（vector），则在 ChatServerDlg.h 文件的开始部分加入以下两行代码。

```
#include<vector>
using namespace std;
```

在服务器端要记录每个连接客户端的信息，首先要定义一个保存客户端信息的类 ClientItem，之后用 vector 保存所有连接客户端的信息。

在 ChatServerDlg.h 文件中，找到服务器端对话框类 CChatServerDlg 的定义处，在其上方添加 ClientItem 类的定义，代码如下。

```
 1  class CChatServerDlg;
 2  class ClientItem {
 3  public:
 4          SOCKET cltSocket;
 5          CString cltIP;
 6          int cltPort;
 7          CChatServerDlg* pChatDlg;
 8          ClientItem()
 9          {
10                  cltPort = 8888;
11                  cltSocket = INVALID_SOCKET;
12                  pChatDlg = NULL;
13          }
14  };
```

从上面的代码可以看到，需要保存的客户端信息有对应的 socket、IP 地址、端口。为了能在 ClientItem 类中访问对话框类的成员，可以在 ClientItem 类中使用属性 pChatDlg 保存服务器端对话框的地址。

在 CChatServerDlg 类中加入以下两个属性。

```
SOCKET m_listenSocket;
vector<ClientItem *> m_clients;
```

第一个属性是监听客户端连接请求的 socket；第二个属性是一个向量，用于保存连接客户端的信息。

在构造函数中将加入下面的代码。

```
m_listenSocket = INVALID_SOCKET;
```

将 listenSocket 初始化为 INVALID_SOCKET。

2. 添加"启动服务器"按钮的消息响应函数

使用类向导添加"启动服务器"按钮的消息响应函数，打开"类向导"对话框，选择项目 ChatServer，选择类 CChatServerDlg，然后选择"命令"标签，找到并选中 IDC_START，在"消息"中选择 BN_CLICKED，如图 1-17 所示。

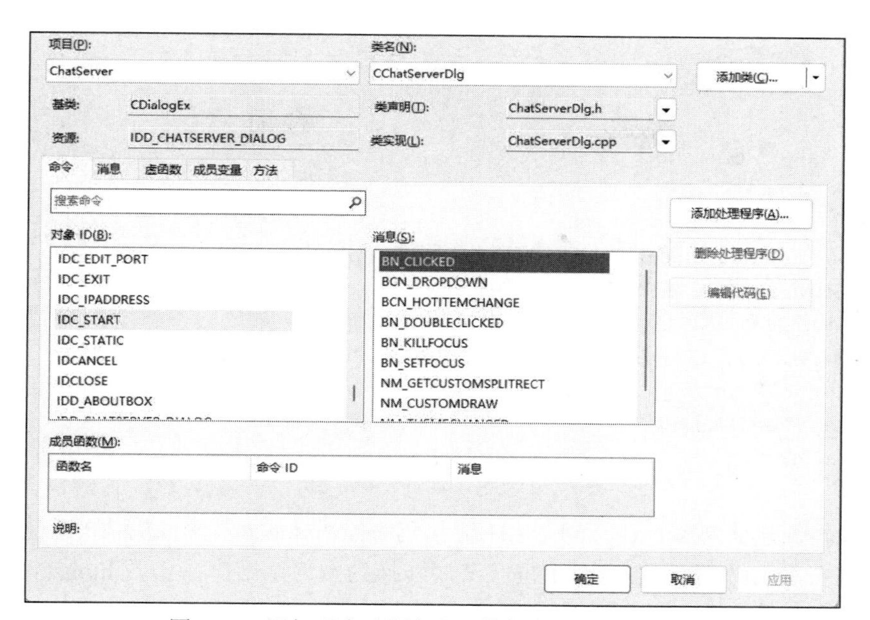


图 1-17　添加“启动服务器”按钮的消息响应函数

在图 1-17 中，单击“添加处理程序”按钮，完成“启动服务器”按钮的消息响应函数 OnClickedStart()的添加，在函数 OnClickedStart()中添加如下代码。

```
1  void CChatServerDlg::OnClickedStart()
2  {
3      UpdateData(true);                       //将对话框控件中的值保存到控件关联变量中
4      DWORD dwIP;                             //32 位无符号整数表示的 IP
5      m_ipServer.GetAddress(dwIP);            //获取控件中的 IP 地址
6      m_listenSocket = socket(AF_INET, SOCK_STREAM, 0);
7      if (m_listenSocket == INVALID_SOCKET)
8      {
9          AfxMessageBox(_T("创建 socket 失败"));
10         return;
11     }
12     //绑定 IP 和端口
13     sockaddr_in serverAddr = { 0 };
14     serverAddr.sin_family = AF_INET;
15     serverAddr.sin_port = htons(m_nPort);          //函数 htons()将参数转换为网络字节序
16     serverAddr.sin_addr.s_addr = htonl(dwIP);      //函数 htonl()将参数转换为网络字节序
17     if (bind(m_listenSocket, (sockaddr*)&serverAddr, sizeof(serverAddr)) == -1)
18     {
19         AfxMessageBox(_T("绑定失败"));
20         return;
21     }
```

```
22        //开始监听(listen())
23        if (INVALID_SOCKET == listen(m_listenSocket, 5))
24        {
25            AfxMessageBox(_T("监听失败"));
26            return;
27        }
28        m_edtMsg.SetWindowTextW(_T("服务器已启动！ \r\n"));
29        GetDlgItem(IDC_START)->EnableWindow(false);
30        //创建监听线程，监听线程函数名是 AccpThreadProc
31        HANDLE h = CreateThread(NULL, 0, AccpThreadProc, this, 0, NULL);
32        if(h!=NULL)
33            CloseHandle(h);
34        return ;
35    }
```

第 6 行代码创建监听 socket，第 13～21 行代码将监听 socket 与指定的 IP 地址和端口绑定，在绑定之前需要将 IP 地址和端口由主机字节序转换为网络字节序。函数 htons()和 htonl()分别将短整型数据和整型数据转换为对应的网络字节序整数。

第 23 行代码使 socket 处于监听状态，如果监听成功，则第 28 行代码在对话框中间较大的编辑框中显示“服务器已启动!”的信息。

第 31 行代码创建监听线程，监听线程函数 AccpThreadProc()稍后介绍。如果创建监听线程成功，则函数 CreateThread()返回线程句柄，如果在后面的程序中不需要操作这个线程句柄，则可以将其关闭。CreateThread()函数的第四个参数 this 是服务器端对话框的指针，也就是将对话框的指针作为监听线程函数的参数，传递给监听线程函数。

3. 创建监听线程函数

下面给出监听线程函数的定义。将监听线程函数定义为类的静态成员函数，首先在 CChatServerDlg 类中给出函数 AccpThreadProc()的声明，代码如下。

```
static DWORD WINAPI AccpThreadProc(LPVOID pParam);
```

然后给出函数的定义，代码如下。

```
1   //用于监听的线程函数，监听线程函数作为类的成员函数必须定义成静态函数
2   DWORD WINAPI CChatServerDlg::AccpThreadProc(LPVOID pParam)
3   {
4       CChatServerDlg* thisDlg = (CChatServerDlg*)pParam;
5       while (true) {
6           sockaddr_in clientAddr = { 0 };
7           int iLen = sizeof(sockaddr_in);
8           //accept()函数取出客户端请求连接队列中最前面的请求，并创建与该客户端通信的套接字
9           SOCKET accSock = accept(thisDlg->m_listenSocket, (sockaddr*)&clientAddr, &iLen);
10          if (accSock == INVALID_SOCKET)
11          {
```

```
12                  AfxMessageBox(_T("监听失败！"));
13                  return 0;
14              }
15              ClientItem* pClient = new ClientItem();              //创建一个 CClient 对象
16              pClient->cltSocket = accSock;
17              char IP[20];      //点分十进制表示的 IP
18              inet_ntop(AF_INET, (void*)&clientAddr.sin_addr, IP, 16);
19              pClient->cltIP.Format(_T("%S"), IP);                 //IP 地址
20              pClient->cltPort = clientAddr.sin_port;              //端口
21              pClient->pChatDlg = thisDlg;                         //服务器端对话框
22              thisDlg->m_clients.push_back(pClient);               //将 pClient 添加到向量 m_clients 中
23              ++thisDlg->m_nClients;                               //登录客户端数加 1
24              CString msgIP(pClient->cltIP);
25              CString msgPort;
26              msgPort.Format(_T(":%d"), pClient->cltPort);
27              CString msg = msgIP + msgPort + "登录";               //smg 格式为“IP：端口 登录”
28              //向对话框发送消息，更新界面信息
29              ::SendMessage(thisDlg->GetSafeHwnd(), WM_UPDATE_MSG, NULL, (LPARAM ) & msg);
30              //创建接收客户端消息的线程
31              HANDLE    h = CreateThread(NULL, 0, RecvThreadProc, pClient, 0, NULL);
32              if (h != NULL)
33                  CloseHandle(h);
34          }
35          return 0;
36      }
```

第 4 行代码将监听线程函数的参数强制转换为服务器端对话框指针，并赋给变量 thisDlg。在第 5 行代码开始的循环中，不断地处理客户端的连接请求。

第 9 行代码调用函数 accept()，如果没有客户端请求连接，则函数 accept()一直等待；如果有客户端请求连接，则返回与该客户端通信的 socket。

当客户端成功连接后，创建一个 ClientItem 对象，并为该对象的属性赋值，然后将其添加到向量 m_clients 中（第 15～22 行代码）。

函数 inet_ntop()将数值格式的 IP 地址转化为点分十进制的 IP 地址格式。

第 23 行代码将登录的客户端数加 1。

第 24～27 行代码准备一个在编辑框显示的字符串，内容是刚连接的客户端登录的信息，格式是“IP：端口 登录”。

第 29 行代码向服务器端对话框发送自定义消息 WM_UPDATE_MSG，消息的内容是 msg。

第 31 行代码创建接收客户端消息的线程函数，并将上面创建的 ClientItem 对象的地址传给线程函数。

接收客户端消息的线程函数，以及接收自定义消息的方法将在后文介绍。

4. 创建接收数据线程函数

下面定义接收客户端消息的线程函数 RecvThreadProc()，在 CChatServerDlg 类中添加函数的声明，代码如下。

```
static DWORD WINAPI RecvThreadProc(LPVOID pParam);
```

RecvThreadProc()函数的定义如下。

```
1  //接收数据并处理，每个客户端对应一个线程
2  DWORD WINAPI CChatServerDlg::RecvThreadProc(LPVOID pParam)
3  {
4      ClientItem* thisClient = (ClientItem*)pParam;
5      while (true)
6      {
7          TCHAR buffer[256] = { 0 };
8          int nRecv = recv(thisClient->cltSocket, (char*)buffer, sizeof(buffer), 0);
9          if (nRecv <= 0)   //-1：网络出错；0：对方关闭连接，从向量 m_clients 中删除 thisClient
10         {
11             removeClient(thisClient->pChatDlg->m_clients, thisClient);
12             return 0;
13         }
14         //在消息 buffer 的前面加上发送消息客户端的 IP 地址和端口，然后转发给每一个客户端
15         CString strPort;
16         strPort.Format(_T("%d"), thisClient->cltPort);
17         CString msg = thisClient->cltIP + " - " + strPort + ": " + buffer;
18         TCHAR sendBuf[256] = { 0 };
19         _tcscpy_s(sendBuf, 256, msg);
20         vector<ClientItem*>::iterator it=thisClient->pChatDlg->m_clients.begin();
21         for ( ; it != thisClient->pChatDlg->m_clients.end(); ++it)
22         {
23             ClientItem *pClient = *it;
24             int bufLen = _tcslen(sendBuf) * sizeof(TCHAR);
25             int len = send(pClient->cltSocket, (char*)sendBuf, bufLen, 0);
26             if (len <= 0)    //发送失败，从向量 m_clients 中删除 pClient
27             {
28                 removeClient(thisClient->pChatDlg->m_clients, pClient);
29             }
30         }
31     }
32   return 0;
33 }
```

第 4 行代码将参数传进来的地址强制转换为 ClientItem*，并赋给变量 thisClient。

第 8 行代码接收客户端发来的消息，如果没有消息可读，则函数在这里等待；如果成功读

取，则函数返回读取的字节数；如果网络错误或客户端下线，则函数返回小于或等于 0 的值。

如果网络出错或客户端下线，则调用 removeClient()函数，将该客户端删除，函数 removeClient()稍后介绍。如果接收消息成功，则将接收到的消息转发给每一个客户端。为了区分是哪一个客户端发送的消息，在发送之前，要在消息的前面加上客户端的 IP 地址和端口。

第 15～19 行代码在接收到的消息前加上客户端的 IP 地址和端口，这里用到函数 _tcscpy_s()，其功能是复制字符，如果使用的是 Unicode 编码，则采用 wcscpy_s()函数；如果使用的是多字节编码，则采用 strcpy_s()函数。

第 21～30 行代码向每个客户端转发消息，如果转发失败，则调用 removeClient()函数将该客户端删除。

5. *添加* removeClient()*函数*

为了使用方便，将 removeClient()函数也定义为静态函数，首先在类中声明，代码如下。

```
static void removeClient(vector<ClientItem*> clents, ClientItem* theClient);
```

removeClient()函数的定义如下。

```
1   //在向量 clients 中，将 theClient 删除
2   void CChatServerDlg::removeClient(vector<ClientItem*> clients, ClientItem* theClient)
3   {
4       --(theClient->pChatDlg->m_nClients);            //登录客户端数减 1
5       //向对话框发送消息，通知客户端离线
6       CString msgIP(theClient->cltIP);
7       CString msgPort;
8       msgPort.Format(_T(":%d"), theClient->cltPort);
9       CString msg = msgIP + msgPort + "离开";
10      //向对话框发送消息，显示有客户端离线的信息
11      ::SendMessage(theClient->pChatDlg->GetSafeHwnd(), WM_UPDATE_MSG, NULL, (LPARAM)&msg);
12      //将该客户端从客户端向量中删除
13      vector<ClientItem*>::iterator it;
14      for (it = clients.begin(); it != clients.end(); ++it)
15      {
16          ClientItem* pClient = *it;
17          if (pClient->cltSocket == theClient->cltSocket)   //找到要删除的客户端
18          {
19              clients.erase(it);
20              break;
21          }
22      }
23      delete theClient;           //删除该客户端
24  }
```

第 4 行代码将登录的客户端数减 1，第 6～9 行代码将要在对话框显示的信息准备好，第 11 行代码向对话框发送自定义消息，将客户端离线的信息显示在对话框中。

第 13～22 行代码将离线的客户端从客户端向量中删除，然后第 23 行代码将客户端本身删除。

6. 对话框自定义消息响应函数

要发送自定义消息，需要定义消息宏、添加消息响应函数以及完成消息映射。

（1）消息宏的定义。在 ChatServerDlg.h 文件的开始部分加入消息宏定义，代码如下。

```
#define WM_UPDATE_MSG WM_USER+100
```

为了防止用户定义的消息 ID 与系统的消息 ID 冲突，Microsoft 定义了一个宏 WM_USER，小于 WM_USER 的 ID 被系统使用，大于 WM_USER 的 ID 被用户使用。因此，这里定义的宏 WM_UPDATE_MSG 的值是 WM_USER+100。

（2）添加消息响应函数。在 CChatServerDlg 类中添加消息响应函数的声明，代码如下。

```
    LRESULT OnUpdateMsg(WPARAM w, LPARAM l);
```

在 ChatServerDlg.cpp 文件中给出 OnUpdateMsg()函数的定义，代码如下。

```
1  LRESULT CChatServerDlg::OnUpdateMsg(WPARAM w, LPARAM l)
2  {
3      CString* strMsg = (CString*)l;
4      int len = m_edtMsg.GetWindowTextLength();    //原来编辑框中文本的长度
5      m_edtMsg.SetSel(len, len);
6      m_edtMsg.ReplaceSel(*strMsg + _T("\r\n"));    //在原来文本的后面增加文本 strMsg
7      UpdateData(false);
8      return 0;
9  }
```

需要显示在对话框中的消息由函数的第二个参数传入，将该消息追加在编辑框原来的内容之后。最后调用函数 UpdateData(false)，将已登录客户端的数量更新。

（3）完成消息映射。在 ChatServerDlg.cpp 文件中，找到 BEGIN_MESSAGE_MAP(CChatServerDlg, CDialogEx)和 END_MESSAGE_MAP() 之间的代码块，在这段代码块中加入消息映射。添加消息映射后的代码如下（原有的消息映射省略，只显示自己定义的消息映射）。

```
BEGIN_MESSAGE_MAP(CChatServerDlg, CDialogEx)
    …
    ON_MESSAGE(WM_UPDATE_MSG, OnUpdateMsg)
END_MESSAGE_MAP()
```

ON_MESSAGE(WM_UPDATE_MSG, OnUpdateMsg)的作用是，当接收到消息 WM_UPDATE_MSG 时，就会调用函数 OnUpdateMsg()。

### 1.4.4　客户端编程

1．对话框类中添加数据成员

在 ChatClientDlg 类中加入负责与服务器端通信的 socket 属性，代码如下。

```
SOCKET   m_Socket;
```

在构造函数中将加入以下代码，对属性 m_Socket 初始化。

```
m_Socket = INVALID_SOCKET;
```

2．添加“登录”按钮的消息响应函数

使用类向导为对话框类 CChatClienDlg 添加“登录”按钮的消息响应函数，方法与前面为服务器端对话框类添加“启动服务器”按钮的消息响应函数相同，在函数中添加如下代码。

```
1   void CChatClientDlg::OnClickedLogin()
2   {
3       UpdateData(true);                       //将对话框控件中的值保存到控件关联变量中
4       DWORD dwIP;                             //32 位无符号正式表示的 IP
5       m_ipServer.GetAddress(dwIP);            //获取 IP 地址
6       m_Socket = socket(AF_INET, SOCK_STREAM, 0);
7       if (m_Socket == INVALID_SOCKET)
8       {
9           AfxMessageBox(_T("创建 socket 失败"));
10          return;
11      }
12      //连接服务器（绑定 socket 到服务器的 IP 地址和端口）
13      sockaddr_in serverAddr;
14      serverAddr.sin_family = AF_INET;
15      serverAddr.sin_port = htons(m_nPort);           //函数 htons()将参数转换为网络字节序
16      serverAddr.sin_addr.s_addr = htonl(dwIP);       //函数 htonl()将参数转换为网络字节序
17      if (connect(m_Socket, (sockaddr*)&serverAddr, sizeof(serverAddr)) == -1)
18      {
19          AfxMessageBox(_T("连接失败"));
20          return;
21      }
22      m_edtMsg.SetWindowTextW(_T("登录成功！ \r\n"));
23      GetDlgItem(IDC_LOGIN)->EnableWindow(false);     //禁用“登录”按钮
24      GetDlgItem(IDC_SEND)->EnableWindow(true);       //启用“发送”按钮
25      //创建接收服务器信息的线程
26      HANDLE h = CreateThread(NULL, 0, RecvThreadProc, this, 0, NULL);
27      if (h != NULL)
28          CloseHandle(h);
29  }
```

函数的第 6 行代码，首先创建 socket。第 13～21 行代码将 socket 与指定的 IP 地址及端口（服务器的 IP 地址及端口）绑定，其实也就是连接服务器。连接成功后，第 23 行代码在对话框中间较大的编辑框中显示“登录成功!”的信息。然后将“登录”按钮设置为禁止状态，将“发送”按钮设置为可用状态。

第 26 行代码创建接收服务器信息的线程，线程函数 RecvThreadProc()稍后介绍，传递给线程函数的是参数 this，也就是将客户端对话框的地址作为线程函数的参数。

3. 创建接收数据线程函数

下面给出接收信息线程函数的定义。将线程函数定义为类的静态成员函数，首先在 CChatClientDlg 类中给出函数 AccpThreadProc()的声明，代码如下。

```
static DWORD WINAPI RecvThreadProc(LPVOID pParam);
```

然后给出函数的定义，代码如下。

```
1  DWORD WINAPI CChatClientDlg::RecvThreadProc(LPVOID pParam)
2  {
3      CChatClientDlg* thisDlg = (CChatClientDlg*)pParam;
4      while (true)
5      {
6          TCHAR buffer[256] = { 0 };
7          int nRecv = recv(thisDlg->m_Socket, (char*)buffer, sizeof(buffer), 0);
8          if (nRecv <= 0)             //接收数据失败
9          {
10             closesocket(thisDlg->m_Socket);                          //关闭 socket
11             thisDlg->GetDlgItem(IDC_LOGIN)->EnableWindow(true);   //启用“登录”按钮
12             thisDlg->GetDlgItem(IDC_SEND)->EnableWindow(false);   //禁用“发送”按钮
13             AfxMessageBox(_T("服务器失去连接，稍后再试！"));
14             break;
15         }
16         CString msg(buffer);
17         //向对话框发送自定义消息
18         ::SendMessage(thisDlg->GetSafeHwnd(), WM_UPDATE_MSG, NULL, (LPARAM)&msg);
19     }
20     return 0;
21 }
```

第 3 行代码将参数 pParam 强制转化为对话框指针（CChatClientDlg*），并赋给指针变量 thisDlg。

第 4～19 行代码通过循环不断地接收服务器端发来的数据，第 7 行代码接收数据，如果接收数据失败，则关闭 socket，启用“登录”按钮，禁用“发送”按钮，并显示“服务器失去连接，稍后再试！”的消息框。如果接收数据成功，则向客户端对话框发送自定义消息，将接收的信息显示在对话框中。

#### 4. 对话框自定义消息响应函数

上面的程序向对话框发送了自定义消息，下面就实现在对话框类中接收消息并处理。

（1）消息宏的定义。在 ChatClientDlg.h 文件的开始部分加入消息宏定义，代码如下。

```
#define WM_UPDATE_MSG WM_USER+100
```

（2）添加消息响应函数。在 CChatClientDlg 类中添加消息响应函数的声明，代码如下。

```
LRESULT OnUpdateMsg(WPARAM w, LPARAM l);
```

在 ChatClientDlg.cpp 文件中给出 OnUpdateMsg()函数的定义，代码如下。

```
1  //自定义消息响应函数，将参数 l 中的信息显示在 m_edtMsg 中
2  LRESULT CChatClientDlg::OnUpdateMsg(WPARAM w, LPARAM l)
3  {
4       CString* strMsg = (CString*)l;
5       int len = m_edtMsg.GetWindowTextLength();
6       m_edtMsg.SetSel(len, len);
7       m_edtMsg.ReplaceSel(*strMsg + _T("\r\n"));
8       return 0;
9  }
```

需要显示在对话框中的消息由函数的第二个参数传入，将该消息的内容追加在编辑框原来的内容之后。

（3）完成消息映射。在 ChatClientDlg.cpp 文件中，找到 BEGIN_MESSAGE_MAP (CChatClientDlg, CDialogEx)和 END_MESSAGE_MAP()之间的代码块，在这段代码块中加入消息映射。添加消息映射后的代码如下（原有的消息映射省略，只显示自己定义的消息映射）。

```
BEGIN_MESSAGE_MAP(CChatClientDlg, CDialogEx)
     …
     ON_MESSAGE(WM_UPDATE_MSG, OnUpdateMsg)
END_MESSAGE_MAP()
```

这种消息映射机制在前面服务器端程序中已经介绍过。

#### 5. 客户端发送信息

为“发送”按钮添加消息响应函数，在函数中添加如下代码。

```
1  void CChatClientDlg::OnClickedSend()
2  {
3       UpdateData(true);
4       TCHAR buffer[256] = { 0 };
5       _tcscpy_s(buffer, 256, m_strSend);
6       if (_tcslen(buffer) == 0)
7       {
8            return;
9       }
```

```
10         int len = send(m_Socket, (char*)buffer, _tcslen(buffer)*sizeof(TCHAR), 0);
11         if (len <=0)          //发送失败，与接收失败处理相同
12         {
13             closesocket(m_Socket);
14             GetDlgItem(IDC_LOGIN)->EnableWindow(true);
15             GetDlgItem(IDC_SEND)->EnableWindow(false);
16             AfxMessageBox(_T("服务器失去连接，稍后再试！"));
17         }
18         m_strSend = "";
19         UpdateData(false);
20 }
```

首先将发送文本框的内容复制到 buffer 缓冲区，如果内容为空，则返回；如果不为空，则调用 send()函数向服务器发送 buffer 的内容。

如果发送失败，则关闭 socket，启用“登录”按钮，禁用“发送”按钮，并显示“服务器失去连接，稍后再试！”的消息框。

最后将文本框清空。

### 1.4.5 完善其他功能

1. 完善客户端程序

客户端需要完善的程序有退出程序的功能以及析构函数要完成的一些清理工作。

（1）添加“退出程序”按钮的消息响应函数。使用类向导添加“退出程序”按钮的消息响应函数，在函数中添加如下代码。

```
1 void CChatClientDlg::OnBnClickedExit()
2 {
3     CDialogEx::OnCancel();
4 }
```

这个函数比较简单，就是调用基类 CDialogEx 的 OnCancel()函数，退出程序。

（2）完善对话框类的析构函数。在 CChatClientDlg 类的析构函数中，添加如下代码。

```
1 CChatClientDlg::~CChatClientDlg()
2 {
3     if (m_Socket != INVALID_SOCKET)
4         closesocket(m_Socket);
5 }
```

如果 m_Socket 不是 INVALID_SOCKET，则将其关闭，释放资源。

2. 完善服务器端程序

服务器端需要完善的程序与客户端类似，也是退出程序的功能以及析构函数的要完成的一些清理工作。

（1）添加“退出程序”按钮的消息响应函数。使用类向导添加“退出程序”按钮的消息响应函数，在函数中添加如下代码。

```
1  void CChatServerDlg::OnBnClickedExit()
2  {
3      CDialogEx::OnCancel();
4  }
```

（2）完善对话框类的析构函数。在 CChatServerDlg 类的析构函数中，添加如下代码。

```
1  CChatServerDlg::~CChatServerDlg()
2  {
3      if (m_listenSocket != INVALID_SOCKET)
4          closesocket(m_listenSocket);    //关闭监听 socket
5      vector<ClientItem*>::iterator it;
6      for (it = m_clients.begin(); it != m_clients.end(); ++it)
7      {
8          ClientItem* pClient = *it;
9          delete pClient;                 //将向量中每个元素指向的对象释放
10     }
11     m_clients.clear();                  //将向量中的元素删除
12 }
```

首先将监听 socket 关闭，然后删除向量 m_clients 中的所有元素。

删除向量 m_clients 中的所有元素分为两个步骤，第一步通过循环将每个元素指向的对象删除，第二步将所有元素移除。

至此聊天室程序全部完成，可以编译运行，查看程序运行效果。

# 第 2 章　单机版五子棋

单机版五子棋介绍

## 2.1　单机版五子棋介绍

单机版五子棋，是一个基于对话框的应用程序，相当于提供一个棋盘，两个用户用鼠标轮流下棋。系统负责判断下棋的位置是否合法以及判断输赢，运行界面如图 2-1 所示。

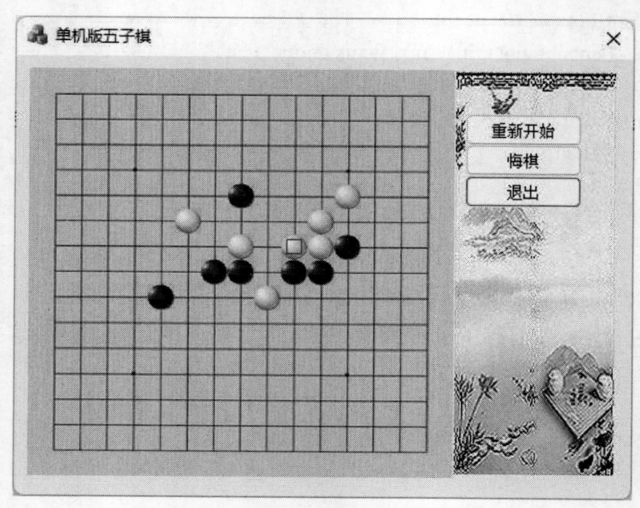


图 2-1　单机版五子棋运行界面

在实际的五子棋比赛中，为了公平，先行的黑棋是有禁手的，即对某些棋型来说黑棋是不可以下的，为简单起见，本书中的五子棋程序不考虑禁手。

单机版五子棋的主要功能如下。

1. 实现单击下棋的功能

单击，实现黑子和白子轮流下棋的功能，并在最后一个棋子上标识一个小方形，提示最后一个棋子的位置。

2. 自动判断下棋的合法性

当按下鼠标左键时，能够判断当前位置是否可以下棋，如果位于棋盘之外，或者该位置已经有棋子，则不能下棋。

3. 自动判断输赢

每下一个棋子，系统自动判断相邻的 5 个同颜色棋子是否连成一线，如果出现，则 5 个棋子连成一线的一方胜利，下棋结束。

4. 实现悔棋功能

在下棋过程中，用户可以单击“悔棋”按钮，实现悔棋功能，悔棋的步数不限。

5. 改变光标形状

当光标位于可以下棋的位置时，其形状是“手形”，当光标位于不可以下棋的位置时，其为标准箭头形状。

6. 重新开始

在任何时候，用户都可以单击“重新开始”按钮，开始新的对局。

7. 落子声音

每下一个棋子就发出声音，模仿棋子落在棋盘上的声音。

## 2.2　创建游戏界面

### 2.2.1　创建基于对话框的程序

在 Visual Studio 2022 主界面中，选择“文件”→“新建”→“项目”菜单项，出现“创建新项目”对话框，在该对话框中选中“MFC 应用”，单击“下一步”按钮，出现“配置新项目”对话框，如图 2-2 所示。

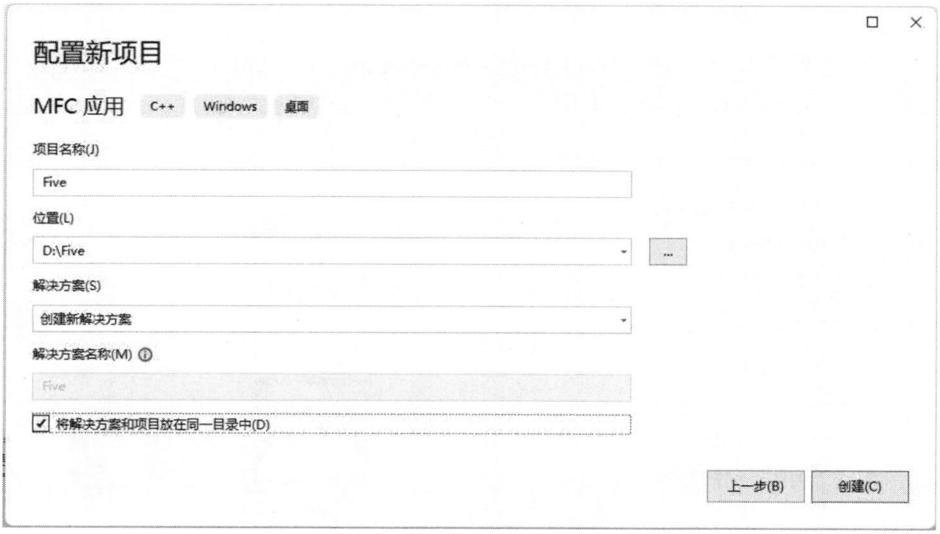

图 2-2　“配置新项目”对话框

在“配置新项目”对话框中，输入项目名称（如 Five）以及项目存放的位置（如 D:\Five），单击“创建”按钮，出现 MFC 应用程序类型选项对话框，如图 2-3 所示。

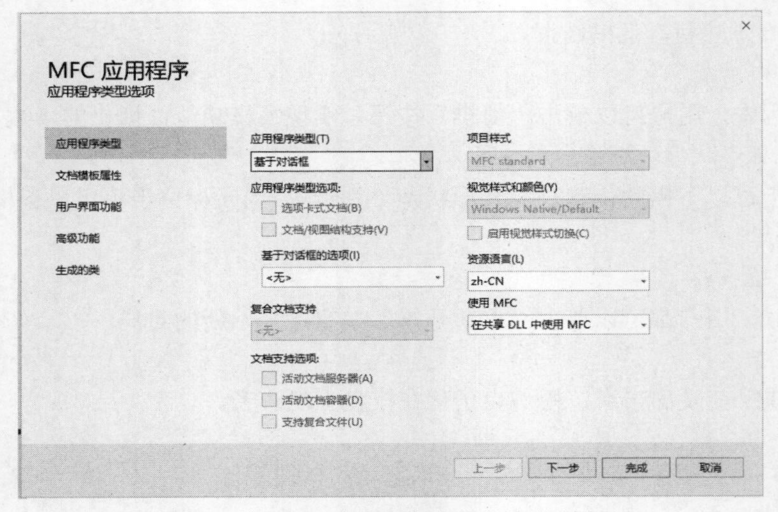

图 2-3　MFC 应用程序类型选项对话框

在 MFC 应用程序类型选项对话框中，在“应用程序类型”下方选择“基于对话框”，其他选项保持默认状态，单击“完成”按钮，完成基于对话框程序的创建。此时编译运行程序，就会出现一个对话框。

## 2.2.2　设计用户界面

1. 导入资源

将资源提供的四个位图资源（black.bmp、white.bmp、board.bmp 和 right.bmp）复制到项目的资源文件夹（res）中，如图 2-4 所示，另外两个资源（Five.rc2 和 Five.ico）是项目自己生成的。

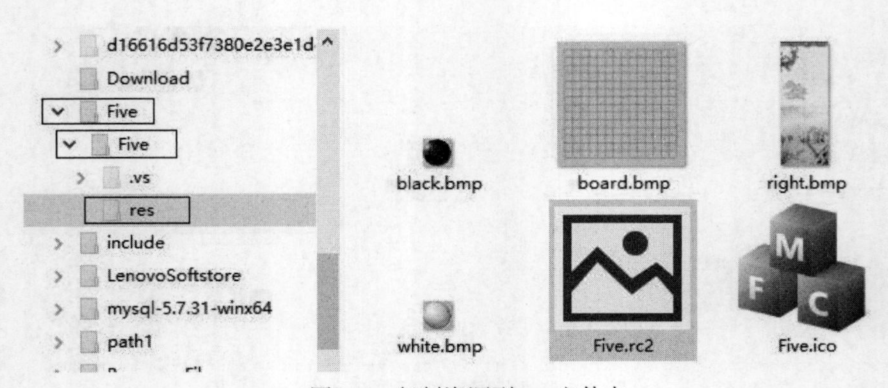

图 2-4　复制资源到 res 文件夹

图 2-4 左侧最上方的 Five 文件夹是我们在创建项目时指定的文件夹，第二个 Five 文件夹是项目的名称，本项目的所有文件都存放在这个文件夹中。在这个文件夹下有一个子文件夹

res，项目用到的资源都存放在这里。

回到 Visual Studio 2022 中，在右侧窗口选中“资源视图”，会看到项目中用到的所有资源，如对话框资源、图标资源、字符串资源等，如图 2-5 所示。

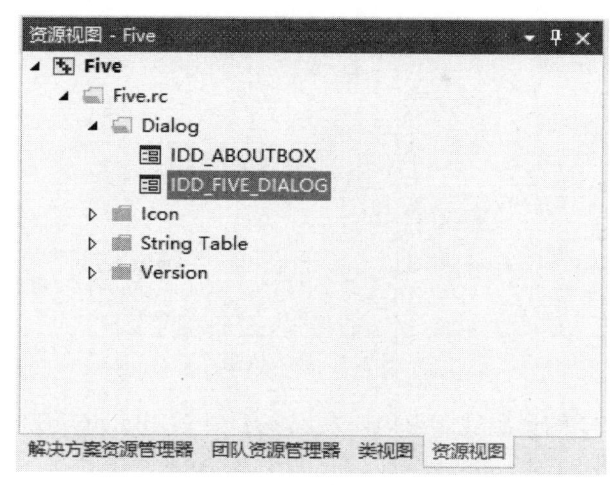


图 2-5　资源视图窗口

在资源视图中右击“Five.rc”，在弹出的快捷菜单中选择“添加资源”菜单项，出现“添加资源”对话框，如图 2-6 所示。

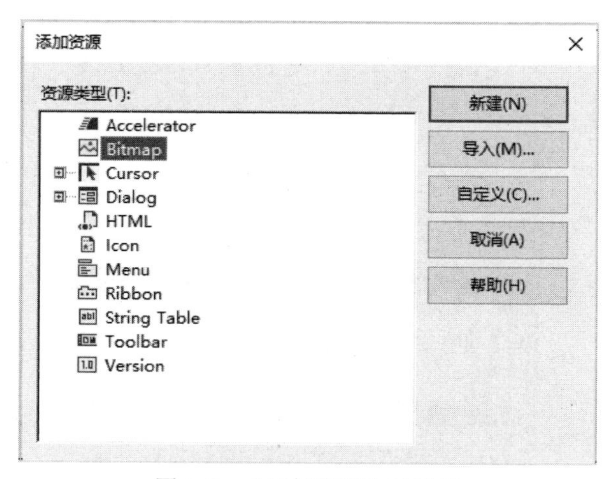


图 2-6　“添加资源”对话框

在“添加资源”对话框中选中 Bitmap，单击“导入”按钮，出现“导入”对话框，在“导入”对话框中，找到项目的资源文件夹。选择文件类型为“所有文件”，按下 Ctrl 键，依次单击前面复制过来的四个位图资源，将这四个位图资源全部选中，如图 2-7 所示。单击“打开”按钮，回到 Visual Studio 2022。

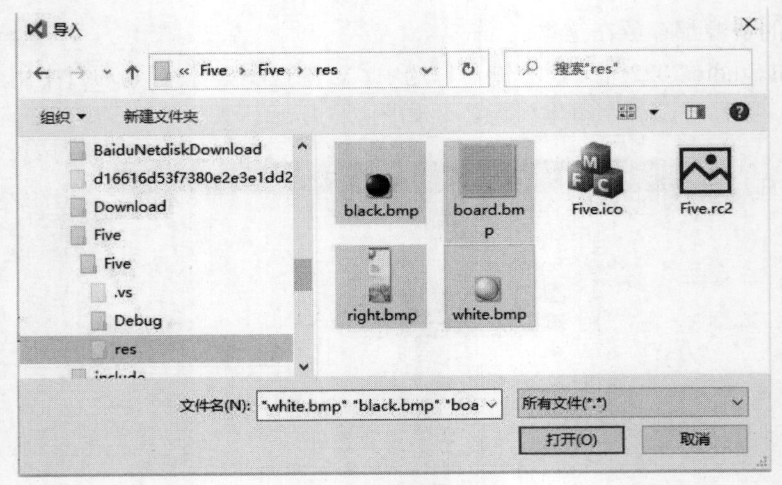


图 2-7　导入资源

在 Visual Studio 2022 的资源视图窗口，发现多了一个 Bitmap 资源项，并且下面有四个位图资源，将这四个位图资源的 ID 分别改为 IDB_BLACK（黑棋）、IDB_WHITE（白棋）、IDB_BOARD（棋盘）和 IDB_RIGHT（右侧的背景图），方法是选中一个位图资源的 ID，在下面的“属性”窗口中可以修改其 ID 值，同时可以看到该位图资源所对应的文件名，如图 2-8 所示。

图 2-8　修改位图资源的 ID

2. 创建游戏界面

双击对话框（Dialog）资源下的 IDD_FIVE_DIALOG，打开对话框资源，将对话框中原来的文本标签控件和“取消”按钮控件删除，将“确定”按钮的标题改为“退出”，再添加两个按钮，标题分别是“重新开始”和“悔棋”，ID 分别是 IDC_REPLAY 和 IDC_GOBACK。

由于对话框的大小要与棋盘图片的大小相适应，因此先将图片显示在对话框中，根据图片的大小再调整对话框的大小。

选中对话框资源下方的“原型图像”，单击后面的“...”按钮，出现“打开”对话框，在“打开”对话框中查找棋盘背景图片 board.bmp 并选中，单击“打开”按钮，棋盘图片就出现在对话框中，并且与对话框的左上角对齐，为了让棋盘与对话框边缘有一定的距离，将偏移量 x、y 都设置为 10（10 个像素），如图 2-9 所示。

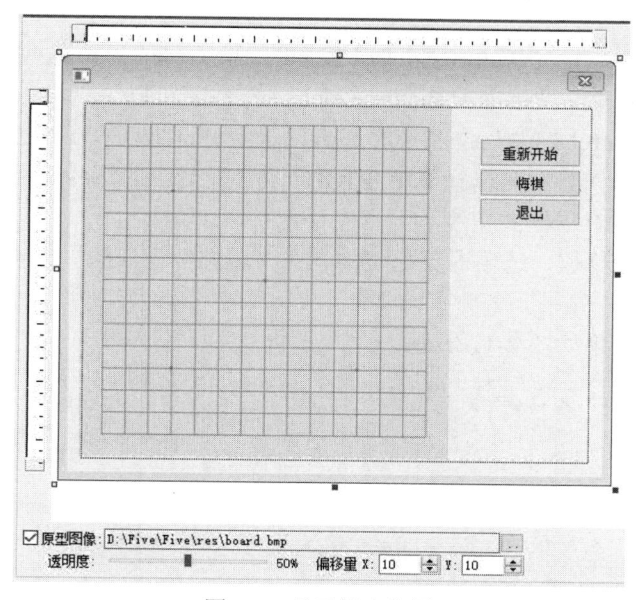


图 2-9　显示棋盘位图

根据棋盘图片的大小调整对话框的大小，使棋盘的下沿与对话框边框之间的距离也是 10 个像素左右。

**注意：**这张棋盘图片只是在对话框设计时用来参考大小的，在运行时并不会显示。因此，实际的棋盘显示要在程序代码中实现。

下面设置对话框右侧的图片，在对话框中添加一个 Picture Control 控件，在“属性”窗口中将其“类型”设置为 Bitmap，将其放在棋盘右上角位置，如图 2-10 所示。

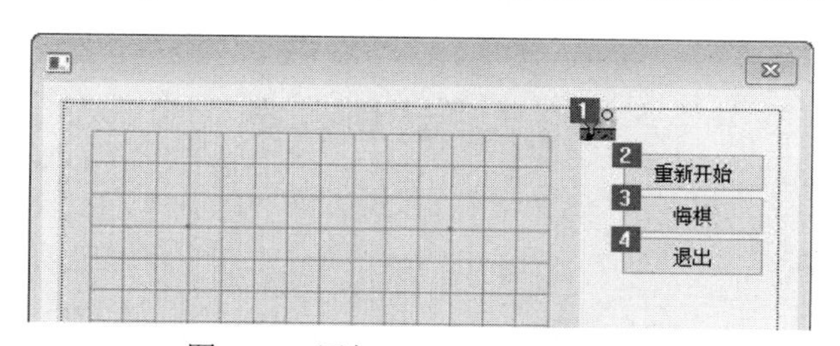


图 2-10　添加 Picture Control 控件

对话框中的控件如果有重叠部分，则前面的控件会覆盖后面的控件，因为对话框右侧的图片作为背景图，应该放在按钮的后面。控件的前后顺序是由控件的 Tab Order（Tab 键顺序）决定的，序号越小的控件越排在后面。

当向对话框中添加控件时，第一个添加的控件的 Tab Order 是 1，第二个添加的控件的 Tab Order 是 2，也就是先添加的控件排在后面。如果需要改变控件的 Tab Order，则可以选择“格式”→“Tab 键顺序”菜单项，这时每个控件的 Tab Order 就显示在控件上面，此时单击某个控件，该控件的 Tab Order 就变为 1，再单击另一个控件，另一个控件的 Tab Order 就变为 2。

在五子棋对话框中，要将 Picture Control 控件的 Tab Order 变为 1，因此在选择“格式”→“Tab 键顺序”菜单项后，直接单击 Picture Control 控件就可以了。

为了使 Picture Control 控件与位图关联起来，选中 Picture Control 控件，在“属性”窗口中找到“图像”属性，在其右侧选择 IDB_RIGHT，这样对应的图片就显示出来了。图片显示出来后，可以适当调整对话框的宽度。

最后为对话框添加标题，选中对话框资源，在“属性”窗口的“描述文字”后面输入“单机版五子棋”。

编译运行程序，结果如图 2-11 所示。

图 2-11　创建游戏界面的程序运行结果

在图 2-11 中并没有显示棋盘，我们将在后面的程序中实现棋盘的显示。

设计棋盘类

## 2.3　设计棋盘类

### 2.3.1　添加棋盘类

这里的棋盘类只是设计显示棋盘这部分功能，其他下棋功能将在后面逐步完善。

在解决方案资源管理器的项目名称上右击，在弹出的快捷菜单中选择“添加”→“类”菜单项，出现“添加类”对话框，在“类名”下面输入 CBoard，在“.h 文件”下面输入 Board.h，在“.cpp 文件”下面输入 Board.cpp，如图 2-12 所示。

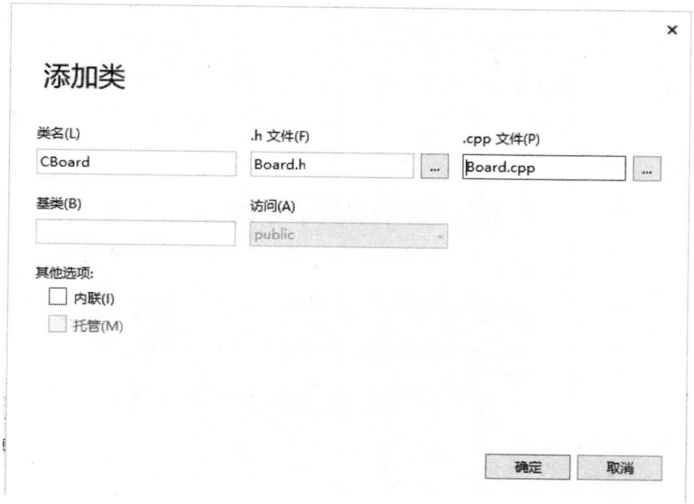

图 2-12　“添加类”对话框

单击“确定”按钮，CBoard 类添加完毕。

### 2.3.2　在棋盘类中添加代码

1. 完善 Board.h 文件

在 Board.h 文件中添加类的定义，代码如下。

```
1   #pragma once
2   class CBoard
3   {
4   private:
5       static CBitmap bmpBoard;
6   public:
7       static const int FRAME;
8       static const int BORDER;
9       static const int GRID_WIDTH;
10  public:
11      CBoard();
12      ~CBoard();
13      static void LoadBitmap();
14      void Draw(CDC* dc);
15  };
```

第 1 行代码确保文件被编译一次。

CBitmap 类封装了 Windows 图形设备接口（Graphics Device Interface，GDI）中的位图，并且提供了操纵位图的成员函数。棋盘类的静态数据成员 bmpBoard 用来保存棋盘图片。

三个静态常量成员用来表示棋盘的参数，常量 FRAME 表示棋盘上沿与对话框客户区上边的距离，这也是我们在对话框资源中设置的（图 2-9）；常量 BORDER 是棋盘上沿与棋盘最上面第一个横线间的距离；常量 GRID_WIDTH 是单元格的宽度（高度和宽度相同），如图 2-13 所示。

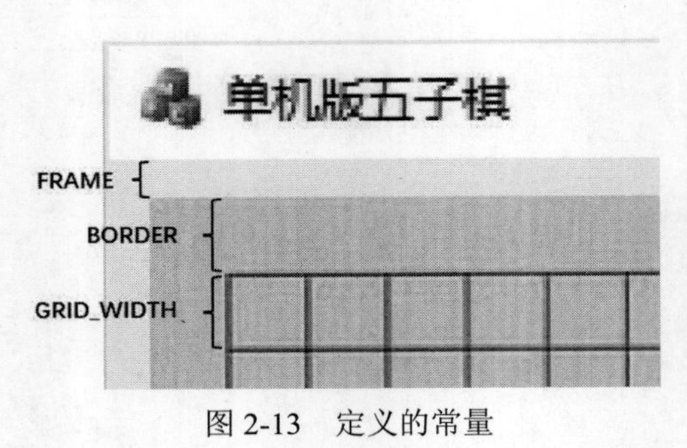


图 2-13　定义的常量

由于界面的横向距离与纵向距离相同，所以这三个常量也代表了横向对应的距离。

静态成员函数 LoadBitmap()的功能是加载棋子位图资源。

成员函数 Draw()的功能是在对话框中显示棋盘图片，其参数是 CDC 类的指针，CDC 是设备环境类，提供了输出文本、绘制图形等方法。

2. 完善 Board.cpp 文件

在 Board.cpp 文件中给出类成员函数的定义，代码如下。

```
1  #include "pch.h"
2  #include "Board.h"
3  #include "resource.h"
4  const int CBoard::FRAME = 10;
5  const int CBoard::BORDER = 20;
6  const int CBoard::GRID_WIDTH = 20;
7  CBitmap CBoard::bmpBoard;
8  CBoard::CBoard()
9  {
10     CBoard::LoadBitmap();
11 }
12 CBoard::~CBoard()
13 {
14 }
15 void CBoard::LoadBitmap()
16 {
```

```
17          static int i = 0;
18          if (i == 0) {
19                  bmpBoard.LoadBitmap(IDB_BOARD);
20          }
21          ++i;
22  }
23  void CBoard::Draw(CDC* pdc)
24  {
25          CDC memdc;
26          memdc.CreateCompatibleDC(pdc);
27          CBitmap * pOldBmp = memdc.SelectObject(&bmpBoard);
28          pdc->BitBlt(FRAME, FRAME, 320, 320, &memdc, 0, 0, SRCCOPY);
29          memdc.SelectObject(pOldBmp);
30          memdc.DeleteDC();
31  }
```

项目的资源 ID 都是在文件 resource.h 中定义的，由于用到了位图资源的 ID “IDB_BOARD”，因此在 Board.cpp 文件中添加对文件 resource.h 的包含，代码如下。

```
#include "resource.h"
```

首先给出三个静态常量成员（棋盘参数）的定义并初始化，以及静态数据成员 bmpBoard 的定义。

在静态成员函数 LoadBitmap()中，通过调用 CBitmap 类的 LoadBitmap()函数加载指定的位图资源，参数是要加载位图的 ID。同时在 LoadBitmap()函数中，使用静态变量 i 控制棋盘位图资源只被加载一次。

析构函数目前还没有代码，后面根据需要添加相应的代码。

函数 Draw()的功能是将棋盘显示在对话框中，pdc 是参数传进来的 CDC 类的指针，每个 CDC 对象都包含一个位图，可以认为使用 CDC 输出的内容就是输出到这个位图上。可以调用 SelectObject()方法将一个位图选入 CDC 对象。

参数传入的 CDC 类指针对应的位图就是对话框的客户区，对应如图 2-14 右侧的虚线框内的区域。如果需要在一个位图上叠加另一个位图，那么一般是创建一个临时的内存 CDC 对象，使其包含要添加的位图，然后复制到目标位图上。因此，在函数的开始，首先创建一个临时的内存 CDC 对象 memdc，函数 CreateCompatibleDC()创建一个与参数兼容的 CDC 对象，然后调用函数 SelectObject()将棋盘位图 bmpBoard 选入 memdc，并返回 memdc 原来的位图指针，这时 memdc 中的位图就是这个棋盘位图，如图 2-14 左侧所示。

最后调用函数 BitBlt()将 memdc 中的位图复制到 pdc 中位图的指定位置。

函数 BitBlt()的前两个参数指定将位图复制到目标位图的什么位置，这里是(FRAME, FRAME)，即(10,10)，是对话框中棋盘左上角的坐标。第 3 和第 4 个参数指定源位图在目标矩形区域的宽度和高度。在垂直方向上，棋盘一共有 14 个单元格，每个单元格的高度是 20，再加上上、下两个边界，一共是 320。第 5 个参数指定从哪个 CDC 对象中复制位图，第 6 和第 7 个参数指定从源位图的什么位置开始复制，这里是(0,0)。最后一个参数指定操作模式，SRCCOPY 表示直接复制源设备区域到目标设备中。函数执行后，就将图 2-14 左侧的棋盘位图复制到右侧对话框实线框内的区域。

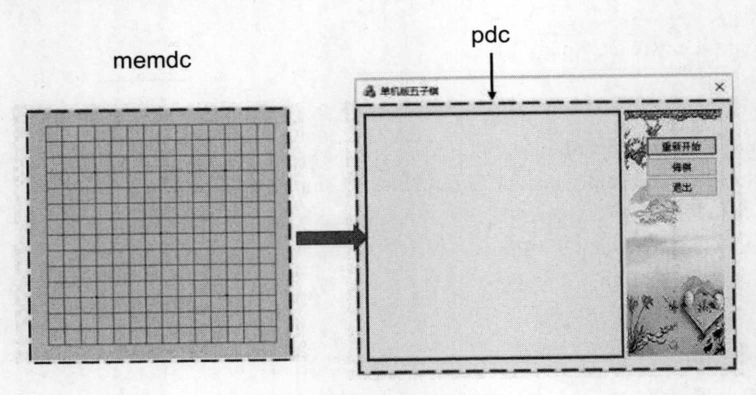


图 2-14　位图的复制

第 29 行和第 30 行代码将位图 pOldBmp 选入 memdc，从而将棋盘位图替换出来，再将 memdc 删除。

### 2.3.3　在对话框中显示棋盘

下面将棋盘显示在对话框中。首先在对话框类中添加 CBoard 类的成员，同时要在文件前面包含头文件 Borad.h。

打开 FiveDlg.h 文件，在类的前面添加如下文件的包含。

```
#include "Board.h"
```

在类中添加如下代码。

```
private:
    CBoard board;
```

然后打开 FiveDlg.cpp 文件，找到 OnPaint()函数，在 else 部分添加如下代码。

```
1  void CFiveDlg::OnPaint()
2  {
3      if (IsIconic())
4      {
5          ……
6      }
7      else
8      {
9          CPaintDC dc(this); // 用于绘制的设备上下文
```

```
10              board.Draw(&dc);
11              CDialogEx::OnPaint();
12          }
13      }
```

OnPaint()是 WM_PAINT 消息的消息处理函数，当窗口需要重画时，系统会自动发送 WM_PAINT 消息。

CPaintDC 是 CDC 类的子类，这里使用 this 作为参数构造 CPaintDC 对象，那么这个 CPaintDC 对象对应的就是对话框，也可以认为对话框的客户区作为 CPaintDC 对象中的位图。

使用 board 调用 Draw()函数，并将 dc 的地址作为参数，完成棋盘的显示。

重新编译运行程序，结果如图 2-15 所示。

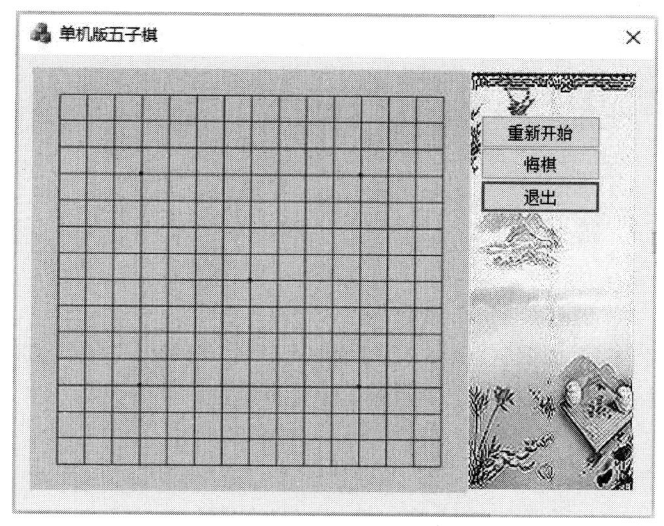


图 2-15　显示棋盘的程序运行结果

## 2.4　设计棋子类

设计棋子类

### 2.4.1　设计棋子类

在项目 Five 中添加棋子类 CChess，对应的头文件名是 Chess.h，CPP 文件名是 Chess.cpp。下面分别给出这两个文件的内容。

1. Chess.h 文件

打开 Chess.h 文件，添加如下代码。

```
1   #pragma once
2   enum class ChessColor{ BLACK, WHITE};
```

```
 3  class CBoard;
 4  class CChess
 5  {
 6  private:
 7      CBoard* pBoard;
 8      int col;
 9      int row;
10      ChessColor color;
11      static CBitmap bmpWhite;
12      static CBitmap bmpBlack;
13  public:
14      CChess(CBoard *pBorad,int x, int y, ChessColor color);
15      static void LoadBitmap();
16      void Draw(CDC* pdc);
17      int getCol() { return col; }
18      int getRow() { return row; }
19      ChessColor getColor() { return color; }
20  };
```

首先在文件开始部分定义两个表示棋子颜色的枚举常量 BLACK 和 WHITE。在关键字 enum 后面添加 class 定义的是限定作用域的枚举，限定作用域的枚举成员必须使用枚举类型加域运算符“::”访问，如 ChessColor::BLACK。

由于在 CChess 类中使用了 CBoard 类，所以在定义 CChess 类之前加入 CBoard 类的声明（第 3 行代码）。CChess 类的数据成员包括棋盘类的指针，棋子的行列坐标、颜色，还有两个 CBitmap 类型的静态数据成员，分别对应黑棋和白棋的位图。

成员函数有构造函数、加载棋子位图资源的静态函数 LoadBitmap()和画出棋子的函数 Draw()。另外三个 get 成员函数比较简单，直接定义在类中。

这里需要说明为什么两个 CBitmap 类型的数据成员要定义为静态的。因为所有的黑棋使用的位图资源都是同一个，而不是每个棋子都有自己的位图资源，所以黑棋的位图资源应该是一个类有一个就可以了，因此将其定义为静态的。

2. Chess.cpp 文件

打开 Chess.cpp 文件，添加如下代码。

```
1  #include "pch.h"
2  #include "Chess.h"
3  #include "Resource.h"
4  #include "Board.h"
5  CBitmap CChess::bmpWhite;
6  CBitmap CChess::bmpBlack;
7  void CChess::LoadBitmap()
8  {
```

```
9        static int i = 0;
10       if (i == 0) {
11           bmpWhite.LoadBitmap(IDB_WHITE);
12           bmpBlack.LoadBitmap(IDB_BLACK);
13       }
14       ++i;
15   }
16   CChess::CChess(CBoard* pBorad,int col, int row, ChessColor color)
17   {
18       this->pBoard = pBoard;
19       this->col = col;
20       this->row = row;
21       this->color = color;
22   }
23   void CChess::Draw(CDC* pdc)
24   {
25       // TODO: 在此处添加实现代码
26       CDC memdc;
27       memdc.CreateCompatibleDC(pdc);
28       CBitmap* pOldBmp = NULL;
29       if (color == ChessColor::BLACK)
30           pOldBmp = memdc.SelectObject(&bmpBlack);
31       else
32           pOldBmp = memdc.SelectObject(&bmpWhite);
33       int startx = pBoard->FRAME + pBoard->BORDER +
                         col * pBoard->GRID_WIDTH - pBoard->GRID_WIDTH / 2;
34       int starty = pBoard->FRAME + pBoard->BORDER
                         + row * pBoard->GRID_WIDTH - pBoard->GRID_WIDTH / 2;
35       pdc->BitBlt(startx, starty, pBoard->GRID_WIDTH,
                                 pBoard->GRID_WIDTH, &memdc, 0, 0, SRCCOPY);
36       memdc.SelectObject(pOldBmp);
37       memdc.DeleteDC();
38   }
```

LoadBitmap()函数就是加载黑棋和白棋的位图资源，通过静态变量 i 确保资源只加载一次。构造函数也比较简单，为其四个属性初始化。

Draw()函数将棋子显示在其所在的位置，首先创建一个与 Draw()参数兼容的 CDC 对象 memdc，根据棋子的颜色，选入黑棋位图或白棋位图，然后调用 BitBlt()函数将 memdc 中的位图复制到 pdc 中。

在使用 BitBlt()函数复制位图时，要将棋子的行、列坐标转换为像素坐标。棋子的直径与单元格的宽度相同，都是 20，BitBlt()函数的前两个参数的计算可参照图 2-16 来分析。

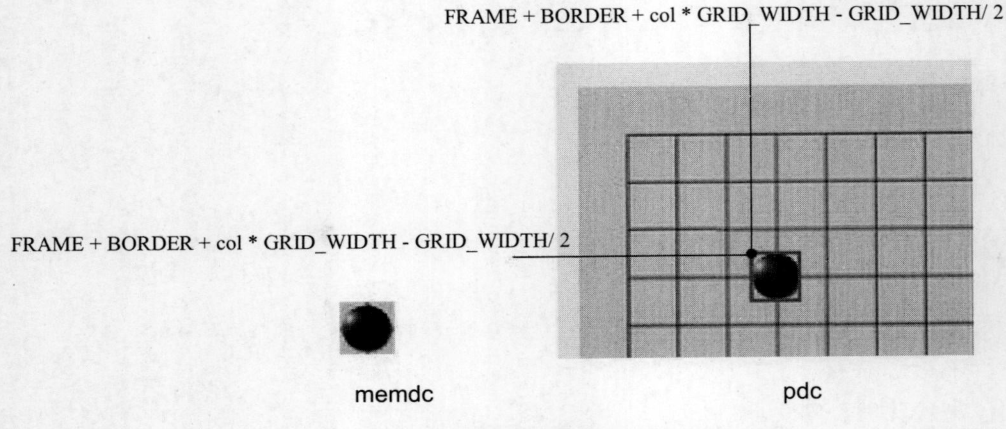


图 2-16 位图复制位置坐标的计算

最后将临时的 memdc 删除。

### 2.4.2 显示棋子

为了检验棋子类是否实现了棋子该有的功能，在棋盘的 Draw()函数中创建两个棋子，并将其显示在棋盘上。

1. 棋盘类包含棋子类的头文件

在棋盘类的头文件 Board.h 中，包含棋子类的头文件 Chess.h，代码如下。

```
#include "Chess.h"
```

2. 修改棋盘类的构造函数

在棋盘类的构造函数中，增加调用棋子类静态成员函数 LoadBitmap()的代码，加载棋子的位图资源，代码如下。

```
1 CBoard::CBoard()
2 {
3       CBoard::LoadBitmap(IDB_BOARD);
4       CChess::LoadBitmap();
5 }
```

棋子类中的 LoadBitmap()是静态函数，因此可以直接使用类名调用。在创建棋盘类的对象时，调用一次棋子类的 LoadBitmap()函数，而不是每增加一个棋子就调用一次 LoadBitmap()函数。

3. 修改棋盘类的 Draw()函数

在 Draw()函数的最后加入创建棋子和显示棋子的代码，修改后的代码如下。

```
1 void CBoard::Draw(CDC* pdc)
2 {
```

```
3         CDC memdc;
4         memdc.CreateCompatibleDC(pdc);
5         CBitmap * pOldBmp = memdc.SelectObject(&bmpBoard);
6         pdc->BitBlt(FRAME, FRAME, 320, 320, &memdc, 0, 0, SRCCOPY);
7         memdc.SelectObject(pOldBmp);
8         memdc.DeleteDC();
9         CChess chess1(this,3, 3, ChessColor::BLACK);
10        CChess chess2(this,6, 8, ChessColor::WHITE);
11        Chess1.Draw(pdc);
12        chess2.Draw(pdc);
13   }
```

第 8～11 行是新添加的代码，第一个棋子是位于 3 行 3 列的黑棋，第二个棋子是位于 6 列 8 行的白棋，后两行分别调用 Draw()函数将棋子显示出来。编译运行程序，结果如图 2-17 所示。

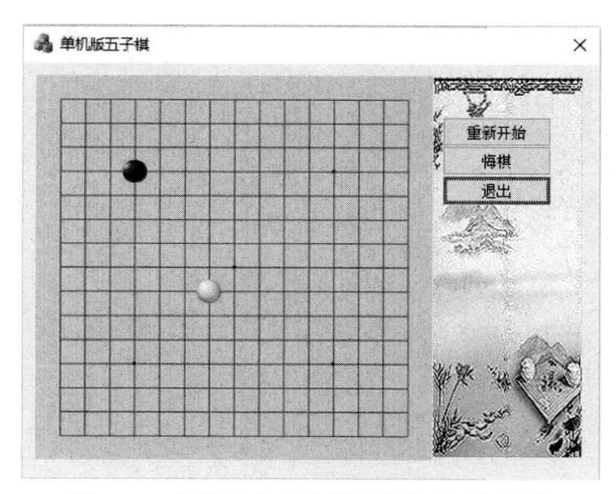


图 2-17　在棋盘中显示棋子的程序运行结果

## 2.5　实现单击下棋的功能

实现单击下棋的功能

### 2.5.1　在棋盘类中加入新的成员

在下棋过程中，需要将棋盘上的所有棋子保存起来，这里使用 vector 容器保存棋子，首先在棋盘类中添加 vector 容器对象成员 chesses，chesses 容器中保存的是棋子的指针。此外，需要有一个变量保存下一步是下黑棋还是下白棋，可以使用 bool 型成员变量 isBlack，如果 isBlack 为 true，则表示下黑棋，否则下白棋。同时有一个后面需要用到的变量 isStoped，如果 isStoped 为 true，则表示下棋已结束，否则表示正在下棋。

再加入三个成员函数 Go()、hasChess()和 putChess()。

为了方便在棋盘类中访问对话框的成员，需要在棋盘类中添加 CDialogEx 类（CFiveDlg 的基类）的指针成员 pDlg。

加入新的成员后，棋盘类的代码如下。

```
1  #pragma once
2  #include<vector>
3  #include "Chess.h"
4  class CBoard
5  {
6  private:
7      CDialogEx* pDlg;
8      static CBitmap bmpBoard;
9      std::vector<CChess*> chesses;
10     bool isBlack;
11     bool isStoped;
12 public:
13     static const int FRAME;
14     static const int BORDER;
15     static const int GRID_WIDTH;
16     CBoard(CDialogEx* pDlg);
17     ~CBoard();
18     static void LoadBitmap();
19     void Draw(CDC* dc);
20     void Go(CPoint point);
21     bool hasChess(int col, int row);
22     void putChess(int col, int row, bool isBlack);
23 };
```

函数 Go()的参数是 CPoint 类型的对象，是以像素为单位的坐标点。用户在下棋时，每当在棋盘上单击时，就调用 Go()函数，实现下棋功能。函数 hasChess()的参数是两个整数，是棋盘坐标，功能是判断参数指定的位置是否已经有棋子，如果有棋子则返回 true，否则返回 false。函数 putChess()是在前两个参数指定的位置下一个第三个参数指定颜色的棋子。

### 2.5.2 修改棋盘类的成员函数

1. 修改构造函数和析构函数

在构造函数中，为新添加的两个数据成员初始化，修改后的构造函数如下。

```
1  CBoard::CBoard(CDialogEx*pDlg)
2  {
3      this->pDlg = pDlg;
4      isBlack = true;
```

```
5        isStoped = false;
6        bmpBoard.LoadBitmap(IDB_BOARD);
7        CChess::LoadBitmap();
8    }
```

因为是黑棋先下，所以将 isBlack 初始化为 true，将 isStoped 初始化为 false，不处于停止状态，随时可以开始下棋。

由于棋盘类的数据成员 chesses 保存的是棋子的指针，存在动态内存分配，所以要在析构函数中释放这个内存，在析构函数中添加如下代码。

```
1    CBoard::~CBoard()
2    {
3        while (!chesses.empty())
4        {
5            CChess* ch = chesses.back();
6            chesses.pop_back();
7            delete ch;
8        }
9    }
```

通过循环将向量容器 chesses 中的所有棋子删除。向量的 back()函数返回向量的最后一个元素，pop_back()函数删除最后一个元素。先将最后一个元素赋给 ch，然后将最后一个元素从 vector 容器中删除，最后释放 ch 指向的内存。

2. 修改 Draw()函数

前面的程序中，在棋盘类的 Draw()函数中创建了两个棋子，然后将其显示出来，在实际下棋过程中，棋盘上显示的应该是向量容器 chesses 中保存的棋子，因此要替换原来程序中的那 4 行代码。完整的代码如下。

```
1    void CBoard::Draw(CDC* pdc)
2    {
3        // TODO: 在此处添加实现代码
4        CDC memdc;
5        memdc.CreateCompatibleDC(pdc);
6        CBitmap * pOldBmp = memdc.SelectObject(&bmpBoard);
7        pdc->BitBlt(FRAME, FRAME, 320, 320, &memdc, 0, 0, SRCCOPY);
8         memdc.SelectObject(pOldBmp);
9        memdc.DeleteDC();
10       if (!chesses.empty())
11       {
12           std::vector<CChess*>::iterator    it;
13           for (it = chesses.begin(); it != chesses.end(); it++)
14           {
15               (*it)->Draw(pdc);
```

```
16            }
17            it--;
18            int xPos = FRAME + BORDER + (*it)->getCol() * GRID_WIDTH - GRID_WIDTH / 2;
19            int yPos = FRAME + BORDER + (*it)->getRow() * GRID_WIDTH - GRID_WIDTH / 2;
20            CRect rect(xPos + 5, yPos + 5, xPos + GRID_WIDTH - 5, yPos + GRID_WIDTH - 5);
21            CPen pen;
22            pen.CreatePen(PS_SOLID, 1, RGB(255, 0, 0));
23            CBrush* oldBrush = (CBrush*)pdc->SelectStockObject(NULL_BRUSH);
24            CPen* oldPen = pdc->SelectObject(&pen);
25            pdc->Rectangle(rect);
26            pdc->SelectObject(oldPen);
27            pdc->SelectObject(oldBrush);
28        }
29    }
```

如果向量容器 chesses 不为空，则将 chesses 中的所有棋子显示出来。通过第 13～16 行代码的循环遍历 chesses 中的所有元素，将每个棋子显示出来。迭代器 it 相当于指向元素的指针，*it 就是元素的值，而元素本身也是指针，所以使用(*it)->Draw(pdc)这种方式调用 Draw()函数。

循环结束后的代码（第 17～28 行）是在最后一个棋子上画一个红色的正方形。循环结束后迭代器 it 位于 chesses.end()，第 17 行代码使迭代器向前移动一个元素，正好是最后一个元素。第 18 行和第 19 行代码计算棋子左上角的像素坐标，第 20 行代码构造一个 CRect 对象（正方形的边长比单元格宽度略小一点）。第 22 行代码创建一个红色［RGB(255, 0, 0)］的、宽度为 2 的实心（PS_SOLID）画笔。第 23 行代码将空画刷选入 pdc，并将原来画刷的地址保存在 oldBrush 中（使用空画刷，绘制的图形是没有填充的）。第 24 行代码将创建的画笔选入 pdc，并将原来画笔的地址保存在 oldPen 中。第 25 行代码画出矩形。第 26 行和第 27 行代码恢复 pdc 中原来的画笔和画刷。

3. 添加 hasChess()函数的代码

函数 hasChess()用于判断指定位置是否已经有棋子，如果有棋子则返回 true，否则返回 false，具体代码如下。

```
1  bool CBoard::hasChess(int col, int row) {
2      std::vector<CChess*>::iterator it;
3      for (it = chesses.begin(); it != chesses.end(); it++)
4      {
5          if ((*it)->getCol() == col && (*it)->getRow() == row)
6              return true;
7      }
8      return false;
9  }
```

通过循环遍历向量容器 chesses 中的所有元素，一旦找到一个位置坐标与参数相同的棋子，就返回 true，否则返回 false。

#### 4. 添加 Go()函数的代码

当在对话框上按下鼠标左键时，对话框类会调用 Go()函数，并将按下鼠标点的像素坐标作为参数传进来。Go()函数的完整代码如下。

```
1  //参数：以像素为单位的位置坐标
2  void CBoard::Go(CPoint point)
3  {
4      int col = (point.x - FRAME - BORDER + GRID_WIDTH / 2) / GRID_WIDTH;
5      int row = (point.y - FRAME - BORDER + GRID_WIDTH / 2) / GRID_WIDTH;
6      //如果不在棋盘内，则返回
7      if ((col < 0) || (col > 14) || (row < 0) || (row > 14)) return;
8      if (isStoped)   return;
9      if (hasChess(col, row))   return;
10     putChess(col, row, isBlack);
11 //    if(isWin(col, row))
12 //    {
13 //        isStoped = true;
14 //        CString str("恭喜，");
15 //        str += isBlack? "黑棋赢了！" : "白棋赢了！";
16 //        AfxMessageBox(str);
17 //    }
18     isBlack = !isBlack;
19 }
```

第 4 行和第 5 行代码将像素坐标转化成棋盘坐标；第 7 行代码判断位置坐标是否在棋盘内，如果不在棋盘内则返回；第 8 行代码判断棋局是否已停止，如果停止则直接返回；第 9 行代码判断该位置是否已经有棋子，如果有则直接返回；第 10 行代码调用 putChess()函数在棋盘上放一个棋子，putChess()函数稍后给出；第 11～17 行代码暂时被注释，每下一个棋子就要判断是否赢棋，这部分功能后面再实现；第 18 行代码改变 isBlack 的值，实现黑白棋轮流下。

#### 5. 添加 putChess()函数的代码

为 putChess()函数添加代码，在棋盘上放置一个棋子，代码如下。

```
1  void CBoard::putChess(int col, int row, bool isBlack)
2  {
3      CChess* pChess;
4      if (isBlack)
5          pChess = new CChess(this, col, row, ChessColor::BLACK);
6      else
7          pChess = new CChess(this, col, row, ChessColor::WHITE);
8      chesses.push_back(pChess);
9      pDlg->Invalidate();
10 }
```

putChess()函数的前两个参数是棋子的行列坐标，第 3 个参数表示是否是黑棋。第 4～7 行代码根据 isBlack 的值创建一个黑棋或白棋；第 8 行代码将创建棋子的指针添加到向量容器 chesses 中；第 9 行代码调用 Invalidate()函数使对话框重画。

### 2.5.3 修改对话框类

1. 修改对话框类的构造函数

修改对话框类的构造函数，在构造对话框时也要构造其成员 board，修改后的代码如下。

```
1  CFiveDlg::CFiveDlg(CWnd* pParent /*=nullptr*/)
       : CDialogEx(IDD_FIVE_DIALOG, pParent)
       , board(this)
2  {
3      m_hIcon = AfxGetApp()->LoadIcon(IDR_MAINFRAME);
4  }
```

棋盘类的构造函数有一个 CDialogEx*类型的参数，这里将 this 作为构造 board 对象的参数。

2. 在对话框类中添加鼠标左键被按下的消息响应函数

在解决方案资源管理器中切换“类视图”，选中 CFiveDlg 类，在“属性”窗口选择“消息”标签，找到 WM_LBUTTONDOWN，单击其右侧的下拉按钮，选择<Add>OnLButtonDown，则完成了消息响应函数的添加。然后在 OnLButtonDown()函数中添加如下代码。

```
1  void CFiveDlg::OnLButtonDown(UINT nFlags, CPoint point)
2  {
3      // TODO: 在此添加消息处理程序代码和/或调用默认值
4      board.Go(point);
5      CDialogEx::OnLButtonDown(nFlags, point);
6  }
```

当在对话框中按下鼠标左键时，就会调用 OnLButtonDown()函数，其参数是按下鼠标点的像素坐标。

第 4 行代码调用棋盘类的 Go()函数，完成下棋。

编译运行程序，已经可以使用鼠标进行黑白棋轮流下棋了。

判断赢棋

## 2.6 判断赢棋

每下一个棋子都要判断是否有五个棋子连成一线了，一旦五个棋子连成一线就表示赢棋，棋局结束。

在判断五个棋子连成一线时，要考虑四个方向：水平、垂直、左上角到右下角、左下角到右上角，如图 2-18 所示。

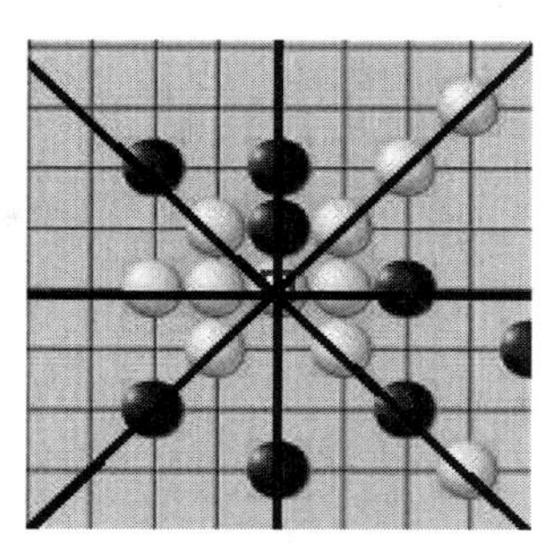

图 2-18　四个方向判断五个棋子连成一线

例如，在图 2-18 的中间下了一个白棋，判断水平方向白棋是否连成一线，方法是先检查中间左侧的点是否是白棋，如果是白棋，则继续向左判断，直到不是白棋，或者已经有五个连续的白棋，则棋局结束；否则再判断中间右侧的点是否是白棋，如果是白棋，则继续向右判断，直到不是白棋，或者已经有五个连续的白棋，则棋局结束。

因此，要在棋盘类中再添加一个函数 hasChess()［与 2.5.2 小节的 hasChess()函数是重载关系］，判断某个点是否有指定颜色的棋子（黑棋或白棋）。

此外，要在棋盘类中添加一个判断赢棋的函数 isWin()，如果已经赢棋则返回 true，否则返回 false。

### 2.6.1　在棋盘类中添加 hasChess()函数

在棋盘类中添加包含三个参数的 hasChess()函数。

首先在 Board.h 文件的类中添加如下函数说明。

```
bool hasChess(int col, int row, ChessColor color);
```

然后在 Board.cp 文件中添加函数的定义，代码如下。

```
1  bool CBoard::hasChess(int col, int row, ChessColor color)
2  {
3      std::vector<CChess*>::iterator it;
4      for (it = chesses.begin(); it != chesses.end(); it++)
5      {
6          if((*it)->getCol()==col&&(*it)->getRow()==row && (*it)->getColor()==color)
7              return true;
8      }
9      return false;
10 }
```

与包含两个参数的 hasChess()函数类似，此外添加的 hasChess()函数只是多了一个参数 color，用来判断指定位置是否有指定颜色的棋子，如果找到函数参数指定颜色的棋子则返回 true，否则返回 false。

### 2.6.2 在棋盘类中添加 isWin()函数

可以使用下面介绍的方法为类添加一个成员函数。在解决方案资源管理器中选择“类视图”，然后在类 CBoard 上右击，在弹出的快捷菜单中选择“添加”→“添加函数”菜单项，出现“添加函数”对话框，在对话框中输入函数名、函数类型和参数等，如图 2-19 所示，其他项目保持默认值。

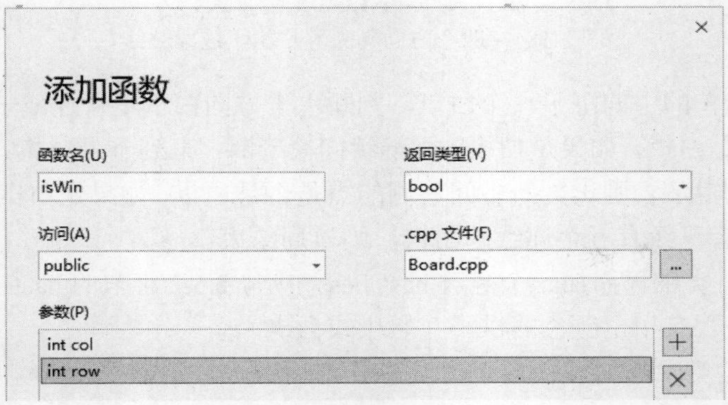

图 2-19 添加函数对话框

设置好参数后，单击“确定”按钮，会自动向 CBoard 类中添加 isWin()函数的声明，同时在 Board.cpp 文件中添加函数的定义，只不过函数体是空的。

找到 isWin()函数的定义处，添加如下代码。

```
1  bool CBoard::isWin(int col, int row)
2  {
3      // TODO: 在此处添加实现代码
4      int continueCount = 1;//连续棋子的个数
5      ChessColor color = isBlack ? ChessColor::BLACK : ChessColor::WHITE;
6      //横向向左寻找
7      for (int x = col - 1; x >= 0; x--) {
8          if (hasChess(x, row, color)) {
9              continueCount++;
10         }
11         else
12             break;
13     }
14     //横向向右寻找
15     for (int x = col + 1; x <= 14; x++) {
16         if (hasChess(x, row, color)) {
17             continueCount++;
18         }
```

```
19              else
20                  break;
21          }
22          if (continueCount >= 5) {
23              return true;
24          }
25          else
26              continueCount = 1;
27          //继续另一种情况的搜索：纵向
28          //向上寻找
29          for (int y = row - 1; y >= 0; y--) {
30              if (hasChess(col, y, color)) {
31                  continueCount++;
32              }
33              else
34                  break;
35          }
36          //纵向向下寻找
37          for (int y = row + 1; y <= 14; y++) {
38              if (hasChess(col, y, color))
39                  continueCount++;
40              else
41                  break;
42          }
43          if (continueCount >= 5)
44              return true;
45          else
46              continueCount = 1;
47          //继续另一种情况的搜索：右上到左下
48          //向右上寻找
49          for (int x = col + 1, y = row - 1; y >= 0 && x <= 14; x++, y--) {
50              if (hasChess(x, y, color)) {
51                  continueCount++;
52              }
53              else break;
54          }
55          //向左下寻找
56          for (int x = col - 1, y = row + 1; x >= 0 && y <= 14; x--, y++) {
57              if (hasChess(x, y, color)) {
58                  continueCount++;
59              }
60              else break;
61          }
```

```
62        if (continueCount >= 5)
63            return true;
64        else continueCount = 1;
65        //继续另一种情况的搜索：左上到右下
66        //向左上寻找
67        for (int x = col - 1, y = row - 1; x >= 0 && y >= 0; x--, y--) {
68            if (hasChess(x, y, color))
69                continueCount++;
70            else break;
71        }
72        //向右下寻找
73        for (int x = col + 1, y = row + 1; x <= 14 && y <= 14; x++, y++) {
74            if (hasChess(x, y, color))
75                continueCount++;
76            else break;
77        }
78        if (continueCount >= 5)
79            return true;
80        else
81            return false;
82    }
```

以横向是否有五个相同的棋子连成一线为例（第 4～26 行代码），介绍判断的过程，其他方向的判断类似。

首先第 4 行代码给记录连续棋子数的变量赋值为 1，然后第 5 行代码得到当前下棋棋子的颜色 color。第 7～13 行代码的循环，是从当前下棋位置的左侧一列开始，如果该位置有 color 颜色的棋子，则将连续的棋子数加 1，继续向左，否则结束循环。第 15～21 行代码的循环，是从当前下棋位置的右侧一列开始向右判断，过程与刚才向左侧的判断方法一样，循环结束后，如果连续的棋子数大于或等于 5，则赢棋，返回 true；否则将连续的棋子数重新设置为 1，再判断其他方向是否连成五子一线。

如果最后四个方向都判断完，仍然没有五个棋子连成一线，则返回 false。

### 2.6.3 修改 Go()函数

将 2.5.2 小节 Go()函数中被注释的几行语句恢复，完成赢棋的判断。

```
1        if (isWin(col, row))
2        {
3            isStoped = true;
4            CString str("恭喜，");
5            str += isBlack? "黑棋赢了！" : "白棋赢了！";
6            AfxMessageBox(str);
7        }
```

如果赢棋了，则将 isStoped 设置为 true，不能再继续下棋。如果 isBlack 为 true，则表示黑棋赢了，否则表示白棋赢了，最后显示一个祝贺赢棋的信息框。

编译运行程序，已经可以正常下棋并判断赢棋了。

## 2.7　实现重新开始和悔棋功能

实现重新开始和悔棋功能

### 2.7.1　实现重新开始功能

首先在棋盘类中添加函数 replay()，实现重新开始的功能，然后在对话框类中添加“重新开始”按钮的单击事件消息响应函数。

1. 为 CBoard 类添加 replay()函数

在 CBoard 类中添加 replay()函数，代码如下。

```
1  void CBoard::replay()
2  {
3      isStoped = false;
4      isBlack = true;
5      while (!chesses.empty())
6      {
7          CChess* ch = chesses.back();
8          chesses.pop_back();
9          delete ch;
10     }
11 }
```

之前有可能因为棋局结束而将 isStoped 设置为 true 了，棋局重新开始后将 isStoped 设置为 false，将 isBlack 设置为 true，表示黑棋先下。然后通过循环将容器 chesses 清空，并释放每个棋子占用的内存。

2. 为“重新开始”按钮添加单击事件的消息响应函数

在解决方案资源管理器中选择“类视图”，并选中 CFiveDlg 类，在“属性”窗口中选择“事件”标签，在 ID_REPLAY 下方找到 BN_CLICKED，在其后面选择<Add>OnBnClickedReplay，如图 2-20 所示。这样就给 CFiveDlg 类添加了“重新开始”按钮的单击事件的消息响应函数。

在 FiveDlg.cpp 文件中找到 OnBnClickedReplay()函数，添加如下代码。

```
1  void CFiveDlg::OnBnClickedReplay()
2  {
3      board.replay();
4      Invalidate();
5  }
```

只需要调用棋盘类的 replay()函数，然后调用 Invalidate()函数，使对话框失效，自动调用 OnPaint()函数，重新显示棋盘。

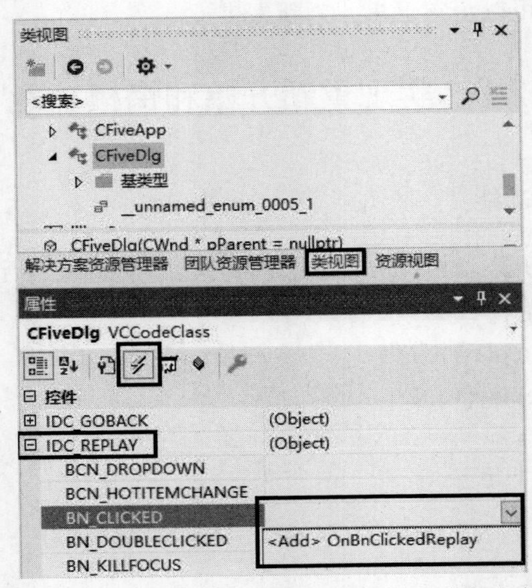


图 2-20　添加“重新开始”按钮单击事件的消息响应函数

## 2.7.2　实现悔棋功能

首先在棋盘类中添加函数 goback()，实现悔棋的功能，然后在对话框类中添加“悔棋”按钮单击事件的消息响应函数。

1. 为 CBoard 类添加 goback()函数

在 CBoard 类中添加 goback()函数，代码如下。

```
1   void CBoard::goback()
2   {
3       if (!chesses.empty())
4       {
5           CChess* ch = chesses.back();
6           chesses.pop_back();
7           delete ch;
8           isBlack = !isBlack;
9       }
10  }
```

如果容器 chesses 不为空，也就是棋盘上有棋子，则调用 back()函数，得到最后下的棋子，然后调用 pop_back()函数将最后一个棋子从容器中删除，再将这个棋子占用的内存释放。最后将 isBlack 变量的值反转，改变当前下棋的棋子颜色。

2. 为“悔棋”按钮添加单击事件的消息响应函数

与前面添加“重新开始”按钮的单击事件的消息响应函数类似，添加“悔棋”按钮的单击事件的消息响应函数 OnBnClickedGoback()，并在函数中添加如下代码。

```
1  void CFiveDlg::OnBnClickedGoback()
2  {
3      board.goback();
4      Invalidate();
5  }
```

调用棋盘类的 goback()函数，然后调用 Invalidate()函数，重新显示棋盘和棋盘上的棋子。

编译运行程序，已经实现重新开始和悔棋的功能了。

改变光标的形状

## 2.8　改变光标的形状

当光标在棋盘内部移动时，如果该位置没有棋子，表示可以下棋，则将光标形状设置为手形；如果该位置不能下棋，则将光标形状设置为标准箭头。

### 2.8.1　在棋盘类中添加 canGo()函数

在 CBoard 类中再添加一个 canGo()函数，这个函数的参数是以像素为单位的点的坐标，判断该点是否可以下棋，被后面的鼠标移动响应函数调用，代码如下。

```
1  bool CBoard::canGo(CPoint point)
2  {
3      int col = (point.x - FRAME - BORDER + GRID_WIDTH / 2) / GRID_WIDTH;
4      int row = (point.y - FRAME - BORDER + GRID_WIDTH / 2) / GRID_WIDTH;
5      if ((col < 0) || (col > 14) || (row < 0) || (row > 14))
6          return false;
7      else
8          return !hasChess(col, row);
9  }
```

首先将像素坐标转换为棋盘坐标，如果超出棋盘范围，则返回 false。否则再调用有两个整型参数的 hasChess()函数，如果该点有棋子则返回 false，否则返回 true。

如果 canGo()函数返回 true，则表示该点可以下棋；如果返回 false，则表示该点不能下棋。

### 2.8.2　在对话框类中添加鼠标移动的消息响应函数

在解决方案资源管理器中选择“类视图”，然后选中 CFiveDlg 类，在“属性”窗口中选择“消息”标签，找到消息 WM_MOUSEMOVE，在其后面选择<Add>OnMouseMove，即在 CFiveDlg 类中添加了 OnMouseMove()函数，然后添加如下代码。

```
1  void CFiveDlg::OnMouseMove(UINT nFlags, CPoint point)
2  {
3      if (board.canGo(point))
4          SetCursor(LoadCursor(NULL, IDC_HAND));
5      else
6          SetCursor(::LoadCursor(NULL, IDC_ARROW));
7      CDialogEx::OnMouseMove(nFlags, point);
8  }
```

函数 OnMouseMove()的第二个参数就是光标当前的坐标，调用棋盘类的 canGo()函数判断光标所在的点是否能下棋，如果能下棋，则将光标的形状设置为手形，否则将光标的形状设置为标准箭头。

SetCursor()函数的功能是设置光标形状，其中 IDC_HAND 和 IDC_ARROW 分别是系统定义好的手形光标和标准箭头光标。

编译运行程序，光标的形状已经能够根据所在位置显示不同的形状。

加入声音

## 2.9 加入声音

下面在下棋过程中加入落子声音。

### 2.9.1 导入资源

将音频资源文件 Go.wav 复制到工程的 res 文件夹中，然后导入工程。

在资源视图窗口的 Five.rc 名称上右击，然后在弹出的快捷菜单中选择“添加资源”菜单项，出现“添加资源”对话框，单击“导入”按钮，打开“导入”对话框，如图 2-21 所示。

图 2-21 “导入”对话框

在“导入”对话框中，找到项目资源文件夹，然后文件类型选择“所有文件”，再选中文件 Go.wav，单击“打开”按钮，将 Go.wav 导入项目。然后将其 ID 改为 IDR_WAVE_GO。

### 2.9.2　播放声音

我们使用系统提供的 PlaySound()函数播放资源中的音频资源，这个函数的原型在 mmSystem.h 文件中声明，因此要在 Board.cpp 文件中包含该头文件。另外 PlaySound()函数需要访问 winmm.lib 库，还要告诉编译器要导入 winmm.lib 库，可使用#pragma 指令完成这一工作。在 Board.cpp 文件中加入如下代码。

```
#include <mmsystem.h>
#pragma comment( lib, "Winmm.lib" )
```

找到 CBoard 类的成员函数 putChess()，在 chesses.push_back(pChess)代码的后面加入播放声音的代码，修改后的代码如下。

```
1   //功能：在棋盘内放一个棋子
2   //参数：前两个参数是棋子坐标，第三个参数为 true 是黑棋，否则是白棋
3   void CBoard::putChess(int col, int row, bool isBlack)
4   {
5       CChess* pChess;
6       if (isBlack)
7           pChess = new CChess(this, col, row, ChessColor::BLACK);
8       else
9           pChess = new CChess(this, col, row, ChessColor::WHITE);
10      chesses.push_back(pChess);
11      PlaySound(MAKEINTRESOURCE(IDR_WAVE_GO), GetModuleHandle(NULL),
                                        SND_RESOURCE | SND_ASYNC);
12      pDlg->Invalidate();
13  }
```

第 11 行代码是新添加的，实现音频的播放。这里使用 Windows API 函数 PlaySound()播放音频，下面简单介绍 PlaySound()函数及其使用方法，以及用到的 MAKEINTRESOURCE 宏和 GetModuleHandle()函数。

1. PlaySound()函数

PlaySound()函数的原型如下。

```
BOOL PlaySound(LPCTSTR pszSound, HMODULE hmod, DWORD fdwSound);
```

参数 pszSound 指定要播放的音频文件的字符串，可以是 WAV 文件的名字，或是 WAV 资源的名字，或是内存中声音数据的指针，或是在系统注册表 WIN.INI 中定义的系统事件声音。

参数 hmod 是应用程序句柄，如果第三个参数 fdwSound 不是 SND_RESOURCE，则 hmod 必须为 NULL。

参数 fdwSound 是播放标志的组合，这些标志很多，这里只介绍和我们代码相关的几个。

SND_ALIAS：第一个参数 pszSound 是系统事件的别名。

SND_FILENAME：第一个参数 pszSound 是文件名。

SND_RESOURCE：第一个参数 pszSound 是资源 ID。

ND_ASYNC：用异步方式播放声音，开始播放后，函数立即返回。

SND_SYNC：同步播放声音，在播放完后函数才返回。

SND_LOOP：重复播放声音，必须与 SND_ASYNC 标志一起使用。

成功播放，函数返回 true；播放失败，函数返回 false。

2. MAKEINTRESOURCE 宏

MAKEINTRESOURCE 是一个资源名转换的宏。这个宏是把一个数字类型转换成指针类型的宏，作用通常是把一个整数 ID 转化为字符串。

MAKEINTRESOURCE 宏的定义如下。

```
1  #define MAKEINTRESOURCEA(i) (LPSTR)((ULONG_PTR)((WORD)(i)))
2  #define MAKEINTRESOURCEW(i) (LPWSTR)((ULONG_PTR)((WORD)(i)))
3  #ifdef UNICODE
4      #define MAKEINTRESOURCE MAKEINTRESOURCEW
5  #else
6      #define MAKEINTRESOURCE MAKEINTRESOURCEA
7  #endif   // !UNICODE
```

3. GetModuleHandle()函数

GetModuleHandle()函数的原型如下。

```
HMODULE GetModuleHandle(LPCTSTR lpModuleName);
```

该函数的功能是获取一个应用程序或动态链接库的模块句柄。

参数 lpModuleName 用来指定模块名，它通常是与模块的文件名相同的一个名字。例如，NOTEPAD.EXE 程序的模块文件名就称为 NOTEPAD。如果 lpModuleName 是 NULL，则返回调用进程本身的句柄。

重新编译运行程序，下棋过程已经有了落子的声音。

# 第 3 章　网络五子棋

## 3.1　网络五子棋介绍

网络五子棋介绍

网络五子棋用来实现两个人在不同的客户端下棋，用户界面包含服务器端界面和客户端界面。

服务器端界面比较简单，只有一个对话框，如图 3-1 所示，对话框左侧是用于输入服务器的 IP 地址和端口的控件，以及启动服务器和关闭程序的按钮；右侧上方显示已经登录到服务器的客户端数量；右侧下方用于显示有关信息，如客户端登录、邀请对局、落子的坐标以及输赢等信息。

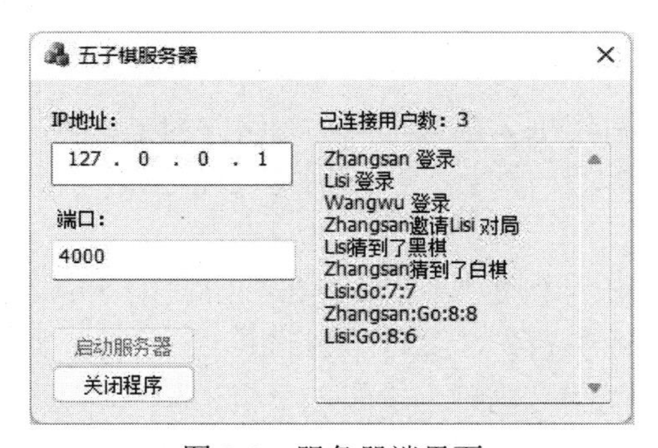


图 3-1　服务器端界面

图 3-1 显示已有三个客户端登录到服务器，并能显示客户端的登录顺序，然后显示 Zhangsan 邀请 Lisi 对局以及猜先的结果，最后显示对局落子的信息。

客户端界面有两个对话框，一个是“登录”对话框，另一个是对局对话框。“登录”对话框如图 3-2 所示。

图 3-2　“登录”对话框

程序运行后，首先出现“登录”对话框，在对话框中输入服务器的 IP 地址和端口，再输入用户名和密码，单击“登录”按钮，如果登录成功，则出现对局对话框，如图 3-3 所示。

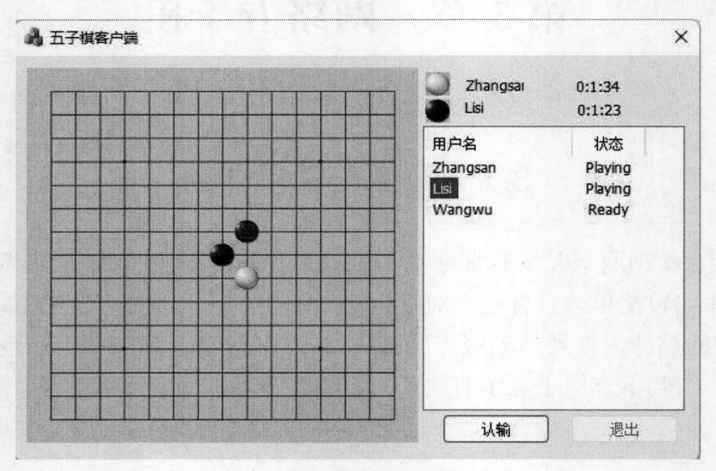


图 3-3　对局对话框

客户端界面左侧的棋盘占用了大部分空间，右侧分为上、中、下三个部分，最上面的部分用于显示用户头像、用户名和对局计时情况，中间是已经连接到服务器的所有客户端用户列表，最下面是两个按钮。

在用户列表中，右击其中一个用户名，在弹出的快捷菜单中选择“邀请对局”菜单项，邀请该用户下棋，对方同意后随机猜先，然后开始下棋。猜到黑棋方先下棋，并开始计时，在下棋过程中，如果某一方的时间用完则判为输棋，下棋过程中也可以单击“认输”按钮认输。

图 3-3 显示的是客户端 Zhangsan 的界面（自己的名称显示在客户端链表的最上面）。目前有三个用户（Zhangsan、Lisi 和 Wangwu）连接到服务器上。Zhangsan 和 Lisi 正在下棋，他们的状态为 Playing；Wangwu 空闲，他的状态是 Ready。Lisi 执黑棋，已经下了两个棋子，Zhangsan 执白棋，已经下了一个棋子。

创建游戏界面

## 3.2　创建游戏界面

为了方便用户操作，在一个解决方案中添加两个项目，一个是服务器端项目 FiveServer，另一个是客户端项目 FiveClient。

### 3.2.1　创建服务器端界面

#### 1. 编辑对话框资源

首先确定程序存放的位置，如 D:\FiveNet。在 Visual Studio 2022 中，选择“文件”→“新建”→“项目”菜单项，出现“创建新项目”对话框，在该对话框中选中“MFC 应用”，单击“下一步”按钮，出现“配置新项目”对话框。在“项目名称”下面框输入 FiveServer，“位置“下面选择 D:\,“解决方案”下面选择“创建新解决方案”,“解决方案名称”下面输入 FiveNet，不要勾选“将解决方案和项目放在同一目录中”。

单击“创建”按钮，选择应用程序类型为“基于对话框”，连续单击“下一步”按钮三次，在“高级性能”页面中选中“Windows 套接字”，单击“完成”按钮，项目创建完毕。

在解决方案资源管理器中，选择“资源视图”，编辑对话框资源，添加三个标签控件（Static Text），一个 IP 地址控件，两个编辑框控件，修改两个按钮的属性，将对话框的标题（文字描述）设置为“五子棋服务器”，边框设置为“对话框外框”，如图 3-4 所示。

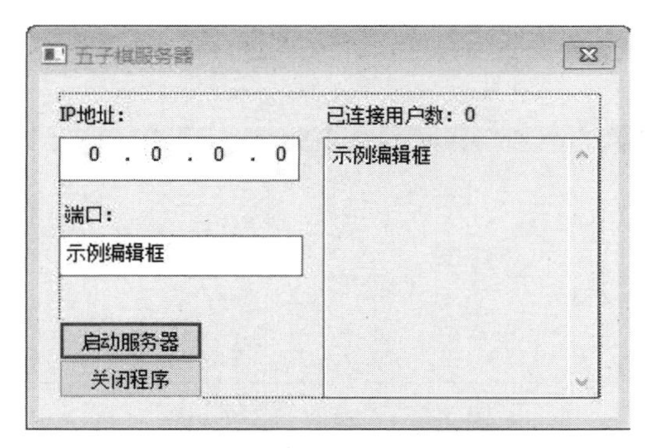


图 3-4　服务器端对话框资源

服务器端对话框中各控件的属性见表 3-1。

表 3-1　服务器端对话框中控件的属性

| 控件名 | ID | 其他属性 |
|---|---|---|
| IP 地址 | IDC_IPADDRESS | |
| 编辑框（“端口”编辑框） | IDC_PORT_EDIT | |
| 编辑框（较大的编辑框） | IDC_MESSAGE_EDIT | 设置只读、多行、垂直滚动、自动垂直滚动属性 |
| 静态文本（已连接用户数） | IDC_CLIENT_COUNT | 文字描述：“已连接用户数：0” |
| 按钮 | IDC_START | 文字描述：“启动服务器” |
| 按钮 | IDCANCEL | 文字描述：“关闭程序” |

其他两个静态文本在程序中不需要引用，因此不用关心它们的 ID，只需将文字描述分别设置为“IP 地址：”和“端口：”。

2. 添加控件关联变量

在程序中要访问对话框中控件的值，通常比较方便的方法是添加控件的关联变量。下面使用类向导为部分控件添加关联变量。

在对话框的任何位置右击，在弹出的快捷菜单中选择“类向导”，打开“类向导”对话框。确认“类名”下方选择的是对话框类 CFiveServerDlg，然后选择“成员变量”标签，再选择要添加关联变量的控件 ID，如 IDC_IPADDRESS，如图 3-5 所示。

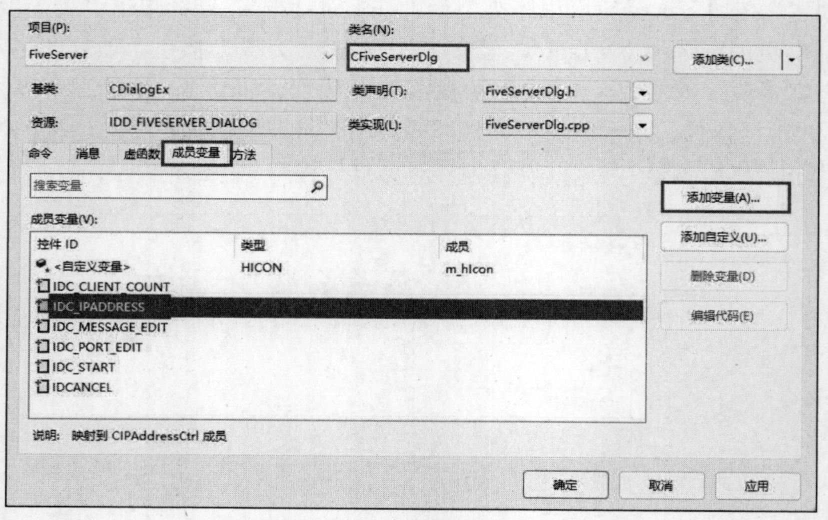


图 3-5 “类向导”对话框

在图 3-5 中，单击“添加变量”按钮，出现“添加控制变量”对话框，在“类别”下面选择“控件”，变量类型自动变为 CIPAddressCtrl，在“名称”下面输入变量名 m_IP，如图 3-6 所示。

添加控制变量
常规设置
控件
其他
控件 ID(I)
IDC_IPADDRESS
控件类型(Y)
SysIPAddress32
类别(T)
控件
名称(N)
m_IP
访问(A)
public
变量类型(V)
CIPAddressCtrl
注释(M)
上一步
下一步
完成
取消

图 3-6 “添加控制变量”对话框

在图 3-6 中单击“完成”按钮，回到“类向导”对话框，控件关联变量添加完毕。

控件关联变量有两种，一种是控件类型，如 IDC_IPADDRESS 添加的就是控件类型的关联变量，每种控件都对应一个类，IP 地址控件的类就是 CIPAddressCtrl。

另一种是值型的关联变量，在“添加控制变量”对话框的“类别”下面选择“值”，然后在“变量类型”下方输入变量的类型，如 int、CString 等，再输入变量的名称，单击“完成”按钮，即可添加一个值型的关联变量。

按照上面的步骤为对话框添加表 3-2 中的控件关联变量。

表 3-2　服务器端对话框中添加的控件关联变量

| ID | 变量类型 | 变量名 |
|---|---|---|
| IDC_IPADDRESS | CIPAddressCtrl | m_IP |
| IDC_PORT_EDIT | int | m_nPort |
| IDC_CLIENT_COUNT | CString | m_strClientNumber |
| IDC_MESSAGE_EDIT | CEdit | m_edtMessage |

3. *为对话框初始化函数添加代码*

为避免调试程序时每次都需要输入 IP 地址和端口号，我们给这两个控件设置一个初始值。

打开 FiveServerDlg.cpp 文件，找到对话框初始化函数 OnInitDialog()，在“// TODO:”提示行的下面添加如下代码。

```
1   // TODO: 在此添加额外的初始化代码
2   m_IP.SetAddress(127, 0, 0, 1);
3   m_nPort = 4000;
4   m_strClientNumber.Format(L"已连接用户数：%d", 0);
5   UpdateData(false);
```

**注意：**上面代码前的行号并不是程序中的实际行号，仅是为了解释方便人为添加的行号。

其中第 2 行代码调用 CIPAddressCtrl 类的 SetAddress()方法，设置 IP 地址控件的值。第 3 行和第 4 行代码分别为两个值型的控件关联变量赋值，因为 m_nPort 是 int 型的，所以给它赋一个整数；m_strClientNumber 是 CString 类型的，使用 Format()方法为其赋值。

项目采用 Unicode 编码，L 要求编译器将其后面的字符串按 Unicode 编码保存，即每个字符占 2 个字节。

最后调用 UpdateData()方法，如果参数为 false，则将控件关联变量中的值显示到控件中；如果参数为 true，则将控件中显示的值保存到控件关联变量中。

第 5 行代码使用参数 false 调用 UpdateData()方法，运行后在对话框中会看到设置的初始值。编译运行程序，可以看到如图 3-7 所示的运行结果。

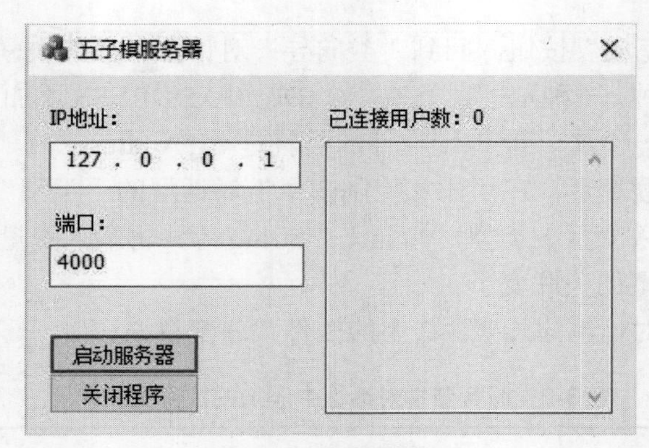


图 3-7　服务器端对话框的程序运行结果

### 3.2.2　创建客户端界面

1. 编辑对话框资源

完成项目 FiveServer 的创建后，在解决方案资源管理器中，右击“解决方案 FiveNet”，在弹出的快捷菜单中选择“添加”→“新建项目”菜单项，出现“创建新项目”对话框，在该对话框中选中“MFC 应用”，单击“下一步”按钮，出现“配置新项目”对话框。在“项目名称”下面输入 FiveClient，单击“创建”按钮，选择应用程序类型为“基于对话框”，单击“下一步”按钮，与 FiveServer 项目一样，在“高级功能”中勾选“Windows 套接字”，其他保持默认值，单击“完成”按钮，完成 FiveClient 项目的创建。

现在，在一个解决方案中有两个项目，即 FiveServer 和 FiveClient，在后面的编程过程中经常需要在两个项目间切换，由于两个项目中存在相同或类似的类名，为了避免混淆，在处理一个项目时，可将另一个项目的所有窗口关闭。关闭所有窗口的方法是在窗口顶端标签行右击，在弹出的快捷菜单中选择“关闭所有选项卡”菜单项，如图 3-8 所示。

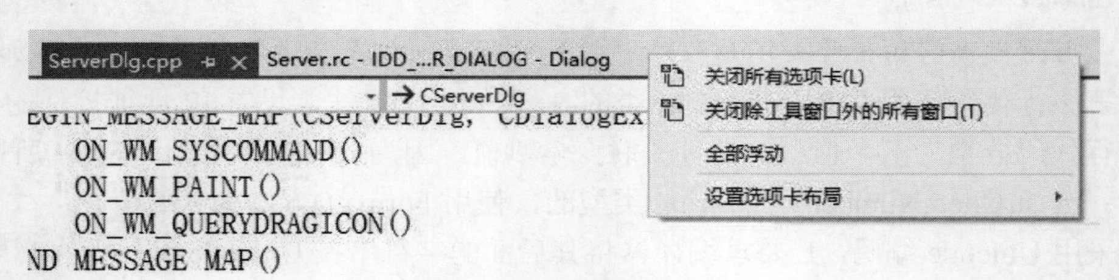


图 3-8　关闭所有选项卡

由于一个解决方案中有两个项目，可以设置其中一个为启动项目，也就是当前运行项目。将项目设置为当前运行项目的方法是，在解决资源管理器中找到该项目名，右击，在弹出的快捷菜单中选择“设置为启动项目”菜单项，然后该项目名变为粗体字，表示该项目已经设置为启动项，如图 3-9 所示。

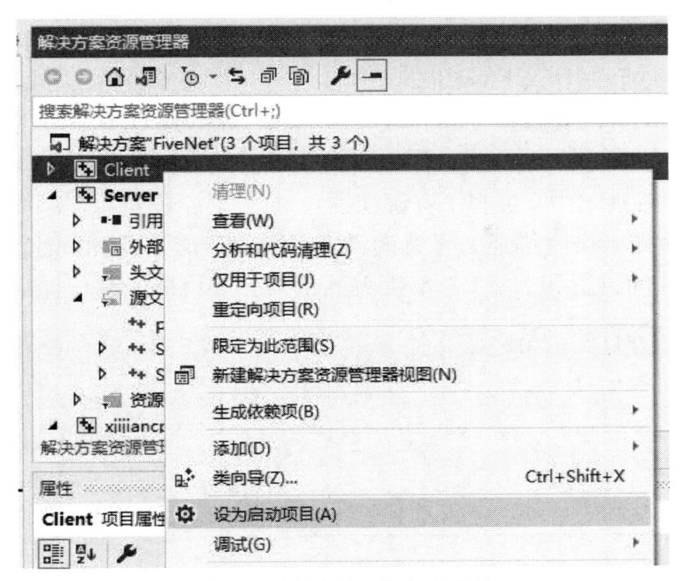


图 3-9　设置项目为启动项目

一个解决方案只有一个启动项目，如果要运行非启动项目，则可以在该项目名上右击，选择“调试”子菜单的“启动新实例”或“启动但不调试”菜单项，如图 3-10 所示。

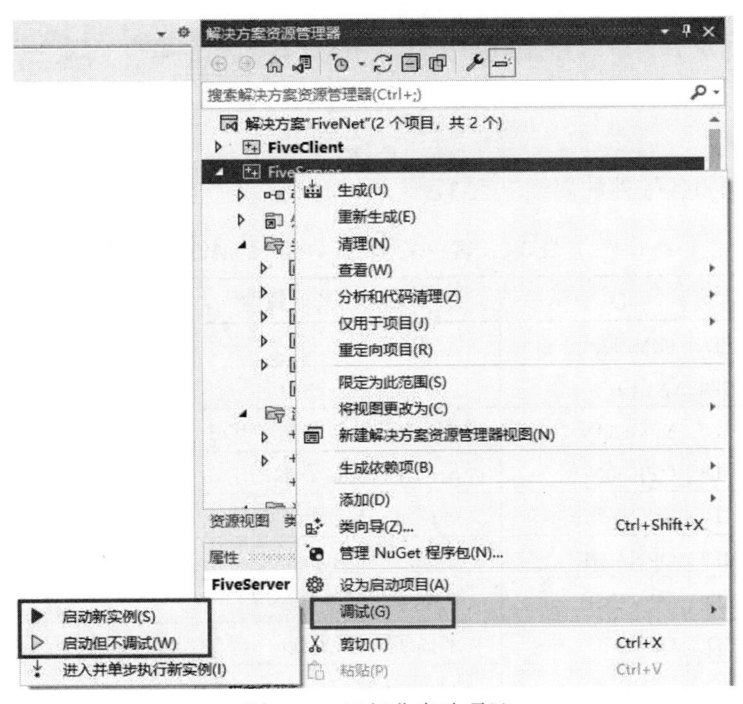


图 3-10　运行非启动项目

将单机版五子棋的棋盘、棋子三个图片资源和音频资源文件复制到 FiveClient 项目的 res 文件夹中，然后将这些资源导入 FiveClient 项目，三个图片资源的 ID 分别改为 IDB_BOARD、IDB_BLACK、IDB_WHITE，音频资源的 ID 改为 IDR_WAVE_GO，导入方法参照单机版五子棋的操作。

在解决方案资源管理器中，选择“资源视图”，打开对话框资源，添加如图 3-11 所示的控件，并将对话框的标题（文字描述）设置为“五子棋客户端”，边框设置为“对话框外框”，为了方便组织各控件的位置和大小，与单机版五子棋的对话框资源一样，使用棋盘位图占位。

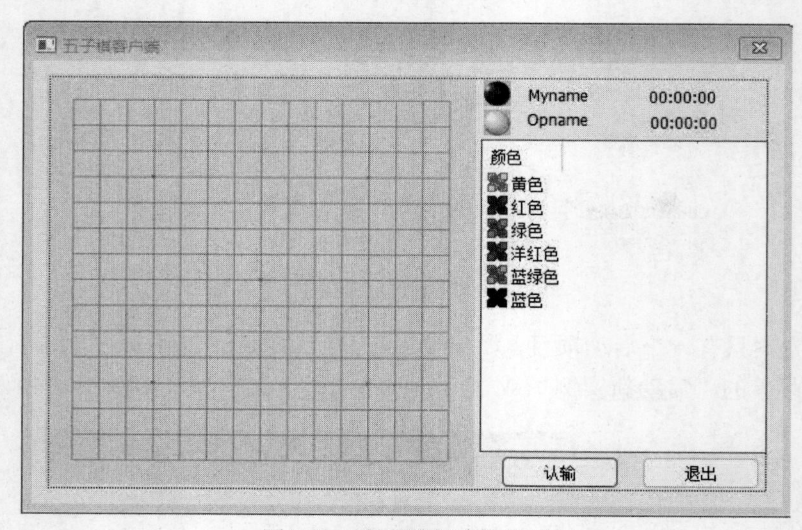


图 3-11　客户端对话框资源

客户端对话框中各控件的属性见表 3-3。

表 3-3　客户端对话框中控件的属性

| 控件名 | ID | 其他属性 | 说明 |
| --- | --- | --- | --- |
| “认输”按钮 | IDC_GIVEUP | | |
| “退出”按钮 | IDCANCEL | | |
| 图像 | IDC_MYICON | 类型：Bitmap；图像：IDB_BLACK | 显示自己的棋子颜色 |
| 图像 | IDC_OPICON | 类型：Bitmap；图像：IDB_WHITE | 显示对手的棋子颜色 |
| 静态文本 | IDC_MYNAME | 文字描述：Myname | 显示自己的名字 |
| 静态文本 | IDC_OPNAME | 文字描述：Opname | 显示对手的名字 |
| 静态文本 | IDC_MYTIME | 文字描述：00:00:00 | 显示自己的倒计时 |
| 静态文本 | IDC_OPTIME | 文字描述：00:00:00 | 显示对手的倒计时 |
| 列表 | IDC_USER_LIST | 视图：report | 显示已登录的用户列表 |

其中显示自己和对手棋子颜色的两个图形，在下棋的时候会根据实际的棋子颜色而改变；自己的名字在登录后显示为真正的用户名，对手的名字是在开始下棋时变为对手的用户名；开始下棋后，两个倒计时控件分别显示自己和对手所剩余的时间，每秒钟改变一次。

2. 添加控件关联变量

在程序中，需要设置或获取对话框中控件的值，要为这些控件添加控件关联变量，使用类向导添加表 3-4 所示的控件关联变量。

表 3-4　客户端对话框中添加的控件关联变量

| ID | 变量类型 | 变量名 |
| --- | --- | --- |
| IDC_MYICON | CStatic | m_picMyicon |
| IDC_OPICON | CStatic | m_picOpicon |
| IDC_MYNAME | CString | m_strMyname |
| IDC_OPNAME | CString | m_strOpname |
| IDC_MYTIME | CString | m_strMytime |
| IDC_OPTIME | CString | m_strOptime |
| IDC_USER_LIST | CListCtrl | m_lstUser |

3. 为对话框初始化函数添加代码

与服务器端对话框类似，要为客户端对话框的部分控件设置初始值。

打开 FiveClienDlg.cpp 文件，找到对话框初始化函数 OnInitDialog()，在“// TODO:”提示行的下面添加如下代码。

```
1  // TODO: 在此添加额外的初始化代码
2  m_strMyname = "Myname";
3  m_strOpname = "Opname";
4  m_strMytime = "00:00:00";
5  m_strOptime = "00:00:00";
6  m_lstUser.InsertColumn(0, L"用户名", LVCFMT_CENTER, 120);
7  m_lstUser.InsertColumn(1, L"状态", LVCFMT_CENTER, 60);
8  GetDlgItem(IDC_GIVEUP)->EnableWindow(false);
9  UpdateData(false);
```

第 6 行和第 7 行代码使用 InsertColumn()函数为列表控件插入两列，该函数的第一个参数是列的序号（序号从 0 开始），第二个参数是列的名称，第三个参数是列的宽度（以像素为单位）。第 8 行代码将“认输”按钮设置为禁止状态。

将 FiveClient 设置为启动项目，运行程序，除了棋盘没有显示，其他控件都可以正常显示，如图 3-12 所示。

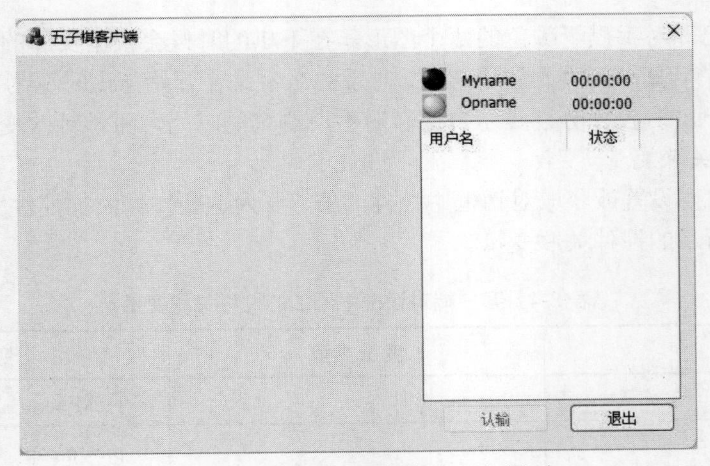


图 3-12　客户端对话框程序运行界面

### 3.2.3　加入棋盘

1. 在对话框类中添加棋盘类的属性

将单机版五子棋的 Board.h、Board.cpp、Chess.h、Chess.cpp 四个文件复制到项目 FiveClient 的文件夹下。

然后在解决方案资源管理器中，右击 FiveClient 项目名，在弹出的快捷菜单中选择“添加”→“现有项”菜单项，选中刚才复制过来的文件，单击“添加”按钮，将这四个文件添加到项目中。

打开 FiveClientDlg.h 文件，在文件中添加对棋盘类头文件的包含，代码如下。

```
#include "Board.h"
```

然后在 CFiveClientDlg 类中添加棋盘类的公有访问权限属性，代码如下。

```
CBoard m_board;
```

2. 修改 CFiveClientDlg 类的构造函数

在 CFiveClientDlg 类的构造函数中加入对成员 m_board 的初始化，代码如下。

```
1   CFiveClientDlg::CFiveClientDlg(CWnd* pParent /*=nullptr*/)
2       : CDialogEx(IDD_FIVECLIENT_DIALOG, pParent)
3       , m_strOpname(_T(""))
4       , m_strMyname(_T(""))
5       , m_strMytime(_T(""))
6       , m_strOptime(_T(""))
7       , m_board(this)
8   {
9       m_hIcon = AfxGetApp()->LoadIcon(IDR_MAINFRAME);
10  }
```

由于 CBoard 类的构造函数需要一个对话框的指针，因此使用 this 作为构造棋盘类对象的参数。

3. 在对话框中显示棋盘

打开 FiveClientDlg.cpp 文件，找到 OnPaint()函数，在 else 部分添加如下代码。

```
1  else
2  {
3       CPaintDC dc(this); // 用于绘制的设备上下文
4       m_board.Draw(&dc);
5       CDialogEx::OnPaint();
6  }
```

重新编译运行程序，运行结果如图 3-13 所示。

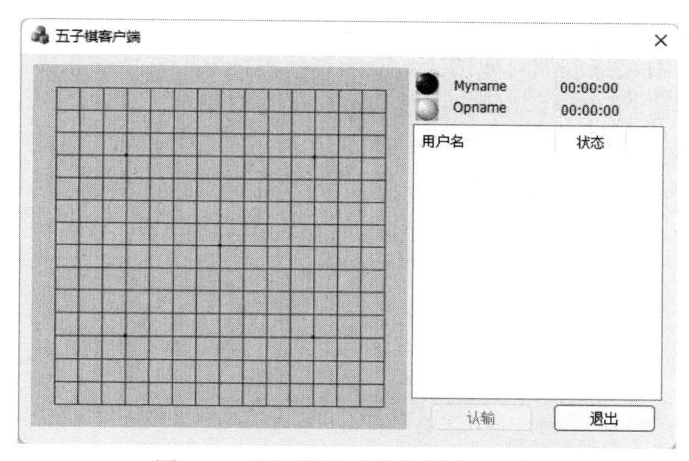


图 3-13　显示棋盘后的客户端对话框

### 3.2.4　创建“登录”对话框

启动客户端程序时，首先出现“登录”对话框，只有登录成功才出现对局对话框，否则退出程序。

1. 添加“登录”对话框资源

在解决方案资源管理器中，选择“资源视图”，右击项目名 FiveClient，在弹出的快捷菜单中选择“添加”→“资源”菜单项，在“添加资源”对话框中选中 Dialog，单击“新建”按钮，则为项目添加一个新的对话框资源。

将对话框的 ID 改为 IDD_LOGIN_DLG，标题改为“登录”，然后添加如图 3-14 所示的控件。

“登录”对话框中控件的 ID 和属性见表 3-5。

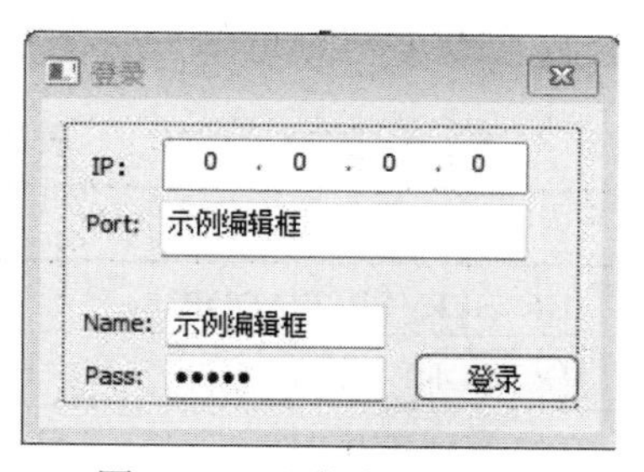


图 3-14　“登录”对话框

表 3-5 “登录”对话框中控件的属性

| 控件名 | ID | 其他属性 |
|---|---|---|
| IP 地址 | IDC_SERVER_IPADDR | |
| 端口编辑框 | IDC_PORT_EDIT | |
| “用户名”编辑框 | IDC_NAME_EDIT | |
| “密码”编辑框 | IDC_PASS_EDIT | 密码：true |
| “登录”按钮 | IDC_LOGIN_BTN | |

**注意**：对于密码编辑框，在调试程序阶段，可以将其“密码”属性设置为 false，以方便在运行时看到输入的密码。

2. 添加控件关联变量

首先为“登录”对话框添加对应的类，方法是在对话框的任何位置上右击，在弹出的快捷菜单中选择“添加类”菜单项，出现“添加 MFC 类”对话框。输入类名 CLoginDlg.h 文件名 LoginDlg.h 和.cpp 文件名 LoginDlg.cpp，如图 3-15 所示。然后单击“确定”按钮，与对话框资源 IDD_LOGIN_DLG 关联的类创建完成。

图 3-15 创建对话框的关联类

创建好对话框的关联类之后，使用类向导添加如表 3-6 所示的控件关联变量。

表 3-6 “登录”对话框中添加的控件关联变量

| ID | 变量类型 | 变量名 |
|---|---|---|
| IDC_SERVER_IPADDR | CIPAddressCtrl | m_ipServer |
| IDC_PORT_EDIT | int | m_nServerPort |
| IDC_NAME_EDIT | CString | m_strName |
| IDC_PASS_EDIT | CString | m_strPass |

### 3. 添加父窗口指针成员

登录对话框的父窗口是对局对话框 CFiveClientDlg。打开 LoginDlg.h 文件，在 CLoginDlg 类的前面加入 CFiveClientDlg 类的声明，代码如下。

```
class CFiveClientDlg;
```

在 CLoginDlg 类中添加 CFiveClientDlg 类的指针成员，代码如下。

```
CFiveClientDlg* m_pParent;
```

在 LoginDlg.cpp 文件中，添加如下文件的包含。

```
#include "FiveClientDlg.h"
```

修改构造函数，对 m_pParent 成员初始化，代码如下。

```
1  CLoginDlg::CLoginDlg(CWnd* pParent /*=nullptr*/)
2        : CDialogEx(IDD_LOGIN_DLG, pParent)
3        , m_nServerPort(0)
4        , m_strName(_T(""))
5        , m_strPass(_T(""))
6  {
7        m_pParent = (CFiveClientDlg *) pParent;
8  }
```

第 7 行代码将“登录”对话框的父窗口设置为对局对话框。

### 4. “登录”对话框的初始化

首先为“登录”对话框添加初始化函数 OnInitDialog()，可以使用类向导添加，也可以在类视图中添加。下面以在类视图中添加为例，介绍添加初始化函数 OnInitDialog()的方法。在解决方案资源管理器的“类视图”中选中 CLoginDlg，然后在“属性”窗口中选择“重写”标签，找到 OnInitDialog，单击 OnInitDialog 右侧的下拉按钮，选择<Add> OnInitDialog，为类 CLoginDlg 添加了 OnInitDialog()函数。在 OnInitDialog()函数中添加如下代码。

```
1   BOOL CLoginDlg::OnInitDialog()
2   {
3         CDialogEx::OnInitDialog();
4         // TODO:  在此添加额外的初始化代码
5         m_ipServer.SetAddress(127, 0, 0, 1);
6         m_nServerPort = 4000;
7         m_strName = "Zhangsan";
8         m_strPass = "123456";
9         UpdateData(false);
10        return TRUE;
11                           // 异常：OCX 属性页应返回 false
12  }
```

在函数中为控件关联变量赋值，“登录”对话框显示后，控件中就有默认值。

5. 添加“登录”按钮的消息响应函数

添加“登录”按钮的消息响应函数，并添加如下代码。

```
1  void CLoginDlg::OnClickedLoginBtn()
2  {
3      // TODO: 在此添加控件通知处理程序代码
4      CDialogEx::OnOK();
5  }
```

这里只是简单地调用基类 CDialogEx 的 OnOK()函数，关闭对话框并返回 IDOK。下一节再实现具体的登录功能。

6. 显示“登录”对话框

在 CFiveClientDlg 类的初始化函数中添加代码，显示“登录”对话框，如果在“登录”对话框中单击“登录”按钮，则出现对局对话框，否则退出程序。

在 FiveClientDlg.cpp 文件中加入如下文件的包含。

```
#include "LoginDlg.h"
```

修改 CFiveClientDlg 类的初始化函数，在原有代码的基础上，添加下面第 2～6 行的代码。

```
1      // TODO: 在此添加额外的初始化代码
2      CLoginDlg loginDlg;
3      if (loginDlg.DoModal() != IDOK)
4      {
5          CDialogEx::OnCancel();
6      }
7      m_strMyname = "Myname";
8      m_strOpname = "Opname";
9      m_strMytime = "00:00:00";
10     m_strOptime = "00:00:00";
11     m_lstUser.InsertColumn(0, L"用户名", LVCFMT_CENTER, 120);
12     m_lstUser.InsertColumn(1, L"状态", LVCFMT_CENTER, 60);
13     GetDlgItem(IDC_GIVEUP)->EnableWindow(false);
14     UpdateData(false);
```

首先定义“登录”对话框对象 loginDlg，然后调用 DoModal()函数显示对话框，如果在“登录”对话框中通过对话框右上角的“关闭”按钮关闭对话框，则返回值是 IDCANCEL（不是 IDOK），然后调用基类的 OnCancel()函数关闭对局对话框；如果在“登录”对话框中单击“登录”按钮，则返回 IDOK，继续向下运行，出现对局对话框。

实现登录的功能

## 3.3 实现登录的功能

服务器运行后，如果有客户端登录服务器，则应该记录客户端的相关信息，如用户名、用户的状态等，因此应该设计一个类来保存这些信息。

在客户端单击“登录”按钮，与服务器连接成功后，客户端向服务器发送登录命令，服务器将新登录的客户端信息发送给其他所有已登录的客户端，以便更新每个客户端的用户列表，服务器也要将所有已经登录的客户端信息发送给新登录的客户端，以便将已登录的客户端添加到新登录客户端的用户列表中，同时要将客户端的信息保存起来。

假设已经有客户端 B、客户端 C 和客户端 D 登录到服务器上，当客户端 A 登录时，处理的流程如图 3-16 所示。

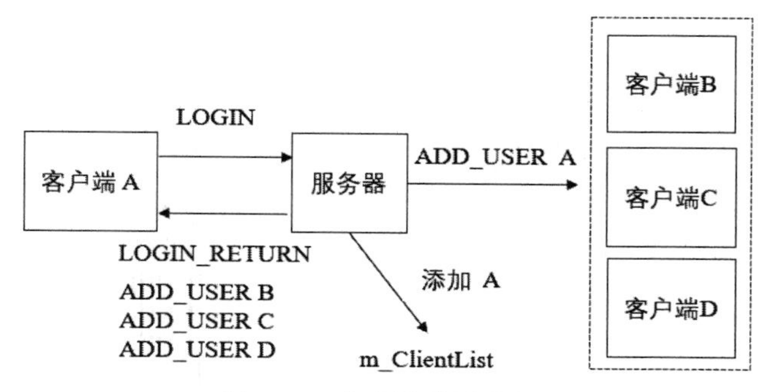


图 3-16　客户端登录流程

当客户端 A 登录到服务器时，服务器将客户端 A 的信息保存到 m_ClientList 中，（m_ClientList 是一个记录客户端信息的链表 std::list），然后向客户端 B、客户端 C 和客户端 D 发送 ADD_USER 消息，通知客户端 B、客户端 C、客户端 D 有客户端 A 登录，同时向客户端 A 发送三个 ADD_USER 消息，分别加入客户端 B、客户端 C 和客户端 D。

### 3.3.1　定义消息结构和常量

在下棋过程中，客户端与服务器之间要进行各种消息的传递，如登录、邀请下棋、下棋的落子位置等，为了方便消息的发送与接收，把发送的信息存放在一个结构体（struct）中，该结构体的第一个成员是消息类别，第二个成员是另一个结构体表示的消息参数。不同的消息具有不同的参数，如登录消息有两个字符串类型的参数（用户名和密码），落子消息有两个整型参数（落子坐标）。

由于客户端项目和服务器项目都要使用这些结构体，所以我们可将定义这些结构体的文件放在一个公用文件夹中。

假设五子棋程序位于 D:\FiveNet 文件夹中，在这个文件夹中新建一个子文件夹 Common，在子文件夹 Common 中新建一个 Msg.h 文件。

回到 Visual Studio 2022 中，在解决方案资源管理器中右击项目名 FiveServe，在弹出的快捷菜单中选择“添加”→“现有项”菜单项，找到刚才创建的 Msg.h 文件，然后单击“添加”按钮，将 Msg.h 文件添加到项目 FiveServer 中。

为了在项目 FiveServer 中找到包含的文件 Msg.h，还要设置项目 FiveServer 的附加包含目录。方法是右击项目 FiveServer，在弹出的快捷菜单中选择“属性”菜单项，打开如图 3-17 所示的 FiveServer 属性对话框。

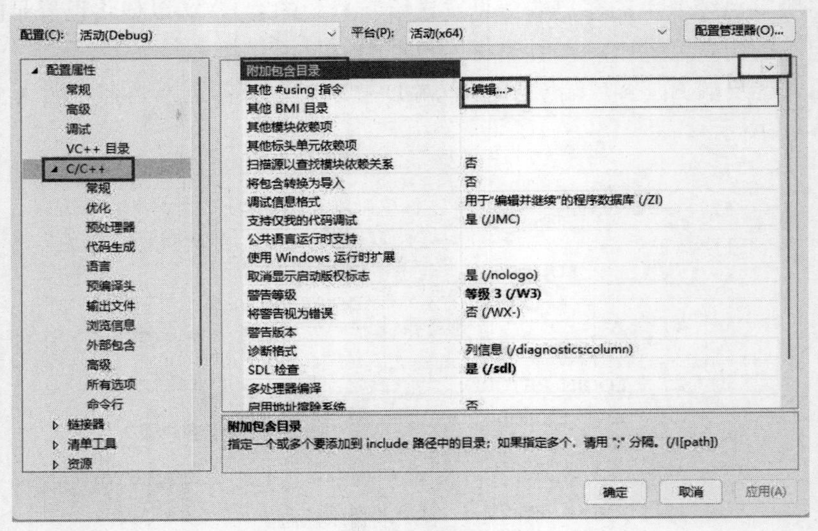


图 3-17　FiveServer 属性对话框

在 FiveServer 属性对话框的左侧选中 C/C++，然后在右侧窗口单击“附加包含目录”后面的下拉按钮，选择“编辑”，出现如图 3-18 所示的“附加包含目录”对话框。

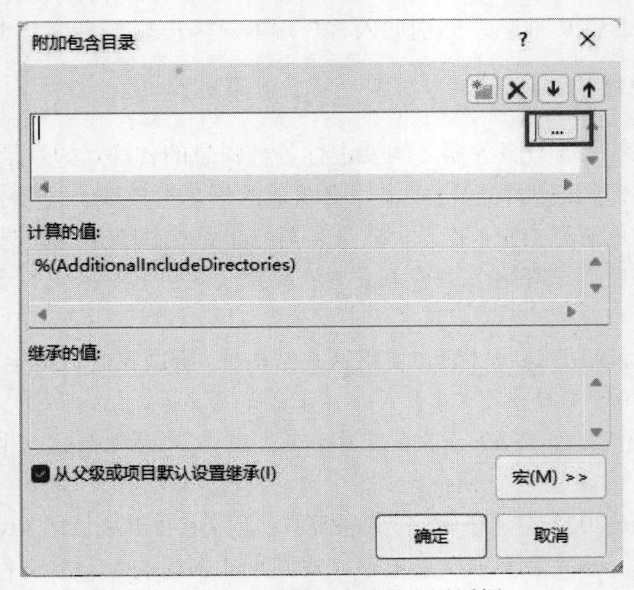


图 3-18　“附加包含目录”对话框

在“附加包含目录”对话框最上面的编辑框中单击（或需要单击两次），其右侧出现“...”按钮，单击这个按钮，选择 Common 文件夹，单击“确定”按钮，完成附加包含目录的设置。

按同样的步骤，将 Msg.h 文件也添加到项目 FiveClient 中。

打开 Msg.h 文件添加代码（无论在项目 FiveServer 中打开，还是在项目 FiveClient 中打开，都是同一个文件），下面只给出部分消息定义，其他消息的定义等用到时再添加，代码如下。

```
1  #pragma once
2  #include<windef.h>
3  #include<afx.h>
4
5  //用户自定义消息，UWM_CLIENT 只用于客户端，UWM_SERVER 只用于服务器端
6  #define UWM_CLIENT             WM_USER+100
7  #define UWM_SERVER             WM_USER+101
8  #define MAX_STR_LEN 32         //字符串参数（用户名，密码）的最大长度
9
10 #define MSG_NODEFINED          0XFF          //未定义的消息
11 #define MSG_NET_ERROR          0XFE          //网络错误消息
12 #define MSG_LOGIN              0X01          //客户端的登录消息
13 #define MSG_LOGIN_RETURN       0X02          //服务器端返回的登录消息
14 #define MSG_ADD_USER           0X03          //服务器端发送的添加用户消息
15 #define MSG_DEL_USER           0X04          //服务器端发送的删除用户消息
16 #define MSG_INVITE             0X05          //邀请对局消息
17 #define MSG_REFUSE             0X06          //拒绝邀请消息
18 #define MSG_AGREE              0X07          //同意邀请消息
19 #define MSG_CHANGE_STATE       0X08          //改变用户状态消息
20 #define MSG_TELL_COLOR         0X09          //通知猜先结果消息
21 #define MSG_GO                 0X0A          //下棋落子消息
22 #define MSG_WIN                0X0B          //客户端发送的赢棋消息
23 #define MSG_TELL_RESULT        0X0C          //服务器端发送的对局结果消息
24
25 //用户状态：分别是登录、就绪、下棋状态
26 enum class UserState { STATE_LOGIN = 0, STATE_READY, STATE_PLAYING};
27 //猜先结果：分别是猜到黑棋、猜到白棋
28 enum class GuessColor { COLOR_BLACK = 1, COLOR_WHITE };
29 //对局结果：分别是赢、输
30 enum class Result { RESULT_WIN = 1, RESULT_LOSE };
31
32 struct Msg {                   //所有消息的基类
33     UINT msgType;              //消息类别
34     Msg(UINT type = 0) :msgType(type) {}
35 };
36
```

```
37  struct NetError :public Msg    //网络错误消息，没有参数
38  {
39      NetError() :Msg(MSG_NET_ERROR) {}
40  };
41
42  // 客户端向服务器发送登录消息的参数，用户名和密码
43  struct ParamLogin
44  {
45      TCHAR strName[MAX_STR_LEN];        //用户名
46      TCHAR strPass[MAX_STR_LEN];         //密码
47      ParamLogin() {
48          memset(strName, 0, sizeof(TCHAR) * MAX_STR_LEN);
49          memset(strPass, 0, sizeof(TCHAR) * MAX_STR_LEN);
50      }
51      ParamLogin(CString name, CString pass) {
52          memset(strName, 0, sizeof(TCHAR) * MAX_STR_LEN);
53          memset(strPass, 0, sizeof(TCHAR) * MAX_STR_LEN);
54          memcpy(strName, name.GetBuffer(), name.GetLength() * sizeof(TCHAR));
55          memcpy(strPass, pass.GetBuffer(), pass.GetLength() * sizeof(TCHAR));
56      }
57  };
58  struct MsgLogin :public Msg                //客户端向服务器发送的登录消息
59  {
60      struct ParamLogin Param;
61      MsgLogin() :Msg(MSG_LOGIN) {}
62      MsgLogin(CString name, CString pass) :Msg(MSG_LOGIN), Param(name, pass) {}
63  };
64
65  //客户端发送登录消息后，服务器返回给客户端消息发送是否成功，参数是否成功
66  struct ParamLoginReturn                    //消息参数
67  {
68      BOOL    bSuccess;                      //成功为 true，失败为 false
69      ParamLoginReturn(BOOL success = FALSE) :bSuccess(success) {}
70  };
71  struct MsgLoginReturn :public Msg         //消息
72  {
73      struct ParamLoginReturn Param;
74      MsgLoginReturn() :Msg(MSG_LOGIN_RETURN) {}
75      MsgLoginReturn(BOOL success) :Msg(MSG_LOGIN_RETURN), Param(success) {}
76  };
77
78  //服务器向客户端发送添加用户消息，参数有用户名和用户状态
79  struct ParamAddUser                        //消息参数
```

```
80  {
81      TCHAR strName[MAX_STR_LEN];        //用户名
82      UserState uState;                  //用户状态
83      ParamAddUser(UserState state = UserState::STATE_READY) :uState(state)
84      {
85          memset(strName, 0, sizeof(TCHAR) * MAX_STR_LEN);
86      }
87      ParamAddUser(CString name, UserState state = UserState::STATE_READY):uState(state)
88      {
89          memset(strName, 0, sizeof(TCHAR) * MAX_STR_LEN);
90          memcpy(strName, name.GetBuffer(), name.GetLength() * sizeof(TCHAR));
91      }
92  };
93  struct MsgAddUser :public Msg {        //消息
94      struct ParamAddUser Param;
95      MsgAddUser() :Msg(MSG_ADD_USER) {}
96      MsgAddUser(CString name,UserState state):Msg(MSG_ADD_USER), Param(name,state){}
97  };
98
99  //服务器向客户端发送删除用户的消息，参数只需要用户名
100 struct ParamDelUser {                  //消息参数
101     TCHAR strName[MAX_STR_LEN];        //用户名
102     ParamDelUser()
103     {
104         memset(strName, 0, sizeof(TCHAR) * MAX_STR_LEN);
105     }
106     ParamDelUser(CString name)
107     {
108         memset(strName, 0, sizeof(TCHAR) * MAX_STR_LEN);
109         memcpy(strName, name.GetBuffer(), name.GetLength() * sizeof(TCHAR));
110     }
111 };
112 struct MsgDelUser :public Msg {        //消息
113     struct ParamDelUser Param;
114     MsgDelUser() :Msg(MSG_DEL_USER) {}
115     MsgDelUser(CString name) :Msg(MSG_DEL_USER), Param(name) {}
116 };
117
118 // 邀请对局消息，参数有用户名和对局用时
119 struct ParamInvite {                   //消息参数
120     TCHAR strName[MAX_STR_LEN];        //用户名
121     UINT nSecond;                      //对局用时
122     ParamInvite() :nSecond(0)
```

```
123         {
124             memset(strName, 0, sizeof(TCHAR) * MAX_STR_LEN);
125         }
126         ParamInvite(CString name, UINT second) :nSecond(second)
127         {
128             memset(strName, 0, sizeof(TCHAR) * MAX_STR_LEN);
129             memcpy(strName, name.GetBuffer(), name.GetLength() * sizeof(TCHAR));
130         }
131     };
132     struct MsgInvite :public Msg {                    //消息
133         struct ParamInvite Param;
134         MsgInvite() :Msg(MSG_INVITE) {}
135         MsgInvite(CString name, UINT second):Msg(MSG_INVITE),Param(name, second){}
136     };
137
138     //拒绝邀请消息，参数只有用户名
139     struct ParamRefuse {                              //消息参数
140         TCHAR strName[MAX_STR_LEN];       //用户名
141         ParamRefuse()
142         {
143             memset(strName, 0, sizeof(TCHAR) * MAX_STR_LEN);
144         }
145         ParamRefuse(CString name)
146         {
147             memset(strName, 0, sizeof(TCHAR) * MAX_STR_LEN);
148             memcpy(strName, name.GetBuffer(), name.GetLength() * sizeof(TCHAR));
149         }
150     };
151     struct MsgRefuse :public Msg {                    //消息
152         struct ParamRefuse Param;
153         MsgRefuse() :Msg(MSG_REFUSE) {}
154         MsgRefuse(CString name) :Msg(MSG_REFUSE), Param(name) {}
155     };
156
157     // 客户端发送同意邀请消息，参数有用户名和对局用时
158     struct ParamAgree {                               //消息参数
159         TCHAR strName[MAX_STR_LEN];       //用户名
160         UINT nSecond;
161         ParamAgree() :nSecond(0)
162         {
163             memset(strName, 0, sizeof(TCHAR) * MAX_STR_LEN);
164         }
165         ParamAgree(CString name, UINT second) :nSecond(second)
```

```
166         {
167             memset(strName, 0, sizeof(TCHAR) * MAX_STR_LEN);
168             memcpy(strName, name.GetBuffer(), name.GetLength() * sizeof(TCHAR));
169         }
170 };
171 struct MsgAgree :public Msg {                    //消息
172         struct ParamAgree Param;
173         MsgAgree() :Msg(MSG_AGREE) {}
174         MsgAgree(CString name, UINT second) :Msg(MSG_AGREE), Param(name, second) {}
175 };
176 
177 // 服务器发送改变用户状态的消息，参数有用户名和用户状态
178 struct ParamChangeState {                        //消息参数
179     TCHAR strName[MAX_STR_LEN];         //用户名
180     UserState uState;                            //用户状态
181     ParamChangeState() //:nState(UserState::STATE_LOGIN)
182     {
183             memset(strName, 0, sizeof(TCHAR) * MAX_STR_LEN);
184     }
185     ParamChangeState(CString name, UserState state) :uState(state)
186     {
187             memset(strName, 0, sizeof(TCHAR) * MAX_STR_LEN);
188             memcpy(strName, name.GetBuffer(), name.GetLength() * sizeof(TCHAR));
189     }
190 };
191 struct MsgChangeState :public Msg {              //消息
192         struct ParamChangeState Param;
193         MsgChangeState() :Msg(MSG_CHANGE_STATE) {}
194         MsgChangeState(CString name, UserState state):Msg(MSG_CHANGE_STATE), Param(name, state) {}
195 };
196 
197 // 服务器发送猜先结果消息，参数有用户名、猜先结果、用时
198 struct ParamTellColor {                          //消息参数
199         TCHAR strName[MAX_STR_LEN];     //用户名
200         GuessColor colorGuess;
201         UINT nSecond;
202         ParamTellColor() :nSecond(0)
203         {
204             memset(strName, 0, sizeof(TCHAR) * MAX_STR_LEN);
205         }
206         ParamTellColor(CString name, GuessColor color, UINT second)
                        :colorGuess(color), nSecond(second)
207         {
```

```
208                 memset(strName, 0, sizeof(TCHAR) * MAX_STR_LEN);
209                 memcpy(strName, name.GetBuffer(), name.GetLength() * sizeof(TCHAR));
210             }
211     };
212     struct MsgTellColor :public Msg {                  //消息
213         struct ParamTellColor Param;
214         MsgTellColor() :Msg(MSG_TELL_COLOR) {}
215         MsgTellColor(CString name, GuessColor color, UINT second)
                    :Msg(MSG_TELL_COLOR), Param(name, color, second) {}
216     };
217
218     // 下棋落子消息，参数有棋子的坐标
219     struct ParamGo {                                   //消息参数
220         UINT nCol;
221         UINT nRow;
222         ParamGo() = default;
223         ParamGo(UINT col, UINT row) :nCol(col), nRow(row){}
224     };
225     struct MsgGo :public Msg {                         //消息
226         struct ParamGo Param;
227         MsgGo() :Msg(MSG_GO) {}
228         MsgGo(UINT col, UINT row) :Msg(MSG_GO), Param(col, row) {}
229     };
230
231     // 客户端发送的赢棋消息，无参数
232     struct MsgWin :public Msg {
233         MsgWin() :Msg(MSG_WIN) {}
234     };
235
236     // 服务器发送的对局结果消息，参数是对局结果
237     struct ParamTellResult {                           //消息参数
238         Result    result;
239         ParamTellResult() = default;
240         ParamTellResult(Result r) :result(r) {}
241     };
242     struct MsgTellResult :public Msg {                 //消息
243         struct ParamTellResult Param;
244         MsgTellResult() : Msg(MSG_TELL_RESULT) {};
245         MsgTellResult(ParamTellResult result):Msg(MSG_TELL_RESULT),Param(result){}
246     };
```

第 6 行和第 7 行代码分别定义了客户端和服务器的用户自定义消息，用于向对话框类发送自定义消息（这个在后面要用到）。第 8 行代码定义的 MAX_STR_LEN 是登录消息参数（用

户名和密码）的最大长度。

第 10～23 行定义的是消息类别，其中第 12～15 行定义的四个消息是本小节将要用到的，分别是客户端发送给服务器的登录消息、服务器返回给客户端的登录消息、服务器发送给客户端的添加用户的消息和服务器发送给客户端的删除用户的消息。可以对照图 3-16 理解这些消息的含义，其他消息后面再详细解释。

第 26 行代码的枚举定义用户的三种状态，分别是登录、就绪和下棋。

第 28 行代码的枚举定义猜先的两种结果，分别是猜到黑棋和猜到白棋。

第 30 行代码的枚举定义下棋的两种结果，分别是赢棋和输棋。

第 32～35 行代码定义的 Msg 是所有消息的基类，Msg 只有一个表示消息类型的数据成员 msgType。

后面的代码就是各种消息的定义，每种消息都是先定义消息的参数，再定义消息（当然有些消息没有参数）。例如登录消息就是先在第 43～57 行定义登录消息的参数 ParamLogin，成员包含用户名和密码。然后在第 58～63 行定义登录消息本身 MsgLogin，它从 Msg 继承，包含一个 ParamLogin 类型的数据成员。

### 3.3.2　启动服务器

1. 添加 CServer 类和 CClient 类

在服务器项目 FiveServer 中添加 CServer 和 CClient 两个类。其中 CServer 类负责监听客户端的连接、收发消息的处理等服务器的工作，CClient 类主要用于保存客户端的信息，如用户名、用户状态、对局的对手以及对应的 socket 等。由于 CClient 类只有数据成员，没有成员函数，因此将其放在 CServer 类的头文件中，不再单独形成一个文件。

在项目 FiveServer 中添加 CServer 类，对应的头文件名和实现文件名分别是 Server.h 和 Server.cpp，在 Server.h 中输入如下代码。

```
1   #pragma once
2   #include<list>
3   #include<thread>
4   #include "Msg.h"
5   class CClient
6   {
7   public:
8       SOCKET m_Socket;                //与客户端通信的 socket
9       HANDLE m_hThread;               //接收客户端消息的线程句柄
10      CString m_strName;              //客户端的用户名
11      UserState    m_nState;          //客户端的状态
12      CClient* m_cltOpponent;         //下棋的对手
13  public:
14      CClient()
```

```
15        {
16            m_Socket = INVALID_SOCKET;
17            m_hThread = NULL;
18            m_nState = UserState::STATE_LOGIN;
19            m_strName.Empty();
20            m_cltOpponent = NULL;
21        }
22        ~CClient()
23        {
24            if (m_hThread != NULL)
25            {
26                TerminateThread(m_hThread, 0);       //结束该客户端对应的线程
27                CloseHandle(m_hThread);              //关闭该客户端对应的线程句柄
28            }
29            if (m_Socket != INVALID_SOCKET)
30            {
31                closesocket(m_Socket);               //关闭该客户端的 socket
32            }
33        }
34    };
35    class CServer
36    {
37    public:
38        SOCKET m_ListenSock;                         //监听客户端连接的 socket
39        HANDLE m_hThread;                            //监听客户端连接请求的线程句柄
40        HWND m_hWnd;                                 //接收自定义消息的窗口句柄
41        std::list<CClient*> m_ClientList;            //保存所有客户端的链表
42    public:
43        CServer();
44        virtual ~CServer();
45    };
```

第 5～34 行代码是 CClient 类的定义，属性分别是与客户端通信的 socket、接收客户端消息的线程句柄、客户端的用户名、状态和下棋对手，构造函数对这些属性进行初始化，析构函数释放资源（包括 socket 和线程句柄）。

第 35～45 行代码是 CServer 类的定义，属性有监听客户端连接的 socket、监听客户端连接请求的线程句柄、接收自定义消息的窗口句柄和保存所有客户端的链表。

在 Server.cpp 文件中给出 CServer 类的构造函数和析构该函数，代码如下。

```
1    #include "pch.h"
2    #include "Server.h"
3    #include "FiveServer.h"
4    CServer::CServer() :m_ListenSock(0), m_hWnd(NULL), m_hThread(NULL)
```

```
 5  {
 6  }
 7
 8  CServer::~CServer()
 9  {
10      auto it = m_ClientList.begin();
11      while (it != m_ClientList.end())                //对链表遍历
12      {
13          CClient* pClient = *it;                     //取得链表中的一个元素
14          delete pClient;                             //释放 pClient
15          it++;
16      }
17      m_ClientList.clear();                           //清空链表
18      if (m_ListenSock != INVALID_SOCKET)
19          closesocket(m_ListenSock);                  //关闭监听 socket
20      TerminateThread(m_hThread, 0);                  //结束监听线程
21      CloseHandle(m_hThread);                         //关闭监听线程句柄
22  }
```

在构造函数中将属性初始化为 0 或 NULL。

在析构函数中，将 CServer 类占用的资源释放。首先第 10～16 行代码释放每个客户端占用的资源，然后第 18～21 行代码释放监听 socket 和监听线程占用的资源。

2. 修改 CFiveServerApp 类

在 CFiveServerApp 类中添加一个 CServer 类的成员。

打开 FiveServer.h 文件，在文件开始处添加如下文件的包含。

```
#include "Server.h"
```

在 CFiveServerApp 类中添加 CServer 类的成员 m_Server，代码如下。

```
public:
    CServer m_Server;
```

3. 添加“启动服务器”按钮的消息响应函数

为对话框类 CFiveServerDlg 的“启动服务器”按钮添加消息响应函数 OnBnClickedStart()，并添加如下代码。

```
1  void CFiveServerDlg::OnBnClickedStart()
2  {
3      // TODO: 在此添加控件通知处理程序代码
4      DWORD dwIP;                          //32 位无符号整数表示的 IP 地址
5      UpdateData(true);                    //将对话框控件中的值保存到控件关联变量中
6      m_IP.GetAddress(dwIP);               //获取 IP 地址
7      theApp.m_Server.sethWnd(this->GetSafeHwnd());
8      if(theApp.m_Server.startServer(dwIP, m_nPort))
```

```
 9        {
10            CButton* tmp = (CButton*)GetDlgItem(IDC_START);
11            tmp->EnableWindow(FALSE);      //将"启动服务器"按钮设置为禁止状态
12        }
13    }
```

当单击"启动服务器"按钮时，首先获取界面输入的IP地址和端口号，第6行代码调用CServer类的sethWnd()函数，将CServer类的m_hWnd设置为服务器对话框的句柄，以便后面在CServer类中向对话框发送自定义消息。第7行代码调用CServer类的startServer()函数（该函数在下文介绍）启动服务器。如果返回值为TRUE，则表示启动成功，将"启动服务器"按钮设置为禁止状态。函数sethWnd()和startServer()将在下文介绍。

4. 为CServer类添加函数

（1）添加sethWnd()和startServer()函数。在使用Winsock函数之前，要初始化Winsock DLL库。我们在创建项目时已经指定了对Windows套接字的支持，可以在CFiveServer类的InitInstance()函数中找到对应的如下代码。

```
if (!AfxSocketInit())
{
    AfxMessageBox(IDP_SOCKETS_INIT_FAILED);
    return FALSE;
}
```

如果在创建项目时忘了指定对Windows套接字的支持，我们也可以使用WSAStartup()函数完成Winsock DLL库的初始化工作，代码如下。

```
WSADATA wsaData = { 0 };
if (WSAStartup(MAKEWORD(2, 2), &wsaData) != NO_ERROR)
    return FALSE;
```

下面添加OnBnClickedStart()函数中用到的两个函数sethWnd()和startServer()，函数sethWnd()的代码如下。

```
1  //设置接收CServer类发送自定义消息的对话框
2  //hWnd:接收消息对话框的句柄
3  void CServer::sethWnd(HWND hWnd)
4  {
5      m_hWnd = hWnd;
6  }
```

函数startServer()的代码如下。

```
1  //启动服务器
2  //dwIP：IP地址；nPort：端口号
3  BOOL CServer::startServer(ULONG dwIP, WORD nPort)
4  {
5      m_ListenSock = socket(AF_INET, SOCK_STREAM, IPPROTO_TCP);      //创建套接字
```

```
6       if (m_ListenSock == INVALID_SOCKET)        //创建套接字失败
7       {
8           AfxMessageBox(_T("创建监听 socket 失败！"));
9           return FALSE;
10      }
11      sockaddr_in server={0};
12      server.sin_family = AF_INET;
13      server.sin_port = htons(nPort);
14      server.sin_addr.s_addr = htonl(dwIP);
15      //bind 将 IP 地址（包括使用的端口号）绑定到套接字 m_ListenSock 上
16      if (bind(m_ListenSock, (sockaddr*)&server, sizeof(server)) == SOCKET_ERROR)
17      {
18          AfxMessageBox(_T("端口绑定失败！"));
19          return FALSE;
20      }
21      //listen 让套接字处于监听状态，监听客户端发来的建立连接请求
22      if (listen(m_ListenSock, SOMAXCONN) == SOCKET_ERROR)
23      {
24          AfxMessageBox(_T("监听失败！"));
25          return FALSE;
26      }
27      //创建监听线程，线程函数名是 AccpThreadProc
28      m_hThread = CreateThread(NULL, 0, AccpThreadProc, this, 0, NULL);
29      return TRUE;
30  }
```

第 5 行代码调用 socket()函数创建一个 socket 对象。第 11～20 行代码将服务器的 IP 地址（包括使用的端口号等信息）绑定到套接字 m_ListenSock 上。sockaddr_in 是一个结构体，该结构体包含 IP 地址和端口号。参数 dwIP 和 nPort 使用的是主机字节序，在赋给结构体成员 sin._port 和 sin_addr.s_addr 时，要转换成网络字节序，函数 htons()和 htonl()可以完成这种转换工作。

第 22 行代码调用 listen()函数，使套接字 m_ListenSock 处于监听状态，这时就可以监听客户端的连接请求。

第 28 行代码调用 CreateThread()函数创建监听线程，第 3 个参数是线程函数名，第四个参数是传递给线程函数的参数，这里将 CServer 类对象的指针传给线程函数。

如果函数 startServer()成功创建 socket 套接字对象，并处于监听状态，则返回 TRUE；否则返回 FALSE。

（2）添加线程函数 AccpThreadProc()。线程函数可以是全局函数，也可以是类的成员函数，这里将线程函数定义为类的成员函数。如果线程函数作为类的成员函数，则必须定义成静态函数。

首先在 CServer 类中添加函数 AccpThreadProc()的声明如下。

```
static DWORD AccpThreadProc(LPVOID pParam);
```

然后在 Server.cpp 文件中给出函数 AccpThreadProc()的定义，代码如下。

```
1  //用于监听的线程函数，线程函数作为类的成员函数必须定义成静态函数
2  DWORD CServer::AccpThreadProc(LPVOID pParam)
3  {
4      CServer* thisServer = (CServer*)pParam;
5      while (TRUE) {
6          sockaddr_in clientAddr = { 0 };
7          int iLen = sizeof(sockaddr_in);
8          //accept()函数取出客户端请求连接队列中最前面的请求，并创建与该客户端通信的套接字
9          SOCKET accSock = accept(thisServer->m_ListenSock, (sockaddr*)&clientAddr, &iLen);
10         if (accSock == INVALID_SOCKET)
11         {
12             AfxMessageBox(_T("监听失败！"));
13             return 0;
14         }
16         CClient* pClient = new CClient();                    //创建一个 CClient 对象
17         pClient->m_Socket = accSock;
18         thisServer->m_ClientList.push_back(pClient);         //将 pClient 加到链表中
19         //对应每个客户端都有一个线程，负责与该客户端通信
20         pClient->m_hThread=CreateThread(NULL,0,RecvThreadProc,pClient,0,NULL);
21     }
22     return 0;
23 }
```

第 4 行代码将参数强制转换为 CServer 指针（因为参数传进来的就是 CServer 指针）。然后进入循环，等待客户端的连接，每当有客户端连接请求时，accept()函数就返回与这个客户端对应的 socket，以后与这个客户端的通信就由这个 socket 负责。

第 16～18 行代码创建一个 CClient 对象，并将这个 CClient 对象的地址添加到客户端链表中。第 20 行代码创建与该客户端通信的线程，线程函数是 RecvThreadProc()，传给线程函数的参数是这个 CClient 对象的指针。

服务器端监听客户端连接请求的工作已经完成，函数 RecvThreadProc()稍后再给出，下面先转到客户端项目，实现客户端登录功能。

### 3.3.3 客户端连接服务器

在上面的程序中，服务器已经做好准备，等待客户端的连接，下面要完成客户端连接服务器并登录的功能。先关闭所有标签，切换到客户端项目 FiveClient。

1. 添加 CClient 类

在客户端项目 FiveClient 中添加 CClient 类，CClient 类负责与服务器的通信，因此 CClient

类包含一个 SOCKET 成员。

在客户端中有“登录”对话框和对局对话框，在用户登录过程中，CClient 类收到服务器消息后需要给“登录”对话框发送自定义消息，而用户登录结束后，CClient 类收到服务器消息需要给对局对话框发送自定义消息。给哪个对话框发送消息，就要有哪个对话框的句柄。因此为 CClient 类添加窗口句柄成员，并添加 sethWnd()函数，用来给窗口句柄赋值。

CClient 类对应的头文件是 Client.h，实现文件是 Client.cpp，类的定义如下。

```
1  #pragma once
2  class CClient
3  {
4  public:
5          SOCKET m_Socket;
6          HWND m_hWnd;
7  public:
8          CClient();
9          ~CClient();
10         void sethWnd(HWND hWnd);
11 };
```

Client.cpp 文件中的代码如下。

```
1  #include "pch.h"
2  #include "Client.h"
3  CClient::CClient() :m_hWnd(NULL), m_Socket(INVALID_SOCKET)
4  {
5  }
6  CClient::~CClient()
7  {
8         if (m_Socket != INVALID_SOCKET)
9         {
10                closesocket(m_Socket);           //关闭该客户端的 socket
11        }
12 }
13 void CClient::sethWnd(HWND hWnd)
14 {
15        m_hWnd = hWnd;
16 }
```

2. 修改 CFiveClientApp 类

在 CFiveClientApp 类中添加一个 CClient 类型的成员，并添加文件包含。在 FiveClient.h 文件的开始处添加如下文件的包含。

```
#include "Client.h"
```

在 CFiveClientApp 类中添加如下 CClient 类型成员。

```
public:
    CClient m_Client;
```

3. 修改 CFiveClientDlg 类的初始化函数

修改 CFiveClientDlg 类的初始化函数 OnInitDialog()，修改部分的代码如下。

```
1  // TODO: 在此添加额外的初始化代码
2  m_strOpname = "Opname";
3  m_strMytime = "00:00:00";
4  m_strOptime = "00:00:00";
5  //在用户列表控件中插入两列
6  m_lstUser.InsertColumn(0, L"用户名", LVCFMT_CENTER, 120);
7  m_lstUser.InsertColumn(1, L"用户状态", LVCFMT_CENTER, 60);
8  CLoginDlg loginDlg(this);
9  //如果“登录”对话框返回 IDCANCEL，则退出程序
10 if (loginDlg.DoModal() == IDCANCEL)
11 {
12     CDialogEx::OnCancel();
13 }
14 m_strMyname = loginDlg.m_strName;                    //得到“登录”对话框输入的用户名
15 m_lstUser.InsertItem(0, m_strMyname);                //将自己添加到用户列表中
16 m_lstUser.SetItemText(0, 1, _T("Ready"));
17 UpdateData(false);
18 GetDlgItem(IDC_GIVEUP)->EnableWindow(FALSE);     //“认输”按钮设置为进制状态
19 return TRUE;  // 除非将焦点设置到控件中，否则返回 TRUE
```

如果“登录”对话框的返回值是 IDCANCEL，则退出程序。如果“登录”对话框的返回值不是 IDCANCEL，则表示登录成功，为对局对话框中的控件赋初值，自己的名字就是“登录”对话框的用户名。并将自己的名字和状态添加到用户列表中。

4. 修改“登录”按钮的消息响应函数

（1）修改“登录”对话框的初始化函数。在“登录”对话框的初始化函数中，增加设置 m_ClientSocket 窗口句柄的代码，修改后的代码如下。

```
1  BOOL CLoginDlg::OnInitDialog()
2  {
3      CDialogEx::OnInitDialog();
4      // TODO:  在此添加额外的初始化代码
5      m_ipServer.SetAddress(127, 0, 0, 1);
6      m_nServerPort = 4000;
7      m_strName = "Zhangsan";
8      m_strPass = "123456";
9      UpdateData(false);
10     theApp.m_Client.sethWnd(this->GetSafeHwnd());
11     return TRUE;
```

```
12                      // 异常: OCX 属性页应返回 FALSE
13 }
```

代码 this->GetSafeHwnd()获得“登录”对话框自己的窗口句柄，将 theApp.m_Client 的窗口句柄成员设置为登录对话框的窗口句柄，将来在 CClient 类中向对话框发送自定义消息时，就会发送给“登录”对话框。

（2）修改“登录”按钮的消息响应函数。修改“登录”按钮的消息响应函数，完成登录功能，修改后的代码如下。

```
1  void CLoginDlg::OnClickedLoginBtn()
2  {
3      // TODO: 在此添加控件通知处理程序代码
4      UpdateData(true);
5      DWORD dwIp;
6      m_ipServer.GetAddress(dwIp);
7      if (m_strName.IsEmpty() || m_strPass.IsEmpty() || m_nServerPort < 1000)
8      {
9          AfxMessageBox(_T("网络参数设置错误！"));
10         return;
11     }
12     GetDlgItem(IDC_LOGIN_BTN)->EnableWindow(FALSE);
13     SetWindowText(_T("登录中......"));
14     //调用 CClient 类的 Login()函数登录，成功返回 TRUE，失败返回 FALSE
15     if (!theApp.m_Client.Login(dwIp, m_nServerPort, m_strName, m_strPass))
16     {
17         GetDlgItem(IDC_LOGIN_BTN)->EnableWindow(TRUE);
18         SetWindowText(_T("登录对话框"));
19         AfxMessageBox(_T("连接服务器失败！"));
20         return;
21     }
22 }
```

首先检验登录对话框中输入的参数是否有效，如果有效则将“登录”按钮设置为禁止状态，将对话框标题设置为“登录中……”，然后调用 CClient 类的 Login()函数登录，如果登录失败，再恢复“登录”按钮的状态和对话框标题。

注意这里已经将原来的代码“CDialogEx::OnOK();”删除了，因此在这里没有关闭登录对话框，对话框是在登录成功后关闭的。

下面就为 CClient 类添加 Login()函数。

5. *在 CClient 类中添加 Login()函数*

首先在 Client.cpp 文件的开始处添加如下文件的包含。

```
#include "Msg.h"
```

然后为 CClient 类添加 Login()函数，代码如下。

```
1  //参数：服务器 IP 地址、端口号、用户名、密码
2  //返回：FALSE 表示连接服务器失败；TRUE 表示连接服务器成功
3  BOOL CClient::Login(DWORD dwIP, WORD wPort, CString strName, CString strPass)
4  {
5      m_Socket = socket(AF_INET, SOCK_STREAM, IPPROTO_TCP);
6      if (m_Socket == INVALID_SOCKET)
7      {
8          return   FALSE;
9      }
10     sockaddr_in server;
11     server.sin_family = AF_INET;
12     server.sin_port = htons(wPort);
13     server.sin_addr.s_addr = htonl(dwIP);
14     if (connect(m_Socket, (sockaddr*)&server, sizeof(sockaddr)) == SOCKET_ERROR)
15     {
16         closesocket(m_Socket);
17         return FALSE;
18     }
19     MsgLogin msg(strName, strPass);
20     int len = send(m_Socket, (char*)&msg, sizeof(msg), 0);
21     if (len == SOCKET_ERROR)
22     {
23         closesocket(m_Socket);
24         return FALSE;
25     }
26     //创建接收数据的线程
27     CreateThread(NULL, 0, RecvThreadProc, this, 0, NULL);
28     return TRUE;
29 }
```

第 5 行代码首先创建 socket。第 10～18 行代码连接服务器，首先为 sockaddr_in 结构体变量 server 赋值，然后调用 connect()函数连接服务器。如果连接服务器成功，则第 20 行代码调用 send()函数向服务器发送登录消息（登录消息就是 Msg.h 文件中定义的结构体 MsgLogin）。如果发送登录消息成功，则第 27 行代码创建接收服务器数据的线程，线程函数是 RecvThreadProc()，它是 CClient 类的静态成员函数，该函数的定义将在 3.3.5 小节中给出。

### 3.3.4 服务器处理 LOGIN 消息

上一小节已经完成了客户端向服务器端发送 MSG_LOGIN 消息，前面已经完成了在服务器端监听客户端连接功能，当有客户端连接时，就创建一个 CClient 对象，并加入 m_ClientList 链表。

服务器端收到 MSG_LOGIN 消息后，首先验证用户名和密码是否有效，如果有效则向客户端返回登录成功的消息，否则返回登录失败的消息。

1. 添加读取 socket 数据的函数

在 socket 通信中，使用 send()函数发送数据时，由于各种原因，网络实际发送时，可能会将两次发送的数据合并为一次发送，也可能将一次发送的数据分为多次发送。为避免接收数据一方收到不完整的消息，我们不直接使用 recv()函数，而是编写一个 RecvData()函数接收 socket 数据。

由于这个函数在服务器端和客户端都要使用，因此将 RecvData()函数也放在 common 文件夹中。

在项目 FiveServer 上右击，在弹出的快捷菜单中选择“添加”→“新建项”菜单项，选择“C++文件”，输入文件名 SocketIO.cpp，注意位置要选择 common 文件夹，单击“添加”按钮，完成函数的添加。按同样的步骤添加头文件 SocketIO.h。

在项目 FiveClient 中添加 SocketIO.cpp 和 SocketIO.h 这两个文件（右击项目名，在弹出的快捷菜单中选择“添加”→“现有项”菜单项）。

文件 SocketIO.h 的内容如下。

```
#pragma once
#include<WinSock2.h>
#pragma comment(lib, "ws2_32.lib")
int RecvData(SOCKET sock, char* buf, UINT len);
```

文件 SocketIO.cpp 的内容如下。

```
1  #include "pch.h"
2  #include "SocketIO.h"
3  int RecvData(SOCKET sock, char* buf, UINT len)
4  {
5      UINT offset = 0;
6      while (offset < len)
7      {
8          int nRecv = recv(sock, buf + offset, len - offset, 0);
9          if (SOCKET_ERROR == nRecv)          //网络出错
10             return -1;
11         if (0 == nRecv)                     //对方关闭连接
12             return 0;
13         offset += nRecv;
14     }
15     return 1;
16 }
```

变量 offset 表示已经接收的字节数，开始赋值为 0。第 6 行代码 while 的循环条件是已接收的字节数小于传递数据的实际字节数。在循环中将每次实际接收的字节数加到 offset 中，直到接收完所有数据。如果网络出错，则函数返回-1；如果服务器已关闭，则函数返回 0；如果成功接收全部数据，则函数返回 1。

2. 在服务器端的 CServer 类中添加函数

（1）添加接收数据的线程函数 RecvThreadProc()。在 CServer 类中添加静态成员函数 RecvThreadProc()，接收并处理客户端发来的消息，函数代码如下。

```
1  DWORD CServer::RecvThreadProc(LPVOID pParam)
2  {
3      CClient* thisClient = (CClient*)pParam;
4      while (TRUE)
5      {
6          UINT msgType = MSG_NODEFINED;   //消息类型
7          //接收消息类型，如果接收失败，则将客户端做离线处理
8          if(RecvData(thisClient->m_Socket,(char*)&msgType, sizeof(msgType)) <= 0)
9          {
10             theApp.m_Server.ClientOffline(thisClient);
11             return 0;
12         }
13         switch (msgType)
14         {
15             case MSG_LOGIN:
16             {
17                 MsgLogin msg;     //如果是登录信息，则读取剩下的登录参数
18                 if (RecvData(thisClient->m_Socket, (char*)&msg.Param, sizeof(msg.Param)) <= 0)
19                 {
20                     theApp.m_Server.ClientOffline(thisClient);
21                     return 0;
22                 }
23                 MsgLoginReturn msgSend; //返回给客户端的登录结果消息
24                 msgSend.Param.bSuccess = theApp.m_Server.CheckUserInfo(msg.Param.strName,
                           msg.Param.strPass);
25                 int len = send(thisClient->m_Socket, (char*)&msgSend, sizeof(msgSend), 0);
26                 //如果发送消息失败，或者用户信息验证失败，则将该客户端做离线处理
27                 if ((len == SOCKET_ERROR)   || !msgSend.Param.bSuccess)
28                 {
29                     theApp.m_Server.ClientOffline(thisClient);
30                     return 0;
31                 }
32                 thisClient->m_strName.Format(_T("%s"), msg.Param.strName);
33                 thisClient->m_nState = UserState::STATE_READY;
34                 thisClient->m_cltOpponent = NULL;
35                 theApp.m_Server.AddClientFromOther(thisClient);
36                 theApp.m_Server.AddClientToOther(thisClient);
```

```
37                    UINT clients = theApp.m_Server.m_ClientList.size();
38                    CString strMsg = thisClient->m_strName + "登录";
39                    //向对话框发送自定义消息，更新客户端的个数和登录信息
40                    ::SendMessage(theApp.m_Server.m_hWnd, UWM_SERVER,
                            (LPARAM)UPDATE_CLIENTNUMBER, (WPARAM)&clients);
41                    ::SendMessage(theApp.m_Server.m_hWnd, UWM_SERVER,
                            (LPARAM)ADD_MESSAGE, (WPARAM)&strMsg);
42                    break;
43                }
44            }
45        }
46        return 0;
47    }
```

在线程函数中，通过 while 循环，不断地接收客户端的消息。第 8 行代码首先接收消息类型，如果接收失败，则将客户端做离线处理（调用 CServer 类的 ClientOffline()函数）。如果接收成功，则根据不同的消息继续读取对应的参数，这里只处理登录消息，其他消息的处理后面再逐个添加。

第 18 行代码接收登录参数，如果接收成功，再调用 CServer 类的 CheckUserInfo()函数验证用户的合法性，然后向客户端发送 MsgLoginReturn 消息，将验证结果发送给客户端。

如果登录成功，第 32～34 行代码继续完善新登录 CClient 对象的数据成员，如用户名、用户状态和下棋对手等。

第 35 行代码调用 CServer 类的 AddClientFromOther()函数，将已经登录的客户端发送给新登录的客户端，第 36 行代码调用 AddClientToOther()函数，将新登录的客户端发送给所有已经登录的客户端。

第 40 和 41 行代码向对话框发送自定义消息，更新已登录客户端的个数和显示相应的信息。

在 RecvThreadProc()函数中调用的 CheckUserInfo()、AddClientFromOther()、AddClientToOther()和 ClientOffline()函数，稍后将给出定义。

函数中还用到了两个消息类型 UPDATE_CLIENTNUMBER 和 ADD_MESSAGE，也将其定义在 Msg.h 文件中，代码如下。

```
#define UPDATE_CLIENTNUMBER          0X01
#define ADD_MESSAGE                  0X02
```

（2）添加 CheckUserInfo()函数。函数 CheckUserInfo()用来验证用户信息的合法性，代码如下。

```
1  // 验证用户信息，只要不重名就通过
2  BOOL CServer::CheckUserInfo(CString strName, CString strPass)
3  {
4      std::list<CClient*> ::iterator it;
5      for (it = m_ClientList.begin(); it != m_ClientList.end(); it++)
```

```
6        {
7              CClient* pClient = *it;
8              if (pClient->m_strName == strName)
9              {
10                   return FALSE;
11             }
12       }
13       return TRUE;
14 }
```

这里我们只检查用户名是否与已登录的用户名重名，如果找到已登录的同名用户，则函数返回 FALSE，否则返回 TRUE。

（3）添加 AddClientFromOther()函数。函数 AddClientFromOther()将已登录客户端的用户名和用户状态发送给新客户端，代码如下。

```
1  //将已经登录的客户端发送给自己
2  void CServer::AddClientFromOther(CClient* pNewClient)
3  {
4        std::list<CClient*> ::iterator it;
5        for (it = m_ClientList.begin(); it != m_ClientList.end(); it++)
6        {
7              CClient* pClient = *it;
8              if (pClient != pNewClient)    //不向自己发送命令
9              {
10                   MsgAddUser msg(pClient->m_strName, pClient->m_nState);
11                   send(pNewClient->m_Socket, (char*)&msg, sizeof(msg), 0);
12             }
13       }
14 }
```

循环遍历 m_ClientList，对于 m_ClientList 中的每一个客户端，使用该客户端的用户名和用户状态构造 MsgAddUser 对象，然后将这个对象发送给新登录的客户端。

（4）添加 AddClientToOther()函数。函数 AddClientToOther()将新登录客户端的用户名和用户状态发送给已登录的客户端，代码如下。

```
1  //将新登录客户端添加到已登录的客户端
2  void CServer::AddClientToOther(CClient* pNewClient)
3  {
4        MsgAddUser msg(pNewClient->m_strName, pNewClient->m_nState);
5        std::list<CClient*> ::iterator it;
6        for (it = m_ClientList.begin(); it != m_ClientList.end(); it++)
7        {
8              CClient* pClient = *it;
9              if (pClient != pNewClient)    //不向自己发送命令
10             {
```

```
11                    send(pClient->m_Socket, (char*)&msg, sizeof(msg),0);
12                }
13            }
14    }
```

使用新客户端的用户名和用户状态构造 MsgAddUser 对象，然后循环遍历 m_ClientList，将 MsgAddUser 对象发送给 m_ClientList 中的每一个客户端。

（5）添加 ClientOffline()函数。函数 ClientOffline()完成客户端下线的处理，参数 pClient 为下线的客户端指针，代码如下。

```
1   //客户端下线的处理，参数 pClient 指向下线的客户端指针
2   void CServer::ClientOffline(CClient* pClient)
3   {
4       //如果不是登录状态，则要将其从其他客户端删除，并向对话框发送自定义消息
5       //登录状态的客户端，还没有加到其他客户端中，无须删除处理
6       if (pClient->m_nState != UserState::STATE_LOGIN)
7       {
8           DeleteClientFromOther(pClient);
9           //向对话框发送自定义消息，更新客户端的个数和离线信息
10          UINT clients = theApp.m_Server.m_ClientList.size()-1;
11          CString strMsg = pClient->m_strName + "下线";
12          ::SendMessage(theApp.m_Server.m_hWnd, UWM_SERVER,
                        (LPARAM)UPDATE_CLIENTNUMBER, (WPARAM)&clients);
13          ::SendMessage(theApp.m_Server.m_hWnd, UWM_SERVER,
                        (LPARAM)ADD_MESSAGE, (WPARAM)&strMsg);
14      }
15      RemoveClient(pClient);          //将该客户端从客户端链表中删除
16      delete pClient;
17  }
```

当客户端下线时，如果该客户端处于登录状态，那么只需要调用 RemoveClient()函数将该客户端从链表中移出，再删除就可以了。否则该客户端已经添加到其他客户端的用户列表中，还需要调用 DeleteClientFromOther()函数向其他客户端发送删除消息，并向对话框发送自定义消息，更新已登录客户端个数，以及显示相关信息。

函数 DeleteClientFromOther()和 RemoveClient()在下面给出。

（6）添加 DeleteClientFromOther()函数。函数 DeleteClientFromOther()向所有已登录的客户端发送删除消息，将参数客户端从用户列表中删除，代码如下。

```
1   //向所有已登录客户端发送消息，将参数客户端从用户列表中删除
2   void CServer::DeleteClientFromOther(CClient* pClient)
3   {
4       std::list<CClient*> ::iterator it;
5       MsgDelUser msg(pClient->m_strName);
```

```
6        for (it = m_ClientList.begin(); it != m_ClientList.end(); it++)
7        {
8            CClient* pc = *it;
9            if (pc != pClient)   //不向自己发送命令
10           {
11               send(pc->m_Socket, (char*)&msg, sizeof(msg),0);
12           }
13       }
14   }
```

首先使用要删除客户端的用户名构造 MsgDelUser 对象，然后遍历 m_ClientList，将这个对象发送给每个已登录客户端。

（7）添加 RemoveClient()函数。函数 RemoveClient()将参数客户端从客户端链表 m_ClientList 中删除，代码如下。

```
1  //将参数客户端从客户端链表中删除
2  void CServer::RemoveClient(CClient* pClient)
3  {
4      std::list<CClient*> ::iterator it;
5      for (it = m_ClientList.begin(); it != m_ClientList.end(); it++)
6      {
7          CClient* pc = *it;
8          if (pc == pClient)
9          {
10             m_ClientList.erase(it);
11             break;
12         }
13     }
20 }
```

首先在 m_ClientList 中找到客户端 pClient，然后将其从 m_ClientList 中删除。

3. 在对话框类中添加消息响应函数

在前面定义的 CServer 类的 RecvThreadProc()函数中，向对话框发送了 UWM_SERVER 自定义消息，下面在对话框类 CFiveServerDlg 中添加这个自定义消息的响应函数。

（1）添加 OnServerMsg()函数。首先在 CFiveServerDlg 类中添加成员函数，代码如下。

```
afx_msg LRESULT OnServerMsg(WPARAM wParam, LPARAM lParam);
```

然后在 FiveServerDlg.cpp 文件中添加 OnServerMsg()函数的定义，代码如下。

```
1  //wParam:消息类型；lParam：消息参数
2  LRESULT CFiveServerDlg::OnServerMsg(WPARAM wParam, LPARAM lParam)
3  {
4      UINT msgType = (UINT)wParam;
5      switch (msgType)
```

```
6       {
7           case UPDATE_CLIENTNUMBER:          //更新登录客户端的数量
8           {
9               UINT* pSize = (UINT*)lParam;
10              m_strClientNumber.Format(_T("已连接用户数：%d"), *pSize);
11              UpdateData(FALSE);
12              break;
13          }
14          case ADD_MESSAGE:                  //添加消息说明
15          {
16              CString* strMsg = (CString*)lParam;
17              int len = m_edtMessage.GetWindowTextLength();
18              m_edtMessage.SetSel(len, len);
19              m_edtMessage.ReplaceSel(*strMsg + _T("\r\n"));
20              break;
21          }
22      }
23      return 0;
24  }
```

如果消息类型是 UPDATE_CLIENTNUMBER（函数的第一个参数），则第二个参数是已登录用户数，最后更新已登录用户数控件的值。

如果消息类型是 ADD_MESSAGE，则第二个参数是要显示的字符串，最后这个字符串添加在显示消息控件的最后。

由于在服务器运行期间，m_edtMessage 中的数据会不停地增加，因此，当 m_edtMessage 的长度 len 超出某个规定的数值时，可将前面的部分数据删除，这里没有加入对应的代码，感兴趣的读者可以自己实现。

（2）添加消息映射。在 FiveServerDlg.cpp 文件中找到消息映射的代码处，添加如下第 6 行代码。

```
1 BEGIN_MESSAGE_MAP(CFiveServerDlg, CDialogEx)
2     ON_WM_SYSCOMMAND()
3     ON_WM_PAINT()
4     ON_WM_QUERYDRAGICON()
5     ON_BN_CLICKED(IDC_START, &CFiveServerDlg::OnBnClickedStart)
6     ON_MESSAGE(UWM_SERVER, OnServerMsg)
7 END_MESSAGE_MAP()
```

第 6 行消息映射代码的含义就是一旦收到 WM_SERVER 消息，就调用 OnServerMsg()函数。

### 3.3.5　客户端处理服务器消息

前面的程序由服务器向客户端发送了 MSG_LOGIN_RETURN、MSG_ADD_USER 和

MSG_DEL_USER 等消息，下面在客户端接收这些消息后并进行相应处理。

首先关闭所有标签，以下对 FiveClient 项目进行操作。

1. 在 CClient 类中添加函数

（1）添加线程函数。在 CClient 类中添加静态成员函数 RecvThreadProc()，作为接收消息的线程函数，代码如下。

```
1  //接收服务器数据的线程函数，它是类的静态成员函数
2  DWORD CClient::RecvThreadProc(LPVOID pParam)
3  {
4      CClient* thisClient = (CClient*)pParam;
5      while (true)
6      {
7          UINT msgType = MSG_NODEFINED;
8          if (RecvData(thisClient->m_Socket, (char*)&msgType, sizeof(msgType))<=0)
9          {
10             thisClient->ProcessNetError();          //处理网络错误
11             return 0;                               //一旦网络出错，退出循环，结束线程
12         }
13         switch (msgType)
14         {
15             case MSG_LOGIN_RETURN:          //登录返回
16             {
17                 MsgLoginReturn    msg;
18                 if (RecvData(thisClient->m_Socket, (char*)&msg.Param, sizeof(msg.Param)) <= 0)
19                 {
20                     thisClient->ProcessNetError();
21                     return 0;
22                 }
23                 if (msg.Param.bSuccess)   //登录成功
24                     ::SendMessage(thisClient->m_hWnd, UWM_CLIENT,
                               (LPARAM)msg.msgType, (WPARAM)&msg.Param);
25                 else    //登录失败，退出循环，结束线程
26                 {
27                     closesocket(thisClient->m_Socket);
28                     ::SendMessage(thisClient->m_hWnd, UWM_CLIENT,
                               (LPARAM)msg.msgType, (WPARAM)&msg.Param);
29                     return 0;
30                 }
31                 break;
32             }
33             case MSG_ADD_USER:  //添加用户
34             {
35                 MsgAddUser msg;
```

```
36                    if (RecvData(thisClient->m_Socket, (char*)&msg.Param, sizeof(msg.Param)) <= 0)
37                    {
38                        thisClient->ProcessNetError();
39                        return 0;
40                    }
41                    ::SendMessage(thisClient->m_hWnd, UWM_CLIENT,
                                  (LPARAM)msg.msgType, (WPARAM)&msg.Param);
42                    break;
43                }
44                case MSG_DEL_USER:          //删除用户
45                {
46                    MsgDelUser msg;
47                    if (RecvData(thisClient->m_Socket, (char*)&msg.Param, sizeof(msg.Param)) <= 0)
48                    {
49                        thisClient->ProcessNetError();
50                        return 0;
51                    }
52                    ::SendMessage(thisClient->m_hWnd, UWM_CLIENT,
                                  (LPARAM)msg.msgType, (WPARAM)&msg.Param);
53                    break;
54                }
55            }
56        }
57        return 0;
58    }
```

在 While 循环中，首先接收消息类型，如果接收服务器数据失败，则调用 ProcessNetError()函数进行错误处理。如果接收服务器数据成功，则根据消息类型读取消息的参数。

第 15～32 行处理登录返回消息，如果登录成功，则向“登录”对话框发送自定义消息。如果登录失败，则先关闭 Cocket，再向“登录”对话框发送自定义消息。

向“登录”对话框发送自定义消息使用 SendMessage()函数完成，其第一个参数是发送目标窗口句柄，如果 m_hWnd 是“登录”对话框的句柄，则向其发送消息，如果 m_hWnd 是对局对话框的句柄，则向其发送消息；第二个参数是消息的 ID（在 Msg.h 文件中定义的 UWM_CLIENT）；第三、第四个参数是用于传递数据的两个参数，这里传递的分别是消息类型和消息参数。

在前面的程序中，在“登录”对话框的初始化函数中已将 CClient 类的成员 m_hWnd 设置为登录对话框，因此此时的消息发送给了“登录”对话框。“登录”对话框接收到登录成功的消息后，会将 CClient 类的成员 m_hWnd 设置为对局对话框，以后的消息都会发送到对局对话框。

第 33～43 行代码处理添加用户消息，第 44～54 行代码处理删除用户消息，都是接收消息参数后直接发送自定义消息给对话框（对局对话框），由对话框类处理这些消息。

由于函数中用到了 RecvData()函数，所以在 Client.cpp 文件中添加如下文件的包含。

```
#include "SocketIO.h"
```

（2）添加函数 ProcessNetError()。在上面的线程函数中，调用 ProcessNetError()函数处理网络错误，下面给出函数 ProcessNetError()的定义。

```
1  // 处理网络错误
2  void CClient::ProcessNetError()
3  {
4        closesocket(m_Socket);
5        NetError msg;
6        ::SendMessage(m_hWnd, UWM_CLIENT, (LPARAM)msg.msgType, (WPARAM)0);
7  }
```

这个函数比较简单，首先关闭 socket，然后向对话框发送网络错误消息。

2. 为“登录”对话框类添加自定义消息响应函数

在上面的程序中，我们通过 SendMessag()函数向对话框发送自定义消息，下面就在“登录”对话框接收 CClient 类发送过来的自定义消息。

要响应自定义消息，首先在 CLoginDlg 类中添加函数声明，格式如下。

```
afx_msg LRESULT OnClientMsg(WPARAM wParam, LPARAM lParam);
```

然后添加函数的定义，代码如下。

```
1   //自定义消息响应函数
2   LRESULT CLoginDlg::OnClientMsg(WPARAM wParam, LPARAM lParam)
3   {
4         UINT msgType = (UINT)wParam;
5         switch (msgType) {
6               case MSG_LOGIN_RETURN:
7               {
8                     ParamLoginReturn* param = (ParamLoginReturn*)lParam;
9                     BOOL bResult = param->bSuccess;
10                    if (bResult == FALSE)
11                    {           //登录失败，恢复对话框状态，以便再次登录
12                          GetDlgItem(IDC_LOGIN_BTN)->EnableWindow(TRUE);
13                          SetWindowText(_T("登录对话框"));
14                          MessageBox(_T("用户验证失败！"), _T("提示"), MB_OK);
15                    }
16                    else
17                    {//登录成功，将 CClient 发送消息的目标设置为对局对话框，并关闭登录对话框
18                          theApp.m_Client.sethWnd(m_pParent->GetSafeHwnd());
19                           ::PostMessage(this->GetSafeHwnd(), WM_COMMAND,
                                          MAKEWPARAM(IDOK, BN_CLICKED), NULL);
20                    }
```

```
21                break;
22            }
23            case MSG_NET_ERROR:
24            {
25                MessageBox(_T("服务器失去连接！ "), _T("提示"), MB_OK);
26                break;
27            }
28        }
29        return TRUE;
30    }
```

函数 OnClientMsg()的两个参数就是在 CClient 类中调用 SendMessage()函数的第三、第四个参数。

如果是登录消息，则有登录验证成功和登录验证失败两种情况，如果登录验证失败，则关闭 socket。如果登录验证成功，则将 theApp.m_Client 的句柄成员设置为对局对话框的句柄，之后发送消息就发送给对局对话框。

第 19 行代码调用 PostMessage()函数向自己（“登录”对话框）发送消息，第二个参数是消息类型，第三个参数表示的是 IDOK 按钮的单击事件，所以这一行代码是发送关闭对话框的消息，对话框关闭后的返回值是 IDOK。

如果是网络错误消息，则只需要显示一个“服务器失去连接！”信息框。

自定义消息响应函数除声明和定义外，还要添加消息映射代码。找到 LoginDlg.cpp 文件中的 BEGIN_MESSAGE_MAP 代码块，添加如下第 3 行代码。

```
1  BEGIN_MESSAGE_MAP(CLoginDlg, CDialogEx)
2      ON_BN_CLICKED(IDC_LOGIN_BTN, &CLoginDlg::OnClickedLoginBtn)
3      ON_MESSAGE(UWM_CLIENT, OnClientMsg)
4  END_MESSAGE_MAP()
```

### 3. 为对局对话框类添加自定义消息响应函数

（1）添加自定义消息响应函数。与“登录”对话框一样，首先在对局对话框 CFiveClientDlg 类中添加函数声明，格式如下。

```
afx_msg LRESULT OnClientMsg(WPARAM wParam, LPARAM lParam);
```

然后在 FiveClientDlg.cpp 文件中给出函数的定义，代码如下。

```
LRESULT CFiveClientDlg::OnClientMsg(WPARAM wParam, LPARAM lParam)
{
    UINT msgType = (UINT)wParam;
    switch (msgType)
    {
        case MSG_NET_ERROR:                    //网络错误
        {
            m_lstUser.DeleteAllItems();        //删除所有用户
```

```
                MessageBox(_T("服务器失去连接！"), _T("提示"), MB_OK);
                break;
            }
            case MSG_ADD_USER:            //添加用户
            {
                ParamAddUser* pParam = (ParamAddUser*)lParam;
                AddUser(pParam->strName, pParam->uState);
                break;
            }
            case MSG_DEL_USER:            //删除用户
            {
                ParamDelUser* pParam = (ParamDelUser*)lParam;
                DelUser(pParam->strName);
                break;
            }
        }
        return TRUE;
}
```

OnClientMsg()函数的第一个参数是消息类型，目前这里暂时处理三种消息，即添加用户（MSG_ADD_USER）、删除用户（MSG_DEL_USER）和网络错误（MSG_NET_ERROR）。如果是网络错误，则直接删除所有用户。如果是添加用户或删除用户，则将函数的第二个参数转化为对应的消息参数，然后分别调用 AddUser()函数和 DelUser()函数完成添加用户和删除用户的工作，这两个函数稍后给出。

找到 FiveClientDlg.cpp 文件的 BEGIN_MESSAGE_MAP 处，添加如下第 5 行代码。

```
1  BEGIN_MESSAGE_MAP(CFiveClientDlg, CDialogEx)
2      ON_WM_SYSCOMMAND()
3      ON_WM_PAINT()
4      ON_WM_QUERYDRAGICON()
5      ON_MESSAGE(UWM_CLIENT, OnClientMsg)
6  END_MESSAGE_MAP()
```

最后在 FiveClientDlg.cpp 文件的开始处添加如下文件的包含。

```
#include "Msg.h"
```

（2）添加 OnClientMsg()函数中用到的两个函数。在上面的 OnClientMsg()函数中调用了 AddUser()和 DelUser()等函数，下面就在 CFiveClientDlg 类中添加这两个函数。

由于用户所处的状态在网络传输时使用整数表示（参见结构体 ParamAddUser），而在客户端要显示为字符串，为了处理方便，在 FiveClientDlg 类中加入一个字符串数组成员。

```
CString m_strState[3] = { _T("Login"),_T("Ready"),_T("Playing") };
```

函数 AddUser()将新用户添加到用户列表的最后，代码如下。

```
1  void CFiveClientDlg::AddUser(CString strName, User nState)
2  {
3      // TODO: 在此处添加实现代码
4      int itemCount = m_lstUser.GetItemCount();
5      m_lstUser.InsertItem(itemCount, strName);
6      m_lstUser.SetItemText(itemCount, 1, m_strState[(int)nState]);
7  }
```

第 4 行代码获取原来用户列表中的行数，第 5 行代码将新用户添加到用户列表的最后，第 6 行代码为用户列表的状态列赋值。

函数 DelUser ()在用户列表中删除参数指定的用户，代码如下。

```
1  void CFiveClientDlg::DelUser(CString strName)
2  {
3      int itemCount = m_lstUser.GetItemCount();
4      for (int i = 0; i < itemCount; i++) {
5          CString name = m_lstUser.GetItemText(i, 0);
6          if (strName == name) {
7              m_lstUser.DeleteItem(i);
8              break;
9          }
10     }
11 }
```

在 for 循环中找到用户名为 strName 的用户，然后将其删除。

最后，在 FiveClientDlg.h 文件中加入以下文件的包含。

```
#include "Msg.h"
```

编译运行程序，启动服务器，然后运行多个客户端程序并登录。在服务器端可以看到已登录客户端的信息，在客户端的用户列表中也可以看到所有已登录的客户端。如图 3-19 所示是有三个客户端登录的服务器端运行界面。

客户端启动后，首先出现如图 3-20 所示的“登录”对话框。

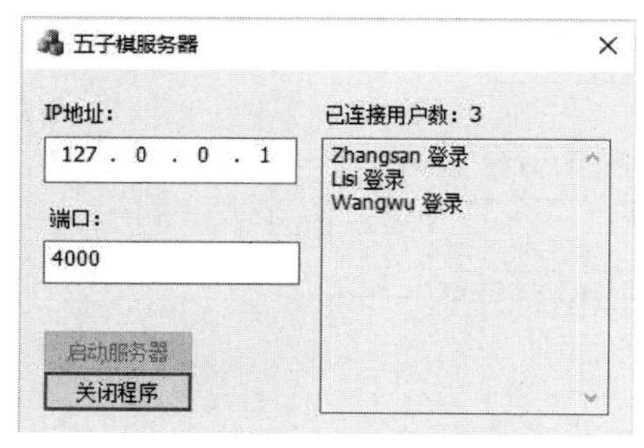


图 3-19　服务器端运行界面

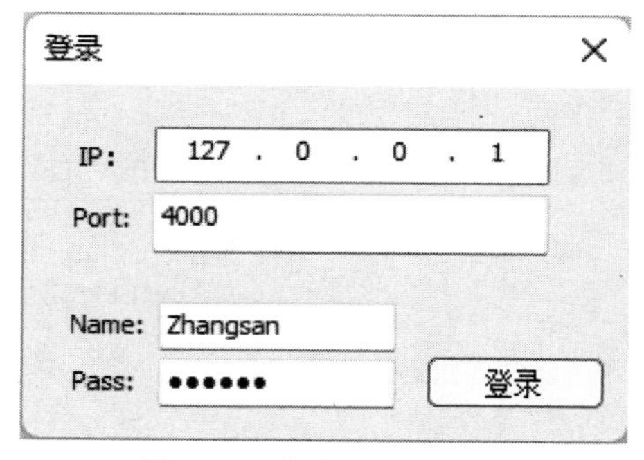


图 3-20　客户端登录界面

在“登录”对话框中输入服务器的 IP 地址、服务器的端口号、用户名和密码，单击“登录”按钮，出现对局对话框。如图 3-21 所示是有三个客户端登录的情况下，其中一个客户端的运行界面。另外两个客户端的运行界面相同，只是自己的名字以及用户列表的顺序不同。

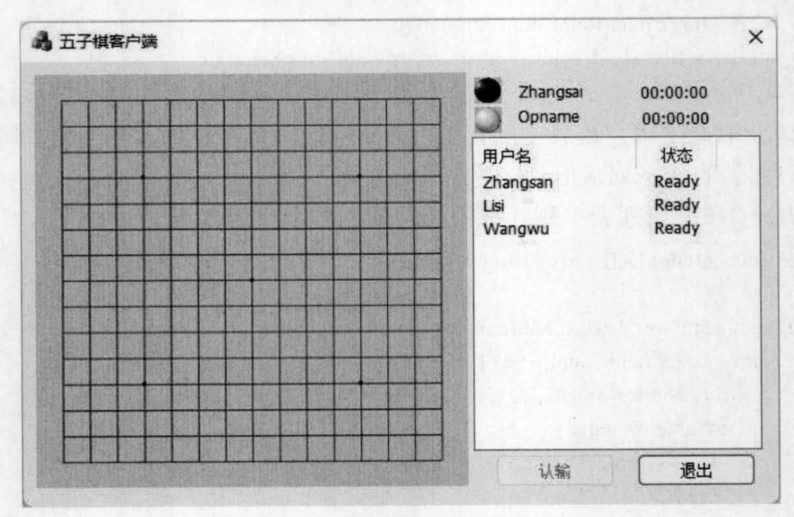


图 3-21　客户端运行界面

邀请对局

## 3.4 邀请对局

登录服务器之后，用户可以在用户列表中选择一个对手，然后右击，在弹出的快捷菜单中选择“申请对局”菜单项，邀请该用户下棋，对手可以同意或拒绝邀请。

拒绝邀请的处理流程如图 3-22 所示。

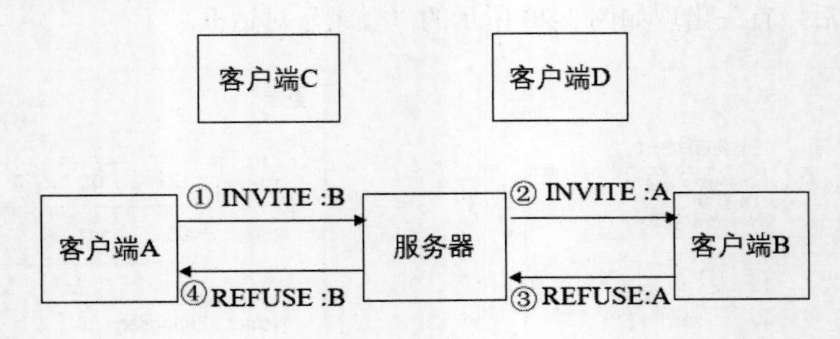


图 3-22　拒绝邀请的处理流程

假设客户端 A 邀请客户端 B 下棋，第一步，客户端 A 向服务器发送 INVITE 消息；第二步，服务器向客户端 B 发送 INVITE 消息，通知有客户端 A 邀请其下棋；第三步，客户端 B 选择拒绝邀请，向服务器发送 REFUSE 消息，表明拒绝；第四步，服务器向客户端 A 发送 REFUSE 消息，通知客户端 B 拒绝了邀请；最后客户端收到 REFUSE 消息后，显示一个 B 拒绝了邀请的信息框。在整个过程中，只涉及 A 和 B 两个客户端，对其他客户端没有影响。

同意邀请的处理流程如图 3-23 所示。

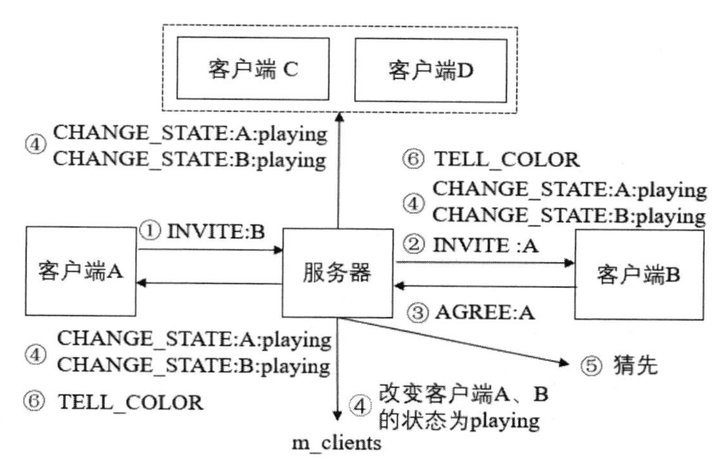


图 3-23　同意邀请的处理流程

假设客户端 A 邀请客户端 B 下棋，前两步与拒绝邀请的情况相同，第三步，客户端 B 选择同意邀请，向服务器发送 AGREE 消息，表明同意与客户端 A 下棋；第四步，服务器向所有客户端发送 CHANGE_STATE 消息，将客户端用户列表中的客户端 A 和客户端 B 的状态改为 playing，同时也将 m_clients 中两个客户的状态改为 playing；第五步，服务器负责随机猜先；第六步，服务器分别向客户端 A 和客户端 B 发送 TELL_COLOR 消息，通知两个客户端的猜先结果；最后客户端收到猜先结果消息后，在客户端对话框的右侧上方显示对手的名字和对局的时间，根据猜先结果正确设置黑白头像，设置下棋过程中用到的几个变量的值，准备下棋。

### 3.4.1　客户端发出邀请

#### 1. 添加菜单资源

我们采用右击用户列表中的某个用户名、在弹出的快捷菜单中选择菜单项的方式邀请某个用户下棋，因此首先要添加菜单资源。

在解决方案资源管理器中选择“资源视图”，然后在项目 FiveClient 上右击，在弹出的快捷菜单中选择“添加”→“资源”菜单项，在“添加资源”对话框的左侧选择 Menu，单击“新建”按钮，添加一个菜单资源。

将菜单的 ID 改为 IDR_POPUP_MENU，如图 3-24（a）所示，然后在菜单资源中添加一个菜单标题 popup1，在其下面添加一个菜单项“邀请对局”，ID 为 ID_POPUP_INVITE，如图 3-24（b）。

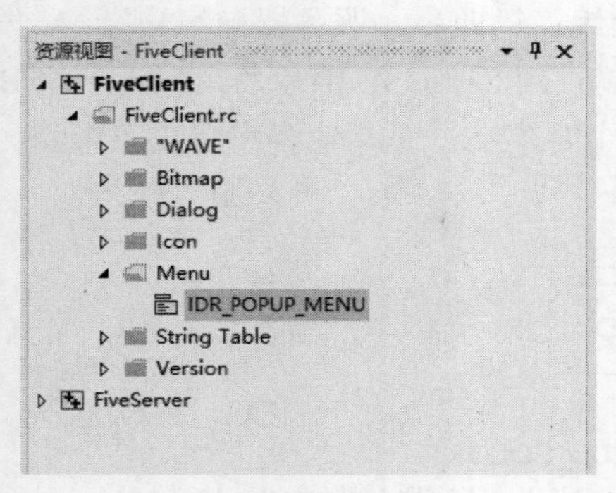


（a）更改菜单 2D

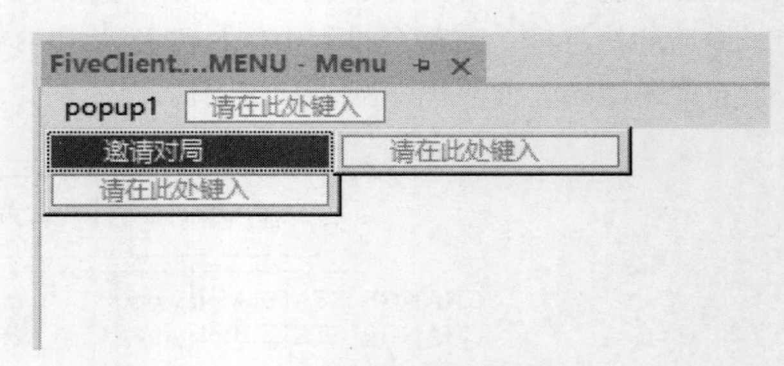


（b）添加菜单和菜单项

图 3-24　添加菜单资源

**注意：**菜单有一个属性“弹出菜单”，如果将它设置为 true，则表示它下面有一个子菜单（它本身实际是一个菜单的标题），例如上面的菜单中，popup1 的“弹出菜单”属性就设置为 true；如果这个属性设置为 false，则表示它是一个菜单项，例如上面的菜单中，“邀请对局”的“弹出菜单”属性就设置为 false。

2. 显示快捷菜单

在用户列表的某一项上右击，出现快捷菜单，因此需要响应列表控件的鼠标右击事件。

在解决方案资源管理器中选择“类视图”，然后选中 CFiveClientDlg，在“属性”窗口中选择“事件”标签，找到列表控件 IDC_USER_LIST，选中其中的 NM_RCLICK 事件（鼠标右击事件），单击右侧的下拉按钮，选择<Add> OnNMRClickUserList，则在 CFiveClientDlg 类中添加了函数 OnNMRClickUserList()（注意：不同版本的 VS，这个函数名可能略有不同），如图 3-25 所示。

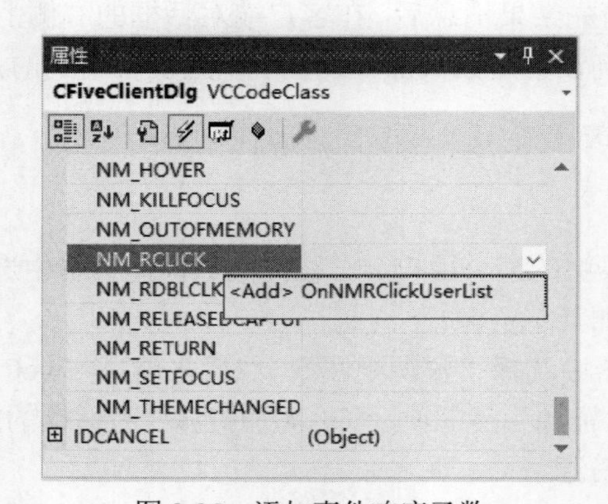


图 3-25　添加事件响应函数

事件响应函数也可以使用类向导添加， OnNMRClickUserList()函数的代码如下。

```
1  void CFiveClientDlg::OnNMRClickUserList(NMHDR* pNMHDR, LRESULT* pResult)
2  {
3      LPNMITEMACTIVATE pNMItemActivate = reinterpret_cast<LPNMITEMACTIVATE>(pNMHDR);
4      NM_LISTVIEW* pNMListView = (NM_LISTVIEW*)pNMHDR;
5      if (pNMListView->iItem != -1)
6      {
7          CMenu menu;
8          if (menu.LoadMenu(IDR_POPUP_MENU))
9          {
10             CMenu* pPopup = menu.GetSubMenu(0);// 第一个菜单，序号是 0
11             CPoint point;
12             GetCursorPos(&point);  //API 函数，获取鼠标点的坐标
13             pPopup->TrackPopupMenu(TPM_LEFTALIGN | TPM_RIGHTBUTTON,
                                       point.x, point.y, this);
14         }
15     }
16     *pResult = 0;
17 }
```

OnNMRClickUserList()函数的参数 pNMHDR 是消息传递进来的上下文参数，pResult 是用来传递消息处理的结果。

NMHDR 是一个结构体，定义如下。

```
typedef struct tagNMHDR {
    HWND hwndFrom;      //控件的句柄
    UINT idFrom;        //控件的 ID
    UINT code;          //通知代码，即消息类型
} NMHDR;
```

NM_LISTVIEW 也是一个结构体，用于存储列表视图的通知消息的有关信息，定义如下。

```
typedef struct tagNM_LISTVIEW{
    NMHDR   hdr;            //标准的 NMHDR 结构
    int   iItem;            //列表项的索引（行号），若为-1 则无效
    int   iSubItem;         //子项的索引（列号），若为 0 则无效
    UINT   uNewState;       //项的新状态
    UINT   uOldState;       //项原来的状态
    UINT   uChanged;        //取值与 LV_ITEM 的 mask 成员相同，用来表明哪些状态发生了变化
    POINT   ptAction;       //事件发生时鼠标的客户区坐标
    LPARAM   lParam;        //32 位的附加数据
    NM_LISTVIEW;
```

由于 NM_LISTVIEW 的第一个元素就是 NMHDR，第 4 行代码将 NMHDR*强制转换为 NM_LISTVIEW，NM_LISTVIEW 的元素 iItem 表示右击的是哪一行，如果是-1，则代表没有

在某一行右击，也就是在其他区域右击了。

第 8 行代码加载菜单资源。第 10 行代码获取菜单资源中的第一个菜单的指针。第 13 行代码调用函数 TrackPopupMenu()，在指定的位置（参数 point.x, point.y）显示弹出式菜单，并跟踪用户在弹出式菜单中选择的菜单项，第一个参数为弹出式菜单的显示风格和鼠标按钮风格。菜单的显示风格有三种选择，鼠标按钮风格有两种选择，分别如下。

TPM_CENTERALIGN：弹出式菜单的水平中心为 point.x。

TPM_LEFTALIGN：弹出式菜单的左边位于 point.x。

TPM_RIGHTALIGN：弹出式菜单的右边位于 point.x。

TPM_LEFTBUTTON：弹出式菜单跟踪鼠标左键。

TPM_RIGHTBUTTON：弹出式菜单跟踪鼠标右键。

参数 this 为弹出式菜单的父窗口指针，本例中的 this 是主对话框（对局对话框）窗口的指针，表示弹出式菜单是主窗口的子窗口。

此时重新编译运行程序，在用户列表中右击某个用户名，就会弹出上面设计的快捷菜单。但选择“邀请对局”菜单项，还没有任何反应，因为还没有添加菜单的消息响应函数。

3. 添加快捷菜单的消息响应函数

下面使用类向导添加“邀请对局”菜单项的消息响应函数。在解决方案资源管理器中选择“类视图”，找到 CFiveClientDlg，右击，在弹出的快捷菜单中选择“类向导”，打开类向导对话框。确保项目为 FiveClient，类是 CFiveClientDlg，在“命令”标签下，选中菜单的 ID “ID_POPUP_INVITE”，再选中右侧的消息 COMMAND，如图 3-26 所示。单击“添加处理程序”按钮，添加 COMMAND 消息的响应函数（处理程序）OnPopupInvite()（可以使用默认的函数名，也可以修改成其他名字，这里我们使用默认的函数名 OnPopupInvite）。

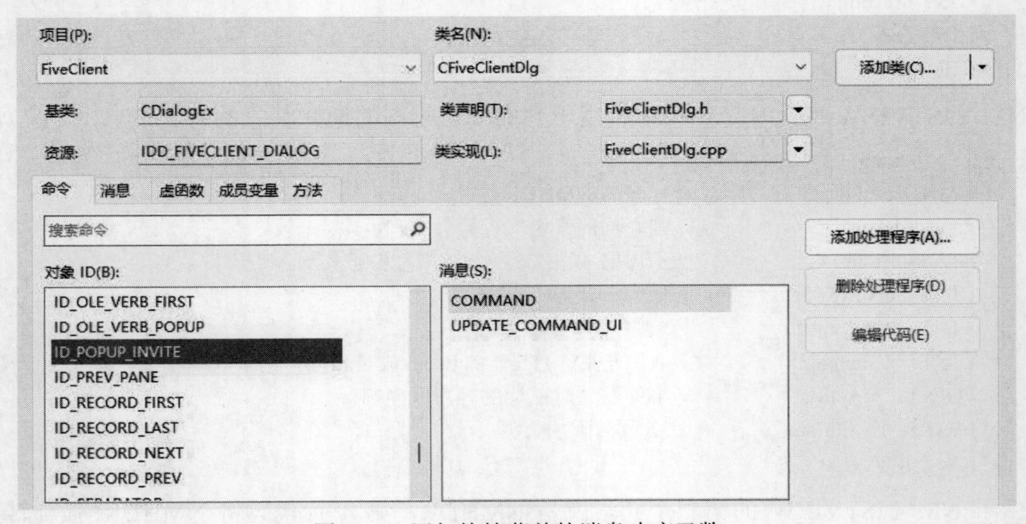


图 3-26　添加快捷菜单的消息响应函数

在函数 OnPopupInvite()中添加如下代码。

```
1  void CFiveClientDlg::OnPopupInvite()
2  {
3      CString myState = m_lstUser.GetItemText(0, 1); //获取自己的状态
4      if (myState == m_strState[(int)UserState::STATE_PLAYING])
5      {
6          AfxMessageBox(L"下棋状态不能再邀请！");
7          return;
8      }
9      POSITION pos = m_lstUser.GetFirstSelectedItemPosition();
10     int nId = (int)m_lstUser.GetNextSelectedItem(pos);
11     CString userName = m_lstUser.GetItemText(nId, 0);
12     CString userState = m_lstUser.GetItemText(nId, 1);
13     if ((userName == m_strMyname) || (userState != m_strState[(int)UserState::STATE_READY]))
14     {
15         AfxMessageBox(L"请不要选择自己，也不要选择非 ready 状态的对手！");
16         return;
17     }
18     else
19     {
20          CInviteDlg dlg;
21          dlg.m_nTimeLimit = 300;          //对局用时，默认每方 300 秒
22         if (dlg.DoModal() == IDOK)
23         {
24             theApp.m_Client.SendInviteMsg(userName, dlg.m_nTimeLimit);
25         }
26     }
27 }
```

OnPopupInvite()函数首先获取自己的状态，如果自己正处于下棋状态，则禁止邀请功能。然后获取选中用户的用户名和用户状态，如果选中的用户是自己或选中的用户处于下棋状态，则不能发出邀请。

在发出邀请之前，弹出一个对话框 CInviteDlg，用于输入对局用时，然后调用 CClient 类的 SendInviteMsg()函数向服务器发送邀请命令。对话框 CInviteDlg 和 SendInviteMsg()函数在稍后给出。

4. 添加对话框资源

在解决方案资源管理器中选择“资源视图”，在 FiveClient 项目上右击，在弹出的快捷菜单中选择“添加”→“资源”菜单项，然后在“添加资源”对话框中选择 Dialog，单击“新建”按钮，将对话框的 ID 改为 IDD_INVITE_DLG，标题改为“对局邀请”。

在原有两个按钮的基础上，添加一个静态文本控件和一个编辑框控件。静态文本控件的文

字描述改为“请输入对局用时（秒）”，将编辑框控件的 ID 改为 IDC_TIMELIMIT_EDIT，最终效果如图 3-27 所示。

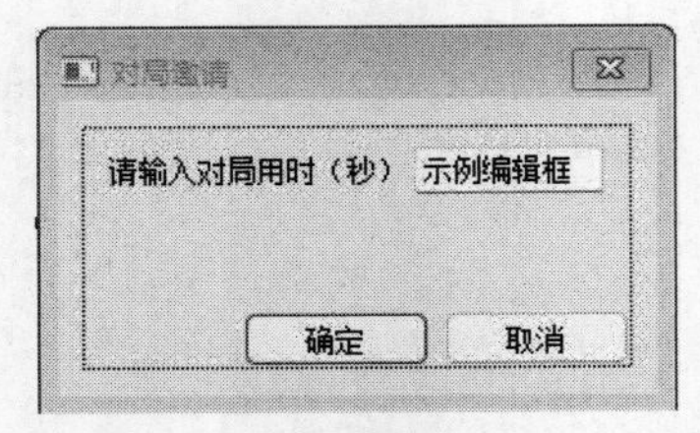


图 3-27 “对局邀请”对话框

5. 实现邀请对话框的功能

（1）为对话框资源添加类。程序中的每个对话框都要有一个类用来管理，下面首先为对话框 IDD_INVITE_DLG 添加类。

在对话框资源上右击，在弹出的快捷菜单中选择“添加类”菜单项，打开“添加 MFC 类”对话框，输入类的名字 CInviteDlg，文件名分别为 InviteDlg.h 和 InviteDlg.cpp，如图 3-28 所示。单击“确定”按钮，完成类的添加。

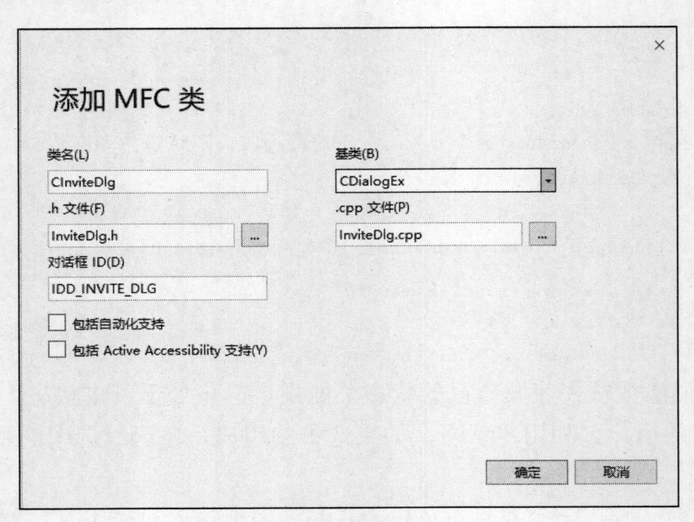


图 3-28 为对话框添加类

（2）为编辑框控件添加关联变量。为了方便获取编辑框中用户输入的时间，我们使用类向导为编辑框控件添加控件关联变量 m_nTimeLimit，类型为 UINT。

最后在 FiveClientDlg.cpp 文件的开始位置加入如下文件的包含。

```
#include "InviteDlg.h"
```

6. 在 CClient 类中添加函数

为 CClient 类添加 SendInviteMsg()函数，向服务器发送邀请对局的消息，代码如下。

```
1  //功能：向服务器发送邀请对局的消息
2  //strName：被邀请的用户名；nTimeLimit：对局用时（秒）
3  void CClient::SendInviteMsg(CString strName, UINT nTimeLimit)
4  {
5      MsgInvite msg(strName, nTimeLimit);
6      int len = send(m_Socket, (char*)&msg, sizeof(msg),0);
7      if (len == SOCKET_ERROR)
8      {
9          ProcessNetError();
10     }
11 }
```

SendInviteMsg()函数首先构造结构体变量 msg，然后调用 send()函数向服务器发送消息。

### 3.4.2 服务器处理 INVITE 消息

前面的程序已经完成了客户端向服务器发送邀请对局的消息，下面完成服务器收到邀请对局消息的处理。为避免写错文件，首先将 FiveClient 项目下的所有文件关闭。

服务器收到邀请对局消息后，主要任务就是向被邀请的客户端发送邀请消息。

在 CServer 类的 RecvThreadProc()函数中加入处理邀请对局的程序分支。前面已经处理了登录消息，在其下方增加一个 case 分支，处理邀请对局消息，代码如下。

```
1  case MSG_INVITE:
2  {
3      MsgInvite Msg;    //如果是登录信息，则读取剩下的登录参数
4      if (RecvData(thisClient->m_Socket, (char*)&Msg.Param, sizeof(Msg.Param))<=0)
5      {
6          theApp.m_Server.ClientOffline(thisClient);
7          return 0;
8      }
9      CString strOppname;
10     std::list<CClient*>::iterator it;
11     for (it = theApp.m_Server.m_ClientList.begin(); it != theApp.m_Server.m_ClientList.end(); it++)
12     {
13         CClient* pClient = *it;
14         if (pClient->m_strName == Msg.Param.strName)   //找到被邀请的客户端
15         {
16             //向被邀请的客户端发送邀请消息
17             MsgInvite msgSend(thisClient->m_strName, Msg.Param.nSecond);
18             int len=send(pClient->m_Socket,(char*)&msgSend,sizeof(msgSend),0);
19             if (len == SOCKET_ERROR)
20             {
21                 theApp.m_Server.ClientOffline(thisClient);
22                 return 0;
```

```
23                  }
24                  strOppname = pClient->m_strName;
25                  break;
26              }
27          }
28          //向对话框发送自定义消息，显示登录信息
29          CString strMsg = thisClient->m_strName + "邀请"+ strOppname +"对局";
30          ::SendMessage(theApp.m_Server.m_hWnd, UWM_SERVER,
                          (LPARAM)ADD_MESSAGE, (WPARAM)&strMsg);
31          break;
32  }
```

在第 11～27 行循环中，首先在 m_ClientList 中找到被邀请的客户端，然后向该客户端发送邀请对局消息，最后第 30 行代码向服务器对话框发送自定义消息 UWM_SERVER，显示邀请下棋的信息。

### 3.4.3 客户端处理 INVITE 消息

现在回到客户端程序，当客户端收到邀请对局的消息后，会显示一个信息框，通知有用户邀请其对局，是否同意，用户选择同意或拒绝后，向服务器发送接受或拒绝对局的消息。

在 CClient 类的 RecvThreadProc()函数中接受消息并处理。前面已经处理了 MSG_ADD_USER 和 MSG_DEL_USER 等消息，在其下方增加一个 CASE 分支处理 MSG_INVITE 消息，代码如下。

```
1   case MSG_INVITE:     //邀请对局
2   {
3       MsgInvite msg;
4       if(RecvData(thisClient->m_Socket, (char*)&msg.Param, sizeof(msg.Param))<=0)
5       {
6           thisClient->ProcessNetError();
7           return 0;
8       }
9       CString strMsg;
10      strMsg.Format(_T("%s  邀请你对局，用时:%dL 秒，是否同意？"),
                                   msg.Param.strName, msg.Param.nSecond);
11      int res = AfxMessageBox(strMsg, MB_YESNO, NULL);
12      if (res == IDYES)  //同意对局
13      {
14          MsgAgree msgSend(msg.Param.strName, msg.Param.nSecond);
15          if(send(thisClient->m_Socket, (char*)&msgSend,
                                   sizeof(msgSend),0) == SOCKET_ERROR)
16          {
17              thisClient->ProcessNetError();
```

```
18                  return 0;
19              }
20          }
21          else                            //拒绝对局
22          {
23              MsgRefuse msgSend(msg.Param.strName);
24              if(send(thisClient->m_Socket, (char*)&msgSend,
                                    sizeof(msgSend),0) == SOCKET_ERROR)
25              {
26                  thisClient->ProcessNetError();
27                  return 0;
28              }
29          }
30          break;
31  }
```

第 11 行代码弹出一个信息框，显示某个用户邀请其对局，是否同意。如果选择同意，则向服务器发送同意对局消息，消息的参数有两个，分别是对方的用户名和对局用时；否则向服务器发送拒绝对局的消息，消息参数只有一个，就是对方的用户名。

**技巧：**在工程的资源 String Table 里面添加 AFX_IDS_APP_TITLE，然后设置其值为“信息框”，就可以将 AfxMessageBox()函数的标题改为“信息框”。

### 3.4.4 服务器处理同意或拒绝对局的消息

切换到服务器端，当服务器收到拒绝对局的消息时，只需要向被拒绝的客户端发送拒绝对局的消息即可。当服务器收到同意对局的消息时，要将这两个客户端的状态设置为 STATE_PLAYING，再向所有客户端发送 MSG_CHANGE_STATE 消息，将这两个客户端的状态改为 STATE_PLAYING，最后随机猜先，并将猜先结果分别发送给两个客户端。

1. 服务器收到拒绝对局消息

在 CServer 类的 RecvThreadProc()函数中，加入处理拒绝对局消息的分支，代码如下。

```
1   case MSG_REFUSE:            //拒绝对局
2   {
3       MsgRefuse Msg;   //读取剩下的删除参数
4       if (RecvData(thisClient->m_Socket,(char*)&Msg.Param, sizeof(Msg.Param))<=0)
5       {
6           theApp.m_Server.ClientOffline(thisClient);
7           return 0;
8       }
9       CString    strOppname;
10      std::list<CClient*>::iterator it;
11      for (it = theApp.m_Server.m_ClientList.begin();
```

```
                            it != theApp.m_Server.m_ClientList.end(); it++)
12        {
13            CClient* pClient = *it;
14            if (pClient->m_strName == Msg.Param.strName)//找到被拒绝的客户端
15            {
16                strOppname = pClient->m_strName;
17                //向被拒绝的客户端发送拒绝对局的消息
18                MsgRefuse msgSend(thisClient->m_strName);
19                int len=send(pClient->m_Socket,(char*)&msgSend,sizeof(msgSend),0);
20                if (len == SOCKET_ERROR)
21                {
22                    theApp.m_Server.ClientOffline(pClient);
23                    break;
24                }
25            }
26        }
27        //向对话框发送自定义消息，显示拒绝对局信息
28        CString strMsg = thisClient->m_strName + "拒绝" + strOppname + "的对局邀请";
29        ::SendMessage(theApp.m_Server.m_hWnd, UWM_SERVER,
                                    (LPARAM)ADD_MESSAGE, (WPARAM)&strMsg);
30        break;
31    }
```

在第 11～26 行的循环中，找到被拒绝的客户端，向其发送拒绝对局的消息。如果发送数据失败，则将该客户端做离线处理。第 29 行代码向对话框发送自定义消息，显示拒绝对局的信息。

2. 服务器收到同意对局消息

（1）添加处理同意对局消息的分支。在 CServer 类的 RecvThreadProc()函数中，加入处理同意对局消息的分支，代码如下。

```
1   case MSG_AGREE:     //同意对局
2   {
3       MsgAgree Msg;     //读取剩下的删除参数
4       if(RecvData(thisClient->m_Socket, (char*)&Msg.Param, sizeof(Msg.Param)) <= 0)
5       {
6           theApp.m_Server.ClientOffline(thisClient);
7           return 0;
8       }
9       //1：将两个用户的状态设置为 playing
10      //2：将两个客户端相互设置为对手
11      std::list<CClient*>::iterator it;
12      bool isReady = false;                    //对方目前是否为就绪状态
13      for (it = theApp.m_Server.m_ClientList.begin(); it != theApp.m_Server.m_ClientList.end(); it++)
```

```
14      {
15          CClient* pClient = *it;
16          if (pClient->m_strName == Msg.Param.strName)            //找到被同意的客户端
17          {
18              if(pClient->m_nState == UserState::STATE_READY)   //对方仍然是就绪状态
19              {
20                  thisClient->m_nState = UserState::STATE_PLAYING;
21                  pClient->m_nState = UserState::STATE_PLAYING;
22                  thisClient->m_cltOpponent = pClient;
23                  pClient->m_cltOpponent = thisClient;
24                  isReady = true;                    //找到对方，且是就绪状态
25              }
26              break;
27          }
28      }
29      if (!isReady)
30        break;
31      //3：向所有客户端发送命令改变这两个用户的状态为 playing
32      theApp.m_Server.ChangeState(thisClient);
33      theApp.m_Server.ChangeState(thisClient->m_cltOpponent);
34      //4：猜先
35      unsigned random;
36      srand(time(0));
37      random = rand() % 2;   //随机数为奇数 random 是 1，随机数为偶数 random 是 0
38      GuessColor color1, color2;
39      if (random == 0)
40      {
41          color1 = GuessColor::COLOR_BLACK;
42          color2 = GuessColor::COLOR_WHITE;
43      }
44      else
45      {
46          color1 = GuessColor::COLOR_WHITE;
47          color2 = GuessColor::COLOR_BLACK;
48      }
49      MsgTellColor msgSend1(thisClient->m_cltOpponent->m_strName, color1, Msg.Param.nSecond);
50      int len = send(thisClient->m_Socket, (char*)&msgSend1, sizeof(msgSend1), 0);
51      if (len == SOCKET_ERROR)
52      {
53          theApp.m_Server.ClientOffline(thisClient);
54      }
55      MsgTellColor msgSend2(thisClient->m_strName, color2, Msg.Param.nSecond);
```

```
56        len = send(thisClient->m_cltOpponent->m_Socket, (char*)&msgSend2, sizeof(msgSend2), 0);
57        if (len == SOCKET_ERROR)
58        {
59            theApp.m_Server.ClientOffline(thisClient->m_cltOpponent);
60        }
61      //向对话框发送自定义消息，显示猜先结果
62        CString strMsg = thisClient->m_strName + "猜到";
63        strMsg += (color1== GuessColor::COLOR_BLACK)? "黑棋":"白棋";
64        strMsg += thisClient->m_cltOpponent->m_strName;
65        strMsg += "猜到";
66        strMsg += (color2 == GuessColor::COLOR_BLACK) ? "黑棋" : "白棋";
67        ::SendMessage(theApp.m_Server.m_hWnd, UWM_SERVER,
                                (LPARAM)ADD_MESSAGE, (WPARAM)&strMsg);
68        break;
69  }
```

在第13～28行的循环中，先找到被同意的客户端，如果该客户端仍是就绪状态，则将两个对局客户端的状态设置为STATE_PLAYING，并互为对手，最后将isReady赋值为true。

第32行代码调用ChangeState()函数，向所有客户端发送改变thisClient客户端状态的消息。ChangeState()函数将在后面给出。

第33行代码调用ChangeState()函数，向所有客户端发送改变thisClient->m_cltOpponent客户端状态的消息。

第35～48行代码利用随机数模仿随机猜先，第50行代码向thisClient客户端发送猜先结果，第56行代码向thisClient的对手客户端发送猜先结果。

最后第67行代码向对话框发送自定义消息，显示猜先结果。

（2）添加函数ChangeState()。在CServer类中添加函数ChangeState ()，代码如下。

```
1   //由于参数客户端的状态改变要通知所有客户端
2   void CServer::ChangeState(CClient* theClient)
3   {
4       MsgChangeState Msg(theClient->m_strName, theClient->m_nState);
5       std::list<CClient*>::iterator it;
6       for (it = theApp.m_Server.m_ClientList.begin(); it != theApp.m_Server.m_ClientList.end(); it++)
7       {
8           CClient* pClient = *it;
9           int len = send(pClient->m_Socket, (char*)&Msg, sizeof(Msg), 0);
10          if (len == SOCKET_ERROR)        //发送消息失败，做离线处理
11          {
12              theApp.m_Server.ClientOffline(pClient);
13          }
14      }
15  }
```

通过循环，向每一个客户端发送 MsgChangeState 消息，如果发送消息失败，则将对应的客户端做离线处理。

### 3.4.5 客户端处理同意或拒绝对局的消息

前面服务器完成了向客户端发送改变用户状态、拒绝对局或同意对局消息的处理，下面完成客户端接收到改变用户状态、拒绝对局或同意对局消息的处理。

1. 处理 REFUSE 消息

找到客户端项目 Client 的 CClient 类，在函数 RecvThreadProc()中添加一个处理拒绝对局消息的分支，代码如下。

```
1  case MSG_REFUSE:
2  {
3       MsgRefuse msg;
4       if(RecvData(thisClient->m_Socket,(char*)&msg.Param, sizeof(msg.Param)) <= 0)
5       {
6            thisClient->ProcessNetError();
7            return 0;
8       }
9       CString strMsg;
10      strMsg.Format(_T("%s 拒绝了对局邀请"), msg.Param.strName);
11      AfxMessageBox(strMsg);
12      break;
13 }
```

第 4 行代码读取拒绝对局消息的参数，如果读取成功，则显示一个对局邀请被拒绝的信息框。

2. 处理 CHANGE_STATE 消息

（1）CClient 类添加处理 CHANGE_STATE 消息的分支。在 CClient 类的函数 RecvThreadProc()中添加一个处理改变用户状态的消息分支，代码如下。

```
1  case MSG_CHANGE_STATE:
2  {
3       MsgChangeState msg;
4       if(RecvData(thisClient->m_Socket, (char*)&msg.Param, sizeof(msg.Param)) <= 0)
5       {
6            thisClient->ProcessNetError();
7            return 0;
8       }
9       ::SendMessage(thisClient->m_hWnd, UWM_CLIENT,
                              (LPARAM)msg.msgType, (WPARAM)&msg.Param);
10      break;
11 }
```

成功读取改变用户状态消息的参数后，向对话框发送自定义消息，由对话框类处理改变用户状态的工作。

（2）CFiveClientDlg 类添加处理 CHANGE_STATE 消息的分支。首先在 CFiveClientDlg 类的 OnClientMsg()函数中添加一个处理 CHANGE_STATE 消息的分支，代码如下。

```
1  case MSG_CHANGE_STATE:
2  {
3       ParamChangeState* pParam = (ParamChangeState*)lParam;
4       ChangeState(pParam->strName, pParam->uState);
5       break;
6  }
```

第 4 行代码将需要改变用户状态的用户名和状态作为参数，调用 ChangeState()函数，完成改变用户状态的功能。

下面添加上述代码中调用的函数 ChangeState()，代码如下。

```
1  //功能：将第一个参数指定用户的状态设置为第二个参数指定用户的状态
2  void CFiveClientDlg::ChangeState(CString strName, UserState state)
3  {
4       int itemCount = m_lstUser.GetItemCount();
5       for (int i = 0; i < itemCount; i++)
6       {
7           CString name = m_lstUser.GetItemText(i, 0);
8           if (!name.Compare(strName))
9           {
10              m_lstUser.SetItemText(i, 1, m_strState[(int)state]);
11              break;
12          }
13      }
14 }
```

函数 ChangeState()首先通过用户名在用户列表中找到对应的用户，然后调用列表控件的 SetItemText()函数改变该用户的状态。

3. 处理 TELL_COLOR 消息

（1）CClient 类添加处理 TELL_COLOR 消息的分支。在 CClient 类的函数 RecvThreadProc()中添加一个处理 TELL_COLOR 消息的分支，代码如下。

```
1  case MSG_TELL_COLOR:
2  {
3       MsgTellColor msg;
4       if(RecvData(thisClient->m_Socket, (char*)&msg.Param, sizeof(msg.Param)) <= 0)
5       {
6           thisClient->ProcessNetError();
7           return 0;
```

```
8         }
9         ::SendMessage(thisClient->m_hWnd, UWM_CLIENT,
                                  (LPARAM)msg.msgType, (WPARAM)&msg.Param);
10        break;
11    }
```

成功读取 TELL_COLOR 消息的参数后，向对话框发送自定义消息，由对话框类处理猜先后的工作。

（2）CFiveClientDlg 类添加处理 TELL_COLOR 消息的分支。在 CFiveClientDlg 类中添加一个处理 TELL_COLORE 消息的分支，代码如下。

```
1   case MSG_TELL_COLOR:
2   {
3       ParamTellColor* pParam = (ParamTellColor*)lParam;
4       TellColor(pParam->strName, pParam->colorGuess, pParam->nSecond);
5       break;
6   }
```

将对手的用户名、猜到棋子的颜色和对局用时作为参数，调用 TellColor()函数，完成猜先后的工作。

添加上面调用的函数 TellColor()，代码如下。

```
1   //功能：完成猜先后的工作，参数为对手用户名、猜先结果、对局用时
2   void CFiveClientDlg::TellColor(CString strName, GuessColor color, UINT second)
3   {
4       SetOppName(strName);
5       //显示时间
6       m_nLimitTime = second;
7       SetMyTime(second);
8       SetOppTime(second);
9       //重新显示头像,并设置变量的值
10      m_board.isPlaying = true;
11      if (color == GuessColor::COLOR_BLACK)
12      {
13          m_board.isBlack = true;
14          m_board.isGoing = true;
15      }
16      else
17      {
18          m_board.isBlack = false;
19          m_board.isGoing = false;
20      }
21      SetPlayerIcon(m_board.isBlack);
22      m_board.reSet();
```

```
23          GetDlgItem(IDC_GIVEUP)->EnableWindow(TRUE);        //“认输”按钮设置为可用状态
24          GetDlgItem(IDCANCEL)->EnableWindow(FALSE);         //“退出”按钮设置为禁止状态
25  }
```

在 TellColor()函数中，第 4 行代码调用 SetOppName()函数，用来设置对手的用户名。第 7 行和第 8 行代码分别调用 SetMyTime()函数和 SetOppTime()函数，用来设置自己的用时和对手的用时。第 21 行代码调用 SetPlayerIcon()函数，用来设置自己和对手的头像。这些函数稍后给出具体代码。第 22 行代码调用棋盘类的 reSet()函数，用来清理棋盘上的棋子。

第 23 行和第 24 行代码将“认输”按钮设置为可用状态，将“退出”按钮设置为禁止状态。

函数中还用到了变量 m_nLimitTime，用于保存对局用时，它是 CFiveClientDlg 类中的数据成员。

在棋盘类中添加 reSet()函数，代码如下。

```
 1  //清理棋盘上的棋子
 2  void CBoard::reSet()
 3  {
 4      while (!chesses.empty())
 5      {
 6          CChess* ch = chesses.back();
 7          chesses.pop_back();
 8          delete ch;
 9      }
10      pDlg->Invalidate();
11  }
```

reSet()函数的作用就是清理棋盘上的棋子，准备好下棋。

（3）添加属性。后面要实现计时功能，我们将对局用时保存在 CFiveClientDlg 类的属性中，因此为对话框类添加属性 m_nLimitTime，代码如下。

```
UINT m_nLimitTime;          //对局用时
```

在下棋过程中，要用到一些状态变量，我们在棋盘类中添加以下几个属性，为了简单起见，将它们定义为 public 类型。

```
bool isPlaying;             //表示正在对局中
bool isGoing;               //表示该自己下棋
```

然后在构造函数中为这些属性初始化。

```
isPlaying = false;
isGoing = false;
```

将原来棋盘类的属性 isBlack 也改成 public 类型。

（4）为对话框类添加其他成员函数。下面为对局对话框类添加 TellColor()函数调用的几个函数，SetOppName()、SetMyTime()、SetOppTime()和 SetPlayerIcon()。

函数 SetOppName()将对手的用户名显示在对话框上，代码如下。

```
1  //功能：设置对手的用户名，参数 name 为对手的用户名
2  void CFiveClientDlg::SetOppName(CString name)
3  {
4      m_strOpname = name;
5      UpdateData(false);
6  }
```

函数 SetOppName()的参数就是对手的用户名。

函数 SetMyTime()和 SetOppTime()分别设置并显示自己对局的剩余时间和对手对局的剩余时间，函数 SetMyTime()的代码如下。

```
1//功能：设置并显示自己对局的剩余时间，参数 second 为剩余时间（秒）
2  void CFiveClientDlg::SetMyTime(UINT second)
3  {
4      int h = second / 3600;
5      int m = (second - 3600 * h) / 60;
6      int s = second - 3600 * h - 60 * m;
7      m_strMytime.Format(L"%d:%d:%d", h, m, s);
8      UpdateData(false);
9  }
```

函数 SetMyTime()的参数就是对手对局的剩余时间，单位是秒，函数中要将秒转换为“时:分:秒”的格式，显示在对话框中。

函数 SetOppTime()的代码如下。

```
1  //功能：设置并显示对手对局的剩余时间，参数 second 为剩余时间（秒）
2  void CFiveClientDlg::SetOppTime(UINT second)
3  {
4      int h = second / 3600;
5      int m = (second - 3600 * h) / 60;
6      int s = second - 3600 * h - 60 * m;
7      m_strOptime.Format(L"%d:%d:%d", h, m, s);
8      UpdateData(false);
9  }
```

函数 SetPlayerIcon()将自己和对手的头像显示在对话框上，代码如下。

```
1  //功能：设置自己和对手的头像，isBlack 表示自己是黑棋，值为真
2  void CFiveClientDlg::SetPlayerIcon(bool isBlack)
3  {
4      HBITMAP hBitmapBlack;
5      HBITMAP hBitmapWhite;
```

```
 6      hBitmapBlack = (HBITMAP)LoadImage(AfxGetInstanceHandle(),
            MAKEINTRESOURCE(IDB_BLACK), IMAGE_BITMAP, 0, 0, LR_LOADMAP3DCOLORS);
 7      hBitmapWhite = (HBITMAP)LoadImage(AfxGetInstanceHandle(),
            MAKEINTRESOURCE(IDB_WHITE), IMAGE_BITMAP, 0, 0, LR_LOADMAP3DCOLORS);
14      if (isBlack)
15      {
16          m_picMyicon.SetBitmap(hBitmapBlack);
17          m_picOpicon.SetBitmap(hBitmapWhite);
18      }
19      else
20      {
21          m_picMyicon.SetBitmap(hBitmapWhite);
22          m_picOpicon.SetBitmap(hBitmapBlack);
23      }
24  }
```

如果参数 isBlack 的值是 true，则表示自己猜到黑棋，将自己的头像显示为黑棋，将对手的头像显示为白棋；否则将自己的头像显示为白棋，将对手的头像显示为黑棋。

至此，邀请对局的功能已经完成，重新编译运行程序，测试一个用户发出对局邀请，另一个用户同意对局邀请后，会看到对话框中对手的用户名、每一方对局剩余时间和两个头像的变化。

完成下棋功能

## 3.5 完成下棋功能

两个客户端处于下棋状态后，客户端每下一个棋子，需要将棋子坐标发给服务器，服务器再转发给对方，在对方的棋盘上显示棋子。同时下棋后，还要判断是否赢棋，如果赢棋了，则向服务器发送赢棋消息，服务器再分别向双方发送消息，通知赢棋或输棋，客户端收到消息再进行处理。

假设客户端 A 与客户端 B 下棋，客户端 A 下棋后，处理流程如图 3-29 所示。

图 3-29 的上方显示，客户端 A 下棋后，通过 GO 消息将下棋消息发送给服务器，服务器再转发给客户端 B，这一过程与其他客户端无关。

图 3-29 的下方显示的是赢棋后的处理流程，客户端 A 赢棋后，向服务器发送 WIN 消息，然后服务器向所有客户端发送 CHANGE_SATATE 消息，修改这两个客户端的状态为 ready，服务器再向客户端 A 和客户端 B 发送 TELL_RESULT 消息，通知下棋结果。最后客户端做结束下棋的处理。

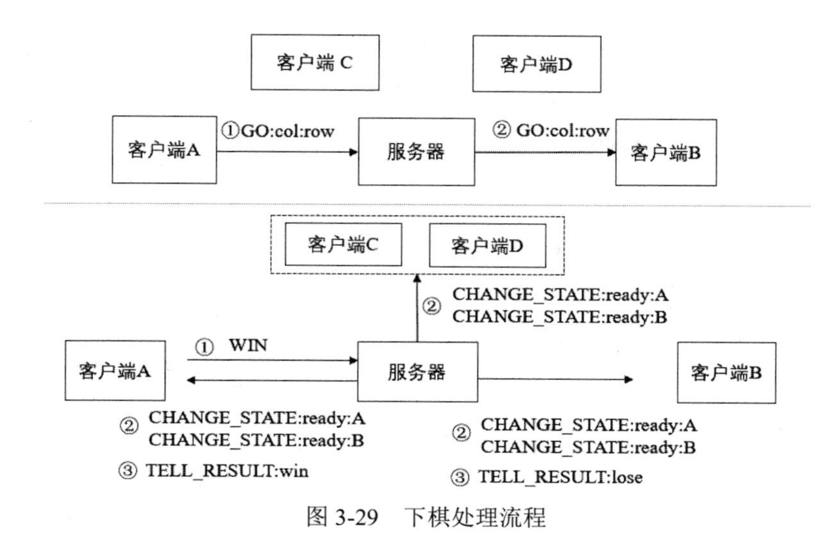


图 3-29　下棋处理流程

### 3.5.1　准备下棋

1．为对话框类添加鼠标按下的消息响应函数

在客户端项目 Client 中，使用类向导为 CFiveClientDlg 类添加鼠标按下的消息响应函数。在解决方案资源管理器中打开“类向导”，正确选择项目、类名，在“消息”标签中找到 WM_LBUTTONDOWN，如图 3-30 所示。然后单击“添加处理程序”按钮，完成消息响应函数的添加。

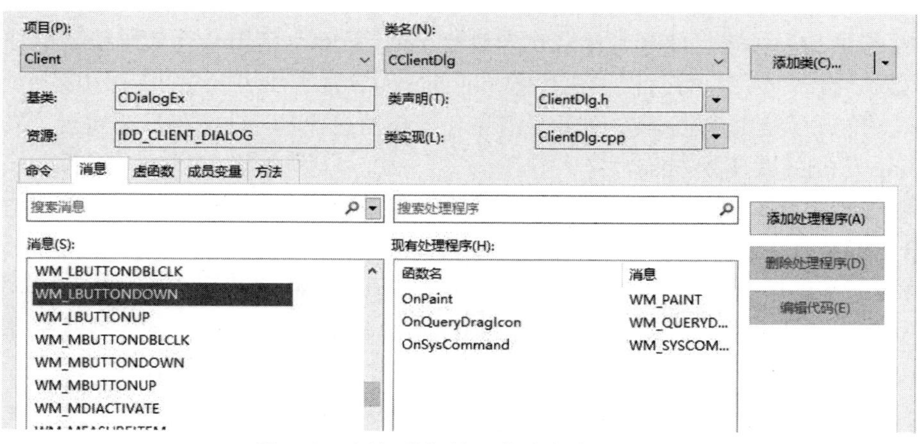


图 3-30　添加鼠标按下的消息响应函数

在函数 OnLButtonDown()中添加如下代码。

```
1  void CFiveClientDlg::OnLButtonDown(UINT nFlags, CPoint point)
2  {
```

```
3        m_board.Go(point);
4        CDialogEx::OnLButtonDown(nFlags, point);
5  }
```

在 OnLButtonDown()函数中调用棋盘类 CBoard 的 Go()函数，完成下棋的功能，修改棋盘类 CBoard 的 Go()函数，修改后的代码如下。

```
1  //在参数 point 点落子
2  void CBoard::Go(CPoint point)
3  {
4        int col = (point.x - FRAME - BORDER + GRID_WIDTH / 2) / GRID_WIDTH;
5        int row = (point.y - FRAME - BORDER + GRID_WIDTH / 2) / GRID_WIDTH;
6        if ((col< 0) || (col > 14) || (row < 0) || (row > 14)) return;//超出棋盘范围
7        if (!isPlaying)    return;                //不在下棋状态
8        if (!isGoing) return;                          //不该自己下棋
9        if (hasChess(col, row)) return;         //该位置已有棋子
10       putChess(col, row, isBlack);
11       //向服务器发送已经下棋的命令;
12       //theApp.m_Client.SendGoMsg(col, row);
13       if (isWin(col, row))              //如果赢了
14       {
15          //向服务器发送赢棋命令;
16          //theApp.m_Client.SendWinMsg();
17       }
18       isGoing = !isGoing;              //可以直接写 isGoing = false;
19 }
```

第 4 行和第 5 行代码将像素坐标转换为棋盘坐标。第 6 行到第 9 行代码检测该位置下棋的合法性。如果合法，第 10 行代码调用函数 putChess()放置一棋子。第 12 行和第 16 行代码暂时被注释，功能分别是向服务器发送落子消息和赢棋消息，这一功能稍后再实现。最后一行将变量 isGoing 从 true 改变为 false。

单机版棋盘类 CBoard 的 isStoped 属性，在网络版中已被 isPlaying 代替，可以将与 isStoped 相关的代码删除。

2. *为对话框类添加鼠标移动的消息响应函数*

按同样的步骤添加鼠标移动消息（WM_MOUSEMOVE）的响应函数，并复制单机版的代码，代码如下。

```
1  void CFiveClientDlg::OnMouseMove(UINT nFlags, CPoint point)
2  {
3        if (m_board.canGo(point))              //如果可以下棋
4              SetCursor(LoadCursor(NULL, IDC_HAND));
5        else
6              SetCursor(::LoadCursor(NULL, IDC_ARROW));
```

```
7        CDialogEx::OnMouseMove(nFlags, point);
8    }
```

完成上述代码后，猜到黑棋的一方可以通过单击，在棋盘上下一个黑棋。但其对手的棋盘还没有响应。

### 3.5.2　下棋消息的处理

1．向服务器发送 GO 消息

在前面棋盘类 CBoard 的 Go()函数中，被注释掉的第 20 行代码调用了 CClient 类的 SendGoMsg()函数，下面就在 CClient 类中添加该函数，代码如下。

```
1    // 功能：向服务器发送下棋消息
2    // col：下子的列坐标；row：下子的行坐标
3    void CClient::SendGoMsg(UINT col, UINT row)
4    {
5        MsgGo msg(col, row);
6        int len = send(m_Socket, (char*)&msg, sizeof(msg), 0);
7        if (len == SOCKET_ERROR)
8        {
9            ProcessNetError();
10       }
11   }
```

这个函数比较简单，就是向服务器发送一个 MsgGo 对象。

修改棋盘类 CBoard 的 Go()函数，将第 20 行代码的注释去掉，调用上面的函数向服务器发送 GO 消息，代码如下。

```
//向服务器发送已经下棋的消息
theApp.m_clientSocket.sendGoCommand(col, row);
```

在 CBoard.cpp 文件中添加如下文件的包含。

```
#include "FiveClient.h"
```

2．服务器接收 GO 消息并处理

前面的客户端程序已经向服务器发送了下棋消息，下面在服务器端接收下棋消息并处理。在服务器项目 Server 中，找到 CServer 类的 RecvThreadProc()函数，在最后添加一个分支，处理 GO 消息，代码如下。

```
1    case MSG_GO:
2    {
3        MsgGo Msg;
4        if(RecvData(thisClient->m_Socket, (char*)&Msg.Param, sizeof(Msg.Param)) <= 0)
5        {
6            theApp.m_Server.ClientOffline(thisClient);
```

```
7              return 0;
8          }
9          if (thisClient->m_cltOpponent == NULL) //如果对手已离线
10             break;
11         int len =send(thisClient->m_cltOpponent->m_Socket,(char*)&Msg,sizeof(Msg),0);
12         if (len == SOCKET_ERROR)
13         {
14             theApp.m_Server.ClientOffline(thisClient->m_cltOpponent);
15         }
16         //向对话框发送自定义消息，显示落子信息
17         CString strMsg;
18         strMsg.Format(_T(" 落子于(%d,%d)"), Msg.Param.nRow,Msg.Param.nCol);
19         strMsg = thisClient->m_strName + strMsg;
20         ::SendMessage(theApp.m_Server.m_hWnd, UWM_SERVER,
21                                 (LPARAM)ADD_MESSAGE, (WPARAM)&strMsg);
22         break;
23     }
```

服务器收到 GO 消息后，将这个消息转发给对手，最后在服务器对话框中显示落子信息。由于客户端随时可能离线，因此第 9 行和第 10 行代码判断对手是否为 NULL，如果为 NULL 表明已经离线，则执行 break 语句，后面的代码不再执行。第 17～20 行代码向对话框发送自定义消息，显示落子信息。

3. 客户端接收 GO 消息并处理

在客户端项目 FiveClient 中，找到 CClient 类的 RecvThreadProc()函数，在最后添加一个分支，处理 GO 消息，代码如下。

```
1   case MSG_GO:
2   {
3       MsgGo msg;
4       if(RecvData(thisClient->m_Socket, (char*)&msg.Param, sizeof(msg.Param)) <= 0)
5       {
6           thisClient->ProcessNetError();
7           return 0;
8       }
9       ::SendMessage(thisClient->m_hWnd, UWM_CLIENT,
                            (LPARAM)msg.msgType, (WPARAM)&msg.Param);
10      break;
11  }
```

函数收到 GO 消息后，向对话框发送自定义消息，由对话框处理 GO 消息。

下面在对话框类 CFiveClientDlg 的 OnClientMsg()函数中添加一个处理 GO 消息的分支，代码如下。

```
1  case MSG_GO:
2  {
3      ParamGo* pParam = (ParamGo*)lParam;
4      m_board.addOpponentChess(pParam->nCol, pParam->nRow);
5      break;
6  }
```

上述代码调用棋盘类 CBoard 的 addOpponentChess()函数，添加刚才收到的对手的棋子坐标。下面就在棋盘类 CBoard 中添加 addOpponentChess()函数，代码如下。

```
1  //添加对手的棋子，参数是棋子坐标
2  void CBoard::addOpponentChess(int col, int row)
3  {
4      CChess* pChess;
5      if (isBlack)
6          pChess = new CChess(this, col, row, ChessColor::WHITE);
7      else
8          pChess = new CChess(this, col, row, ChessColor::BLACK);
9      chesses.push_back(pChess);
10     PlaySound(MAKEINTRESOURCE(IDR_WAVE_GO), GetModuleHandle(NULL),
                                  SND_RESOURCE | SND_ASYNC);
11     pDlg->Invalidate();
12     isGoing = true;
13 }
```

如果自己是黑棋，则对手是白棋，创建一个白棋对象，否则创建一个黑棋对象。将对方棋子加入后，将 isGoing 设置为 true，该自己下棋。

### 3.5.3　赢棋消息的处理

1. 向服务器发送 WIN 消息

判断赢棋后，客户端向服务器发送 WIN 消息。首先在 CClient 类中添加 SendWinMsg()函数，代码如下。

```
1  // 功能：向服务器发送赢棋消息
2  void CClient::SendWinMsg()
3  {
4      MsgWin msg;
5      int len = send(m_Socket, (char*)&msg, sizeof(msg),0);
6      if (len == SOCKET_ERROR)
7      {
8          ProcessNetError();
9      }
10 }
```

修改棋盘类 CBoard 的 Go()函数，判断赢棋后调用上面的 SendWinMsg()函数向服务器发

送 WIN 消息，代码如下。

```
1  if (isWin(col, row))              //如果赢棋了
2  {
3      //向服务器发送赢棋消息
4      theApp.m_Client.SendWinMsg();
5  }
```

2. 服务器接收 WIN 消息并处理

前面的程序已经完成客户端向服务器发送 WIN 消息，下面完成服务器接收 WIN 消息并处理。

在服务器项目 Server 中，找到 CServer 类的 RecvThreadProc()函数，在函数的最后添加一个分支，处理 WIN 消息，代码如下。

```
1  case MSG_WIN:
2  {
3      MsgTellResult MsgWin(Result::RESULT_WIN);          //向自己发送的赢棋消息
4      MsgTellResult MsgLose(Result::RESULT_LOSE);        //向对手发送的输棋消息
5      int len1 = send(thisClient->m_cltOpponent->m_Socket, (char*)&MsgLose, sizeof(MsgLose), 0);
6      if(len1== SOCKET_ERROR)
7      {
8          theApp.m_Server.ClientOffline(thisClient->m_cltOpponent);
9      }
10     int len2 = send(thisClient->m_Socket, (char*)&MsgWin, sizeof(MsgWin), 0);
11     if (len2 == SOCKET_ERROR)
12     {
13         theApp.m_Server.ClientOffline(thisClient);
14         return 0;
15     }
16     //向对话框发送自定义消息，显示对局结果
17     CString strMsg = thisClient->m_strName+"赢了"+thisClient->m_cltOpponent->m_strName+"输了！";
18     ::SendMessage(theApp.m_Server.m_hWnd, UWM_SERVER,
                   (LPARAM)ADD_MESSAGE, (WPARAM)&strMsg);
19     //将两个棋手设置为 STATE_READY 状态，并通知所有客户端
20     thisClient->m_nState = UserState::STATE_READY;
21     theApp.m_Server.ChangeState(thisClient);
22     if (thisClient->m_cltOpponent != NULL)
23     {
24         thisClient->m_cltOpponent->m_nState = UserState::STATE_READY;
25         theApp.m_Server.ChangeState(thisClient->m_cltOpponent);
26         thisClient->m_cltOpponent->m_cltOpponent = NULL;
27         thisClient->m_cltOpponent = NULL;
28     }
29     break;
30 }
```

首先第 3～15 行代码，分别向自己和对手发送 TELL_RESULT 消息，通知自己赢棋，通知对手输棋。然后第 17 行和第 18 行代码，向服务器对话框发送自定义消息，显示赢棋和输棋信息。第 20 行和第 21 行代码将自己的状态恢复到就绪状态，并通知所有客户端。第 22～28 行代码，如果对手不为空（表示对手没有离线），则将对手的状态恢复到就绪状态，并通知所有客户端。

### 3. 客户端接收 TELL_RESULT 消息并处理

前面程序完成了服务器向客户端发送 TELL_RESULT 消息，下面实现客户端接收 TELL_RESULT 消息并处理。

在客户端项目 Client 中，找到 CClient 类的 RecvThreadProc()函数，在函数的最后添加一个分支，处理 TELL_RESULT 消息，代码如下。

```
1  case MSG_TELL_RESULT:
2  {
3      MsgTellResult msg;
4      if(RecvData(thisClient->m_Socket, (char*)&msg.Param, sizeof(msg.Param)) <= 0)
5      {
6          thisClient->ProcessNetError();
7          return 0;
8      }
9      ::SendMessage(thisClient->m_hWnd, UWM_CLIENT,
                              (LPARAM)msg.msgType, (WPARAM)&msg.Param);
10      break;
11 }
```

客户端收到 TELL_RESULT 消息后，继续读取 TELL_RESULT 消息的参数，然后向对话框发送自定义消息，由对话框类具体处理。

在对话框类 CFiveClientDlg 中，找到 OnClientMsg()函数，在函数的最后添加一个处理 TELL_RESULT 消息的分支，代码如下。

```
1  case MSG_TELL_RESULT:
2  {
3      ParamTellResult* pParam = (ParamTellResult*)lParam;
4      m_board.GameOver(pParam->result);
5      GetDlgItem(IDC_GIVEUP)->EnableWindow(FALSE);      //“认输”按钮设置为禁止状态
6      GetDlgItem(IDCANCEL)->EnableWindow(TRUE);         //“退出”按钮设置为可用状态
7      break;
8  }
```

在上述代码中，调用棋盘类 CBoard 的 GameOver()函数，处理棋局结束的工作，然后将“认输”按钮设置为禁止状态，将“退出”按钮设置为可用状态。

下面在棋盘类 CBoard 中添加 GameOver()函数，代码如下。

```
1  //棋局结束后的处理，参数值为 Result::RESULT_WIN 表示赢棋，否则为输棋
2  void CBoard::GameOver(Result result)
3  {
4      CString str;
5      if (result == Result::RESULT_WIN)
6          str = "恭喜，对局赢了！";
7      else
8          str = "对局输了，继续努力！";
9      AfxMessageBox(str);
10     isPlaying = false;
11     isGoing = false;
12 }
```

GameOver()函数首先显示赢棋或输棋的信息框，然后设置 isPlaying 和 isGoing 为 false，结束下棋。

重新编译运行程序，已经可以正常下棋了。

### 3.5.4 实现认输功能

1. 添加认输消息

在 Msg.h 文件中添加认输消息的宏定义，代码如下。

```
#define MSG_GIVEUP                    0X0D            //客户端发送认输消息
```

然后在 Msg.h 文件中定义认输消息的结构体，代码如下。

```
1  struct MsgGiveup :public Msg {
2      MsgGiveup() :Msg(MSG_GIVEUP) {}
3  };
```

认输消息没有参数，只有消息类型。

2. 客户端发送认输消息

在下棋过程中，单击“认输”按钮，由 CClient 类向服务器发送认输消息。

（1）添加“认输”按钮的消息响应函数。使用类向导在客户端对话框类中添加“认输”按钮的消息响应函数，代码如下。

```
1  void CFiveClientDlg::OnClickedGiveup()
2  {
3      theApp.m_Client.SendGiveupMsg();
4  }
```

OnClickedGiveup()函数直接调用 CClient 类的 SendGiveupMsg()函数，向服务器发送认输消息。下面给出函数 SendGiveupMsg()的定义。

（2）在 CClient 类中添加 SendGiveupMsg()函数。在 CClient 类中添加 SendGiveupMsg()函数，代码如下。

```
1  void CClient::SendGiveupMsg()
2  {
3      MsgGiveup msg;
4      int len = send(m_Socket, (char*)&msg, sizeof(msg), 0);
5      if (len == SOCKET_ERROR)
6      {
7          ProcessNetError();
8      }
9  }
```

首先定义 MsgGiveup 结构体变量，然后向服务器发送这个认输消息。

3．服务器处理认输消息

在服务器项目 Server 中，找到 CServer 类的 RecvThreadProc()函数，在函数的最后添加一个分支，处理 MSG_GIVEUP 消息，代码如下。

```
1  case MSG_GIVEUP:
2  {
3      MsgTellResult MsgWin(Result::RESULT_WIN);          //向对手发送的赢棋消息
4      MsgTellResult MsgLose(Result::RESULT_LOSE);        //向自己发送的输棋消息
5      int len1 = send(thisClient->m_cltOpponent->m_Socket, (char*)&MsgWin, sizeof(MsgWin), 0);
6      if (len1 == SOCKET_ERROR)
7      {
8          theApp.m_Server.ClientOffline(thisClient->m_cltOpponent);
9      }
10     int len2 = send(thisClient->m_Socket, (char*)&MsgLose, sizeof(MsgLose), 0);
11     if (len2 == SOCKET_ERROR)
12     {
13         theApp.m_Server.ClientOffline(thisClient);
14         return 0;
15     }
16     //向对话框发送自定义消息，显示认输信息
17     CString strMsg = thisClient->m_strName + "认输！ ";
18     ::SendMessage(theApp.m_Server.m_hWnd, UWM_SERVER,
                           (LPARAM)ADD_MESSAGE, (WPARAM)&strMsg);
19     //将两个棋手设置为 STATE_READY 状态，并通知所有客户端
21     thisClient->m_nState = UserState::STATE_READY;
21     theApp.m_Server.ChangeState(thisClient);
22     if (thisClient->m_cltOpponent != NULL)
23     {
24         thisClient->m_cltOpponent->m_nState = UserState::STATE_READY;
25         theApp.m_Server.ChangeState(thisClient->m_cltOpponent);
26         thisClient->m_cltOpponent->m_cltOpponent = NULL;
27         thisClient->m_cltOpponent = NULL;
```

```
28          }
29          break;
30  }
```

这段代码与服务器处理赢棋消息的代码相反，是向自己发送参数为输棋的 MsgTellResult 消息，向对手发送参数为赢棋的 MsgTellResult 消息。由于客户端已经处理了 MsgTellResult 消息，因此客户端不再需要添加额外的处理代码，认输功能已经实现。

完善功能

## 3.6 完善功能

### 3.6.1 完善离线处理

如果处于下棋状态的客户端离线，则应将其对手的状态改为就绪状态。修改 CServer 类的 ClientOffline()函数，增加这部分功能，修改后的代码如下。

```
1   //客户端下线的处理，参数 pClient 指向下线的客户端
2   void CServer::ClientOffline(CClient* pClient)
3   {
4       //如果不是登录状态，要将其从其他客户端删除，并向对话框发送自定义消息
5       //登录状态的客户端，还没有加到其他客户端中，无须删除
6       if (pClient->m_nState != UserState::STATE_LOGIN)
7       {
8           DeleteClientFromOther(pClient);
9           //向对话框发送自定义消息，更新客户端的个数和显示信息
10          UINT clients = theApp.m_Server.m_ClientList.size()-1;
11          CString strMsg = pClient->m_strName + "下线";
12          ::SendMessage(theApp.m_Server.m_hWnd, UWM_SERVER,
                    (LPARAM)UPDATE_CLIENTNUMBER, (WPARAM)&clients);
13          ::SendMessage(theApp.m_Server.m_hWnd, UWM_SERVER,
                    (LPARAM)ADD_MESSAGE, (WPARAM)&strMsg);
14      }
15      RemoveClient(pClient);      //将该客户端从客户端链表中删除
16      if (pClient->m_nState == UserState::STATE_PLAYING)
17      {
18          CClient* pOpp = pClient->m_cltOpponent;
19          pOpp->m_nState = UserState::STATE_READY;        //将其对手设置为就绪状态
20          pOpp->m_cltOpponent = NULL;                     //将其对手设置为 NULL
21          ChangeState(pOpp);                              //通知所有客户端改变状态
22      }
23      delete pClient;
24  }
```

第 16～22 行代码，如果离线客户端是下棋状态，则将其对手的状态设置为就绪，并向所有客户端发送改变对手状态的消息。

### 3.6.2　对手离线时的处理

在客户端，如果要删除的客户端正好是自己的对手，则要将棋盘类 CBoard 的 isPlaying 设置为 false，不能再继续下棋。

修改 CFiveClientDlg 类的 DelUser()函数，修改后的代码如下。

```
1  void CFiveClientDlg::DelUser(CString strName)
2  {
3      int itemCount = m_lstUser.GetItemCount();
4      for (int i = 0; i < itemCount; i++) {
5          CString name = m_lstUser.GetItemText(i, 0);
6          if (strName == name) {
7              m_lstUser.DeleteItem(i);
8              break;
9          }
10     }
11     if (m_board.isPlaying && strName == m_strOpname)
12     {
13         //KillTimer(ID_TIMER);
14         m_board.isPlaying = false;
15         GetDlgItem(IDC_GIVEUP)->EnableWindow(FALSE);      //“认输”按钮设置为禁止状态
16         GetDlgItem(IDCANCEL)->EnableWindow(TRUE);         //“退出”按钮设置为可用状态
17     }
18 }
```

第 11～17 行代码，如果自己处于下棋状态，并且被删除的客户端正好是自己的对手，则停止计时，将 isPlaying 设置为 false，并重新设置“认输”和“退出”两个按钮的状态。

### 3.6.3　线程同步问题

在服务器的 CServer 类中，保存登录客户端链表成员 m_ClientList 被多个线程访问，为避免多个线程同时访问 m_ClientList 而引起错误，需要考虑线程同步问题。我们是用临界区（CriticalSection）对象控制线程同步。

1. 在 CServer 类中添加 CriticalSection 对象成员

在 CServer 类中添加 CriticalSection 对象成员，并在构造函数中初始化 CriticalSection 对象，在析构函数中销毁 CriticalSection 对象。

在 CServer 类中加入下面第 8 行代码，加入临界区对象 m_cs。

```
1  class CServer
2  {
```

```
3  public:
4  SOCKET m_ListenSock;                    //监听客户端连接的 socket
5  HANDLE m_hThread;                       //监听客户端连接的线程
6  HWND m_hWnd;                            //接收自定义消息的窗口句柄
7  std::list<CClient*> m_ClientList;       //保存所有客户端的链表
8  CRITICAL_SECTION m_cs;                  //临界区对象
9       …
10 }
```

在 CServer 类的构造函数中，添加初始化临界区对象的代码，代码如下。

```
1  CServer::CServer() :m_ListenSock(0)
2                          , m_hWnd(NULL)
3                          , m_hThread(NULL)
4  {
5       InitializeCriticalSection(&m_cs);
6  }
```

第 5 行代码调用 InitializeCriticalSection()函数初始化临界区对象 m_cs，参数是临界区对象的地址。

在 CServer 类的析构函数中，添加销毁 CriticalSection 对象的代码，代码如下。

```
1  CServer::~CServer()
2  {
3       DeleteCriticalSection(&m_cs);
4       …
5  }
```

调用 DeleteCriticalSection()函数销毁临界区对象 m_cs，参数是临界区对象的地址。

2. 确定临界区代码块

位于 EnterCriticalSection()和 LeaveCriticalSection()之间的代码为临界区代码块。找到需要同步的代码块，在代码块的前、后分别加上 EnterCriticalSection()和 LeaveCriticalSection()函数。

（1）CheckUserInfo()函数。CheckUserInfo()函数检查新登录的用户是否与已登录的用户同名，需要线程同步，修改后的代码如下。

```
1  BOOL CServer::CheckUserInfo(CString strName, CString strPass)
2  {
3       std::list<CClient*> ::iterator it;
4       BOOL bSuccess = TRUE;
5       EnterCriticalSection(&m_cs);
6       for (it = m_ClientList.begin(); it != m_ClientList.end(); it++)
7       {
8            CClient* pClient = *it;
9            if (pClient->m_strName == strName)
```

```
10            {
11                bSuccess = FALSE;
12                break;
13            }
14        }
15        LeaveCriticalSection(&m_cs);
16        return bSuccess;
17    }
```

第 5 行代码调用 EnterCriticalSection()函数进入临界区，第 15 行代码调用 LeaveCriticalSection()函数离开临界区。

（2）RemoveClient()函数。RemoveClient()函数将参数客户端从客户端链表中删除，需要线程同步，与 CheckUserInfo()函数类似，在 RemoveClient()函数的最前面和最后面的 return 语句之前分别加入 EnterCriticalSection()和 LeaveCriticalSection()，代码如下。

```
1    void CServer::RemoveClient(CClient* pClient)
2    {
3        EnterCriticalSection(&m_cs);
4        …
5        LeaveCriticalSection(&m_cs);
6    }
```

与上面的函数一样，中间原有的代码省略。

（3）ChangeState()函数。与前面两个函数类似，在 ChangeState()函数的最前面和最后面的 return 语句之前分别加入 EnterCriticalSection()和 LeaveCriticalSection()。下面给出 ChangeState()函数完整的代码。

```
1    voidCServer::ChangeState(CClient* theClient)
2    {
3        MsgChangeState Msg(theClient->m_strName, theClient->m_nState);
4        EnterCriticalSection(&m_cs);
5        std::list<CClient*>::iterator it;
6        for (it = theApp.m_Server.m_ClientList.begin(); it != theApp.m_Server.m_ClientList.end(); it++)
7        {
8            CClient* pClient = *it;
9            int len = send(pClient->m_Socket, (char*)&Msg, sizeof(Msg), 0);
10           if (len == SOCKET_ERROR)        //发送消息失败，做离线处理
11           {
12               theApp.m_Server.ClientOffline(pClient);
13           }
14       }
15       LeaveCriticalSection(&m_cs);
16   }
```

第 4 行代码调用 EnterCriticalSection()函数，临界区开始。第 15 行代码调用 LeaveCritical-Section()函数，临界区结束。

（4）AddClientFromOther()函数。下面几个函数与前面函数类似，只给出改变的部分，原有的代码省略。

```
1  void CServer::AddClientFromOther(CClient* pNewClient)
2  {
3      EnterCriticalSection(&m_cs);
4      …
5      LeaveCriticalSection(&m_cs);
6  }
```

（5）AddClientToOther()函数。

```
1  void CServer::AddClientToOther(CClient* pNewClient)
2  {
3      MsgAddUser msg(pNewClient->m_strName, pNewClient->m_nState);
4      EnterCriticalSection(&m_cs);
5      …
6      LeaveCriticalSection(&m_cs);
7  }
```

（6）DeleteClientFromOther()函数。

```
1  void CServer::DeleteClientFromOther(CClient* pClient)
2  {
3      MsgDelUser msg(pClient->m_strName);
4      EnterCriticalSection(&m_cs);
5      …
6      LeaveCriticalSection(&m_cs);
7  }
```

（7）处理 MSG_INVITE 分支的代码块。在 RecvThreadProc()函数中找到 MSG_INVITE 分支，将对 m_ClientList 操作的代码块定义为临界区，原来不变的代码省略，修改后的代码如下。

```
1  case MSG_INVITE:
2  {
3      …
4      std::list<CClient*>::iterator it;
5      EnterCriticalSection(&theApp.m_Server.m_cs);
6      for (it = theApp.m_Server.m_ClientList.begin(); it != theApp.m_Server.m_ClientList.end(); it++)
7      {
8          …
9      }
10     LeaveCriticalSection(&theApp.m_Server.m_cs);
11     …
```

```
12          break;
13  }
```

（8）处理 MSG_REFUSE 分支的代码块。处理 MSG_REFUSE 分支的代码块与处理 MSG_INVITE 分支的代码块类似，修改后的 MSG_REFUSE 分支如下。

```
1   case MSG_REFUSE:    //拒绝对局
2   {
3           …
4           std::list<CClient*>::iterator it;
5           EnterCriticalSection(&theApp.m_Server.m_cs);
6           for (it = theApp.m_Server.m_ClientList.begin(); it != theApp.m_Server.m_ClientList.end(); it++)
7           {
8           …
9           }
10          LeaveCriticalSection(&theApp.m_Server.m_cs);
11          …
12          break;
13  }
```

（9）处理 MSG_AGREE 分支的代码块。处理 MSG_AGREE 分支的代码块与前两个分支的处理类似，修改后的 MSG_AGREE 分支如下。

```
1   case MSG_AGREE:     //同意对局
2   {
3           …
4           std::list<CClient*>::iterator it;
5           bool isReady = false;   //对方目前是否为就绪状态
6           EnterCriticalSection(&theApp.m_Server.m_cs);
7           for (it = theApp.m_Server.m_ClientList.begin(); it != theApp.m_Server.m_ClientList.end(); it++)
8           {
9           …
10          }
11          LeaveCriticalSection(&theApp.m_Server.m_cs);
12          …
13          break;
14  }
```

### 3.6.4　加入倒计时功能

倒计时功能都是在客户端完成的。我们可以使用 SetTimer()函数生成一个计时器，SetTimer()函数的原型如下。

```
UINT SetTimer(UINT nIDEvent, UINT nElapse,
        void(CALLBACK EXPORT *lpfnTimer)(HWND,UINT ,YINT ,DWORD));
```

第一个参数 nIDEvent 是计时器的标识（是一个无符号整数，如果需要多个计时器，则可用这个区分不同的计时器）。第二个参数 nElapse 指的是时间间隔，也就是每隔多长时间触发一次事件，单位是毫秒。第三个参数是一个回调函数，在这个函数里写上每隔一段时间要做的工作，如果这个参数的值为 NULL，则使用系统默认的回调函数，即 OnTimer()。例如下面一行代码。

```
SetTimer(1, 1000, NULL);
```

生成一个计时器，计时器的标识为 1，每隔 1 秒执行一次 OnTimer()函数。

当不需要计时器的时候调用 KillTimer()函数结束计时，KillTimer()函数的原型如下。

```
BOOL KillTimer(nIDEvent);
```

参数 nIDEvent 是计时器标识，例如下面一行代码。

```
KillTimer(1);
```

终止计时器 1 的计时。

1. 添加保存剩余时间的变量

在 CFiveClientDlg 类中添加两个成员变量，分别表示自己的剩余时间和对手的剩余时间。

```
UINT m_nMyLeftTime;
UINT m_nOpLeftTime;
```

m_nMyLeftTime 用于保存自己的剩余时间，m_nOpLeftTime 用于保存对手的剩余时间。

2. 添加计时器标识宏定义

在 FiveClientDlg.h 文件中添加如下的宏定义。

```
#define ID_TIMER 1
```

3. 修改 TellColor()函数

修改 CFiveClientDlg 类中的 TellColor()函数，猜先后启动计时器，修改后的代码如下。

```
1  void CFiveClientDlg::TellColor(CString strName, GuessColor color, UINT second)
2  {
3       SetOppName(strName);
4       //显示时间
5       m_nLimitTime = second;
6       m_nMyLeftTime = second;
7       m_nOpLeftTime = second;
8       SetMyTime(second);
9       SetOppTime(second);
10      //重新显示头像，并设置变量的值
11      m_board.isPlaying = true;
12      if (color == GuessColor::COLOR_BLACK)
13      {
14           m_board.isBlack = true;
```

```
15              m_board.isGoing = true;
16          }
17          else
18          {
19              m_board.isBlack = false;
20              m_board.isGoing = false;
21          }
22          SetPlayerIcon(m_board.isBlack);
23          m_board.reSet();
24          SetTimer(ID_TIMER, 1000, NULL);     //启动计时器，每隔 1 秒执行一次 OnTomer()
25          GetDlgItem(IDC_GIVEUP)->EnableWindow(TRUE);        //“认输”按钮设置为可用状态
26          GetDlgItem(IDCANCEL)->EnableWindow(FALSE);         //“退出”按钮设置为禁止状态
27      }
```

第 6 行和第 7 行代码分别将对局用时赋值给自己和对手的剩余时间。第 24 行代码启动计时器。

4. 添加 OnTimer()函数

在 CFiveClientDlg 类中添加 OnTimer()函数。在解决方案资源管理器中打开“类向导”，在“类名”下面选择 CFiveClientDlg，在“类向导”对话框中选择“消息”标签，然后选择 WM_TIMER，单击“添加处理程序”按钮，OnTimer()函数添加完毕。为 OnTimer()函数添加如下代码。

```
1   void CFiveClientDlg::OnTimer(UINT_PTR nIDEvent)
2   {
3       if (m_board.isGoing == TRUE)
4       {
5           --m_nMyLeftTime;
6           SetMyTime(m_nMyLeftTime);
7           if (m_nMyLeftTime == 0)
8           {
9               theApp.m_Client.SendGiveupMsg();
10              return;
11          }
12      }
13      else
14      {
15          --m_nOpLeftTime;
16          SetOppTime(m_nOpLeftTime);
17      }
18      CDialogEx::OnTimer(nIDEvent);
19  }
```

如果棋盘类的成员 isGoing 为 TRUE，则表示该自己下棋，将自己的剩余时间减 1，并将剩余时间显示在对话框中。然后判断剩余时间是否为 0，如果为 0 则表示时间用完，判输棋。调用 Client 类的 SendGiveupMsg()函数，向服务器发送认输消息。

如果不该自己下棋，则将对手的剩余时间减 1，并将剩余时间显示在对话框中。

5. 修改 OnClientMsg()函数的 MSG_TELL_RESULT 分支

OnClientMsg()函数的 MSG_TELL_RESULT 分支是完成对局结束的处理，需要终止计时，修改后的代码如下。

```
1  case MSG_TELL_RESULT:
2  {
3        ParamTellResult* pParam = (ParamTellResult*)lParam;
4        KillTimer(ID_TIMER);
5        m_board.GameOver(pParam->result);
6        GetDlgItem(IDC_GIVEUP)->EnableWindow(FALSE);      //认输按钮设置为禁止状态
7        GetDlgItem(IDCANCEL)->EnableWindow(TRUE);        //退出按钮设置为可用状态
8        break;
9  }
```

第 4 行代码调用 KillTimer()函数，终止计时。

至此网络五子棋的功能已全部完成。重新编译运行程序，查看运行情况。

6. 修改 DelUser()函数

在 CFiveClientDlg 类的 DelUser()函数中，如果被删除的客户端是自己的对局对手，则也要停止计时，修改后的代码如下。

```
1  void CFiveClientDlg::DelUser(CString strName)
2  {
3        …
4        // 如果删除的客户端是自己对局的对手，则应恢复自己的非对局状态
5        if (m_board.isPlaying && strName == m_strOpname)
6        {
7              KillTimer(ID_TIMER);
8              m_board.isPlaying = false;
9              GetDlgItem(IDC_GIVEUP)->EnableWindow(FALSE);        //“认输”按钮设置为禁止状态
10             GetDlgItem(IDCANCEL)->EnableWindow(TRUE);          //“退出”按钮设置为可用状态
11       }
12 }
```

第 7 行代码调用 KillTimer()函数，终止计时。至此，网络五子棋的功能已全部完成。

# 第 4 章　棋谱的保存与回放

为了保存用户下棋的数据，用户必须先注册、登录服务器，然后才能下棋，棋局结束后，应将棋局数据和棋谱数据保存在数据库中。将来可以根据用户名查询出该用户下过的所有棋局，然后从中选择一个，将棋谱读出来回放。这里我们使用 MySQL 数据库保存棋局数据和棋谱数据。

## 4.1　创建数据库

创建数据库

### 4.1.1　MySQL 的下载与安装

我们安装免费的 MySQL 社区版（Community）就可以，MySQL 数据库可以在官网下载，打开网页后，出现如图 4-1 所示的页面。

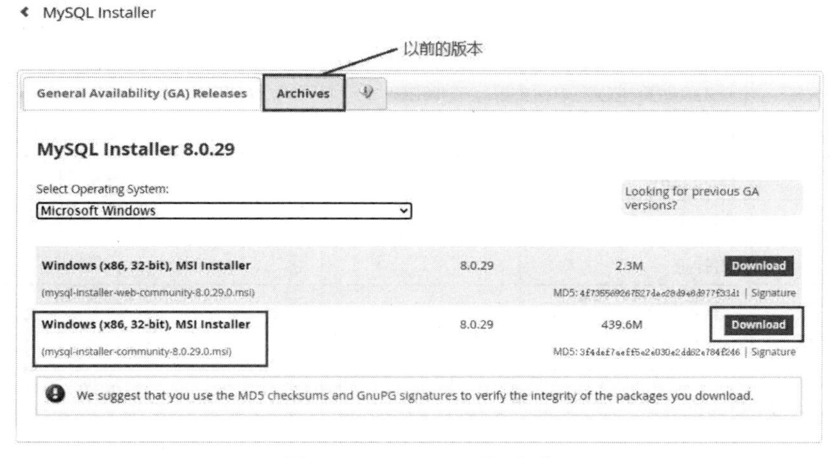


图 4-1　MySQL 下载页面

图 4-1 所显示的 MySQL 是当前的最新版本，如果想下载以前的版本，则可以单击 Archives 按钮，选择以前的某个版本下载。

MySQL 下载完成后，双击安装文件，按照提示（需要选择时，一般选择默认项）一步一步执行就可以了。在选择安装类型这步时可以选择 Developer Default。在选择认证方法（Authentication Method）这步时可以选择强密码加密方式（Use Strong Password Encryption for

Authentication），如果只是用于练习，那么也可以选择传统的认证方法（Use Legacy Authentication Method）。在为 Root 用户指定密码这一步时，一定要记住所输入的密码，将来登录数据库时要用到这个密码。

### 4.1.2 数据库设计

为了保存用户信息和棋局、棋谱信息，我们创建一个数据库 FiveChess，该数据库中包含两个数据表 user 和 game。

user 表用于保存用户信息，字段包括 id、用户名、密码和级别，表结构见表 4-1。

表 4-1 user 表的结构

| 字段名 | 类型 | 长度 | 允许空 | 备注 |
|---|---|---|---|---|
| id | INT | | 否 | 主键，自动增长 |
| name | CHAR | 64 | 否 | 用户名 |
| password | CHAR | 64 | 否 | 密码 |
| level | INT | | 否 | 级别 |

game 表用于保存棋局和棋谱信息，字段包括 id、下棋时间、黑方棋手、白方棋手、赢棋方、总手数和棋谱，表结构见表 4-2。

表 4-2 game 表的结构

| 字段名 | 类型 | 长度 | 允许空 | 备注 |
|---|---|---|---|---|
| Id | INT | | 否 | 主键，自动增长 |
| gameDate | DateTime | | 否 | 下棋时间 |
| playerBlack | CHAR | 64 | 否 | 黑方棋手 |
| playerWhite | CHAR | 64 | 否 | 白方棋手 |
| winner | CHAR | 64 | 否 | 赢棋方 |
| totalStep | INT | | 否 | 总手数 |
| manual | BLOB | | 否 | 棋谱 |

其中 manual 字段的类型是 BLOB，用于保存棋谱信息（每步棋的落子位置）。

### 4.1.3 创建数据库和表

1. 创建数据库

可以在 MySQL 的命令行窗口中直接输入命令创建数据库和表，首先输入如下命令创建数据库 FiveChess。

```
create DataBase FiveChess;
```

2. 创建两个表

创建数据库之后，首先输入如下命令打开数据库 FiveChess。

```
use FiveChess;
```

然后创建 user 表和 game 表，创建 user 表的命令如下。

```
create table user(id INT auto_increment not null primary key,
                  name CHAR(60) not null,
                  password CHAR(64) not null,
                  level INT not null);
```

创建 game 表的命令如下。

```
create table game(id INT auto_increment not null primary key,
                  gameDate DateTime not null,
                  playerBlack CHAR(64) not null,
                  playerWhite CHAR(64) not null,
                  winner CHAR(64) not null,
                  totalStep INT not null,
                  manual BLOB not null);
```

创建好数据库和两个表后，下面使用 C++完成数据库的连接和对数据库的相关操作。

## 4.2　用户管理和棋局管理

用户管理和棋局管理

为使不太熟悉用 C++操作数据库的读者尽快掌握用 C++访问数据库的技术，我们将 C++访问数据库的操作单独放在本节中介绍。

对于五子棋程序，用户管理主要有登录和注册两个功能。棋局管理主要有保存棋局（包括棋谱）、根据用户名查找其所有的对局（不包括棋谱），以及根据棋局的 id 查询出对局信息（包括棋谱）三个功能。

本节我们单独创建一个工程 MySQL，完成用户管理和棋局管理的功能，在后面几节再将这些代码组织到五子棋程序中。

### 4.2.1　用户管理

1. 知识准备

由于我们要使用 MySQL API 函数访问数据库，所以下面首先给出后面将要用到的几个结构和 API 函数。

（1）MYSQL 结构。该结构代表数据库连接的句柄，几乎所有的 MySQL API 函数都要使用它。

（2）MYSQL_RES 结构。该结构代表返回行的查询结果，将查询返回的信息称为结果集（记录集）。

（3）MYSQL_ROW 结构。该结构代表查询结果集中的一行数据，这一行数据是通过调用 mysql_fetch_row()函数获得的。

（4）mysql_init()函数。mysql_init()函数的原型如下。

```
MYSQL *mysql_init(MYSQL *mysql);
```

该函数的功能是分配或初始化 MYSQL 对象，为函数 mysql_real_connect()做好准备。函数的返回值是初始化的 MYSQL 句柄，如果失败则返回 NULL。

（5）mysql_real_connect()函数。mysql_real_connect()函数的原型如下。

```
MYSQL *mysql_real_connect(MYSQL *mysql,
                          const char *host,
                          const char *user,
                          const char *passwd,
                          const char *db,
                          unsigned int port,
                          const char *unix_socket,
                          unsigned long client_flag);
```

该函数的功能是尝试连接 MySQL 数据库，只有成功连接后，才能执行其他需要有效 MySQL 连接句柄结构的 API 函数。

参数 mysql 是已有 MYSQL 结构的地址，必须是已经调用 mysql_init()函数来初始化 MYSQL 结构。

参数 host 是主机名或 IP 地址。如果*host 是 NULL 或字符串 localhost，则表示与本地主机连接。

参数 user 是 MySQL 用户的用户名。

参数 passwd 是 MySQL 用户的密码。

参数 db 是 MySQL 数据库的名称。

参数 port 是 MySQL 使用的端口号。

参数 unix_socket 我们将其设置为 NULL。

参数 client_flag 的值通常为 0。

如果连接 MySQL 数据库成功，则返回 MYSQL 连接句柄；如果连接失败，则返回 NULL。

（6）mysql_options()函数。mysql_options()函数的原型如下。

```
int mysql_options(MYSQL *mysql, enum mysql_option option, const char *arg);
```

该函数的功能是设置额外的连接选项，并影响连接的行为。应在 mysql_init()函数之后，以及 mysql_real_connect()函数之前调用 mysql_options()函数。

参数 mysql 是已有 MYSQL 结构的地址，必须是已经调用 mysql_init()函数来初始化

MYSQL 结构（后面介绍的函数大部分都有这个参数，因此不再重复说明）。

参数 option 是要设置的选项，这个选项有很多，例如在五子棋程序中，要设置默认字符集，使用的是 MYSQL_SET_CHARSET_NAME 选项。

参数 arg 是选项的值，如果当选项是 MYSQL_SET_CHARSET_NAME 时，要设置默认字符集是 gbk，则选项的值就是 gbk。

设置成功函数返回 0，失败返回非 0 值。

（7）mysql_real_query()函数。mysql_real_query()函数的原型如下。

```
int mysql_real_query(MYSQL *mysql, const char *query, unsigned int length);
```

该函数的功能是执行 SQL 查询。

参数 query 是要执行查询的 SQL 字符串，该字符串必须由一条单个的 SQL 语句组成，结束不需要加分号。

参数 length 是 query 字符串的长度。

查询成功函数返回 0，失败返回非 0 值。

（8）mysql_store_result()函数。函数 mysql_store_result()的原型如下。

```
MYSQL_RES *mysql_store_result(MYSQL *mysql);
```

该函数的功能是将读取查询的全部结果（执行 mysql_real_query()之后）保存到 MYSQL_RES 结构中，并返回该结构的地址。如果读取结果集失败，函数返回 NULL 指针。

得到查询的结果集之后，可以调用 mysql_fetch_row()函数来获取结果集中的行。

（9）mysql_fetch_row()函数。mysql_fetch_row()函数的原型如下。

```
MYSQL_ROW mysql_fetch_row(MYSQL_RES *result);
```

该函数的功能是检索结果集的下一行。在 mysql_store_result()之后使用，如果没有要检索的行，函数返回 NULL。

参数 result 是调用函数 mysql_store_result()返回的结果集地址。

可以循环调用 mysql_fetch_row()函数，读取结果集中每一行的数据。

可以结合下面将要实现的程序，深入理解和掌握这些结构和函数的具体应用。

2. 创建工程并设置属性

（1）创建工程。创建一个空的项目，项目名为 MySQL。

（2）添加 VC++包含目录和库目录。为了连接到 MySQL 数据库，需要为项目添加 VC++包含目录和库目录。

在项目 MySQL 上右击，在弹出的快捷菜单中选择“属性”菜单项，打开项目属性对话框，如图 4-2 所示。

在项目属性对话框的左侧选择“VC++目录”，右侧选择“包含目录”，单击该行最后面的下拉按钮，选择“<编辑...>”，出现如图 4-3 所示的“包含目录”对话框。

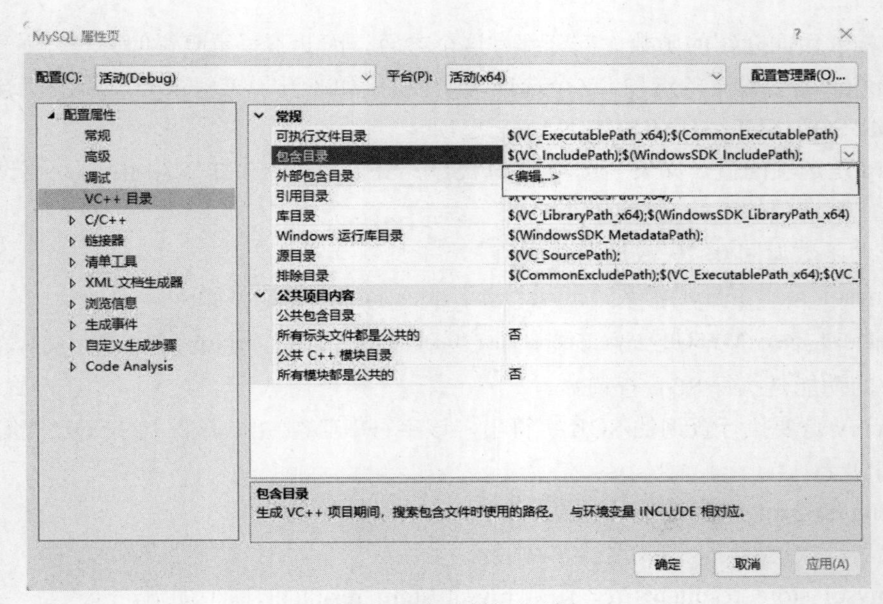


图 4-2　项目属性对话框

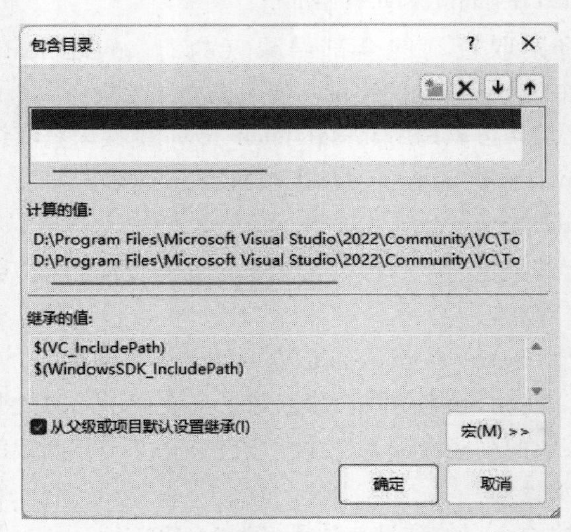


图 4-3　“包含目录”对话框

在“包含目录”对话框上方的编辑框中输入 MySQL 的 include 路径，如“C:\Program Files\MySQL\MySQL Server 8.0\include”（注意这个路径是计算机中 MySQL 的实际安装路径，根据自己计算机中 MySQL 安装的位置确定这个字符串），然后单击“确定”按钮。

按上面同样的步骤再添加 VC++库目录（在项目属性对话框的左侧选择“VC++目录”，右侧选“库目录”），如“C:\Program Files\MySQL\MySQL Server 8.0\lib”。

有了以上两项设置，VC++在编译时就会在上面添加的目录中查找包含的头文件和库文件。

（3）添加附加依赖项。前面设置的 VC++库目录，是指明用到的库文件的位置，具体使用哪个库文件，通过附加依赖项具体指出。例如，使用 MySQL 数据库需要用到 libmysql.lib 文件，需要进行如下设置。

在项目属性对话框的左侧选择“链接器”→“输入”，右侧选择“附加依赖项”，单击该行最后面的下拉按钮，如图 4-4 所示。

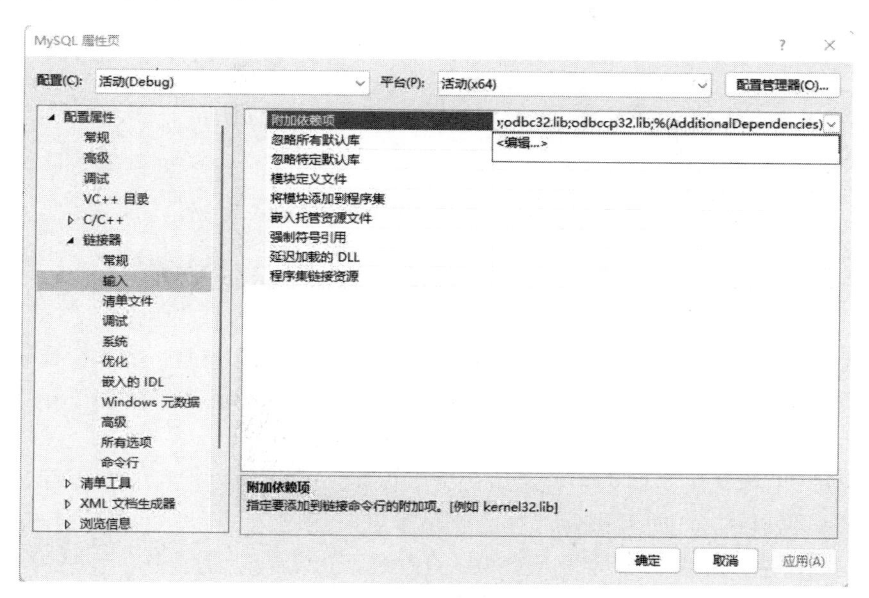


图 4-4　编辑附加依赖项

在图 4-4 中，选择“<编辑…>”，出现“附加依赖项”对话框。在对话框上方的编辑框中输入 libmysql.lib，单击“确定”按钮，完成附加依赖项的添加。

除了使用附加依赖项指定所用到的库，也可以直接在程序中使用如下的预处理指令代码指定。

```
#pragma comment(lib, "libmysql.lib")
```

有了这行编译预处理指令，就不需要在项目属性对话框中设置附加依赖项了。

（4）复制动态链接库。除了添加附加依赖项，还要将用到的动态链接库 libmysql.dll 复制到指定的位置（这个动态链接库文件也在 C:\Program Files\MySQL\MySQL Server 8.0\lib 中）。可以将这个动态链接库文件复制到 C:\Windows\System32 中，这样在所有项目中都可以使用这个动态链接库。如果只在当前项目中使用该动态链接库，那么也可以将这个文件复制到当前项目文件夹中。

### 3. 添加 DataBase 类

我们将所有的数据库操作都封装在 DataBase 类中。在工程中添加 DataBase 类，然后在 DataBase.h 文件中添加文件包含，并通过预处理指令指出用到的库文件。

由于在程序中的字符编码使用的是 Unicode（宽字节编码），而 MySQL 数据库中使用的是 GBK（多字节编码），因此我们首先定义两个函数，实现字符串在两个编码之间的转换。

完成以上步骤后，DataBase.h 文件中添加的代码如下。

```
1  #pragma once
2  #include<tchar.h>
3  #include<mysql.h>
4  #pragma comment(lib, "libmysql.lib")
5  class DataBase
6  {
7  public:
8       //多字节编码转换为宽字节编码
9       void MultiCharToWideChar(const char* pmChar, WCHAR* pwChar);
10      //宽字节编码转换为多字节编码
11      void WideCharToMultiChar(const WCHAR* pwChar, char* pmChar);
12 };
```

第 3 行代码包含头文件 mysql.h，以便能够调用 MySQL API 函数。第 4 行代码使用预处理指令指定要用到 libmysql.lib 库（如果已经在项目属性对话框中添加了附加依赖项，则不再需要这一行代码）。

第 9 行和第 11 行代码是两个字符串编码转换函数。在将数据保存到数据库时，先将编码转换为多字节编码形式，此时数据库保存的就是多字节编码，这样就可以在 MySQL 的命令行窗口查看数据而不会显示乱码。因为 MySQL 的命令行窗口只能显示多字节编码，如果直接保存宽字节编码数据，则在 MySQL 的命令行窗口查看数据就会显示乱码。

如果不需要在 MySQL 的命令行窗口查看数据，也可以不进行编码的转换，直接存取宽字节编码即可。

DataBase.cpp 文件代码如下。

```
1  #include "DataBase.h"
2  /*
3  * 功能：多字节编码转换为宽字节编码
4  * 参数 pChar：in，输入的多字节编码
5  *      pwChar：out，保存转换后的宽字节编码
6  */
7  void   DataBase::MultiCharToWideChar(const char* pChar, WCHAR* pwChar)
8  {
9       int len = MultiByteToWideChar(CP_ACP,0,pChar, strlen(pChar)*sizeof(char),NULL,0);
10      MultiByteToWideChar(CP_ACP, 0, pChar, strlen(pChar) * sizeof(char), pwChar, len);
11      pwChar[len] = _T('\0');
12      return;
13 }
14 /*
```

```
15  * 功能：宽字节编码转换为多字节编码
16  * 参数 pwChar：in，输入的宽字节编码
17  *        pChar：out，保存转换后的多字节编码
18  */
19  void DataBase::WideCharToMultiChar(const WCHAR* pwChar, char* pChar)
20  {
21      int len = WideCharToMultiByte(CP_ACP, 0, pwChar, wcslen(pwChar) * sizeof(TCHAR),
                                       NULL, 0, NULL, NULL);
22      WideCharToMultiByte(CP_ACP, 0, pwChar, wcslen(pwChar) * sizeof(TCHAR), pChar, len,
                                  NULL, NULL);
23      pChar[len] = '\0';
24      return;
25  }
```

在这两个函数中主要是调用 Windows API 函数 MultiByteToWideChar()和 WideCharToMultiByte()完成编码的转换，有关这两个函数的详细使用说明，这里不再介绍，请自行查找相关文档。

4. 用户注册与登录

（1）添加表示用户的结构。在 DataBase.h 文件中（DataBase 类的前面）添加两个表示用户的结构 UserWideChar 和 UserMultiChar，代码如下。

```
1   struct UserWideChar            //宽字节编码表示的用户
2   {
3       TCHAR strName[32];
4       TCHAR strPassword[32];
5       UserWideChar()
6       {
7           memset(strName, 0, sizeof(strName));
8           memset(strName, 0, sizeof(strPassword));
9       }
10      UserWideChar(TCHAR *name,TCHAR *password)
11      {
12          memset(strName, 0, sizeof(strName));
13          memset(strName, 0, sizeof(strPassword));
14          wcscpy_s(strName, name);
15          wcscpy_s(strPassword, password);
16      }
17  };
18  struct UserMultiChar           //多字节编码表示的用户
19  {
20      char strName[64];
21      char strPassword[64];
22      UserMultiChar()
```

```
23      {
24          memset(strName, 0, sizeof(strName));
25          memset(strName, 0, sizeof(strPassword));
26      }
27  };
```

第 1～17 行代码定义的是宽字节用户结构。第 18～27 行代码定义的是多字节用户结构，用于数据库数据的存取。

（2）连接数据库。在 DataBase.cpp 文件中添加连接数据库所需要的宏定义，代码如下。

```
1  #define DB_HOST "127.0.0.1"
2  #define DB_USER "root"
3  #define DB_PASSWORD "1234"          //根据实际的 MySQL 密码设置
4  #define DB_PORT 3306
5  #define DB_NAME "FiveChess"
```

在 DataBase 类中添加连接数据库的函数 connect()，函数定义的代码如下。

```
1  /*
2  *   连接数据库
3  *   参数 mysql：数据库连接句柄
4  *   返回值 true：连接成功；false：连接失败
5  */
6  bool DataBase::connect(MYSQL* mysql)
7  {
8      mysql_init(mysql);          //初始化 mysql
9      mysql_options(mysql, MYSQL_SET_CHARSET_NAME, "gbk");          //设置字符编码
10     //连接数据库
11     if (mysql_real_connect(mysql, DB_HOST, DB_USER, DB_PASSWORD, DB_NAME,
                                           DB_PORT, NULL, 0) == NULL)
12         return false;
13     return true;
14 };
```

在 connect()函数中，首先初始化 mysql，再设置字符编码，最后调用 mysql_real_connect()函数完成数据库的连接。这些函数的使用请参见前面的介绍。

（3）用户注册。在 DataBase 类中添加用户注册函数 regist()，函数定义的代码如下。

```
1  /*
2  * 参数  userWideChar：in，宽字节编码表示的用户
3  * 返回  0：  注册成功
4  *       1：  数据库连接失败
5  *       2：  数据库查询失败
6  *       3：  用户名已存在
7  *       4：  数据库增加记录失败
8  */
```

```
 9  int  DataBase::regist(const UserWideChar& userWideChar)
10  {
11      UserMultiChar   user;
12      //获得多字节编码的用户信息
13      WideCharToMultiChar(userWideChar.strName, user.strName);
14      WideCharToMultiChar(userWideChar.strPassword, user.strPassword);
15      MYSQL mysql;
16      MYSQL_RES* res;                     //查询结果集
17      MYSQL_ROW row;                      //结果集中的一行记录
18      //连接数据库
19      if (!connect(&mysql))
20          return 1;                       //数据库连接失败
21      //用户名查重
22      char sql[256];
23      sprintf_s(sql, "select * from user where name='%s'", user.strName);
24      int ret = mysql_real_query(&mysql, sql, strlen(sql));
25      if (ret != 0)                       //查询失败返回非 0 值
26      {
27          mysql_close(&mysql);
28          return 2;                       //数据库查询失败
29      }
30      res = mysql_store_result(&mysql);  //返回上面查询结果的结果集
31      row = mysql_fetch_row(res);        //返回结果集的第一行
32      if (row != NULL)                   //查询到用户名为 user.strName 的用户
33      {
34          mysql_free_result(res);
35          mysql_close(&mysql);
36          return 3;                      //用户名已存在
37      }
38      mysql_free_result(res);
39      //增加一条记录
40      sprintf_s(sql, "insert into user values(0, '%s','%s',%d);", user.strName, user.strPassword, 0);
41      ret = mysql_real_query(&mysql, sql, strlen(sql));
42      if (ret != 0)
43      {
44          mysql_close(&mysql);
45          return 4;                      //数据库增加记录失败
46      }
47      mysql_close(&mysql);
48      return 0;
49  }
```

第 13 行和第 14 行代码分别获得多字节编码的用户名和密码。第 22～38 行代码查询用户名为 user.strName 的用户，如果查到该用户，则用户名已经存在，注册失败，函数返回。

第 40～47 行代码向用户表中插入 user 用户，新注册用户的级别设置为 0。

上述程序用到了函数 sprintf_s()，需要包含头文件 stdio.h，代码如下。

```
#include <stdio.h>
```

为了测试用户的注册功能，添加一个 MySQLTest.cpp 文件，在文件中添加一个主函数对用户的注册功能进行测试，可以参考如下代码。

```
1   #include "DataBase.h"
2   #include<iostream>
3   using namespace std;
4   int main()
5   {
6       UserWideChar user;
7       _stprintf_s(user.strName, _T("张三"));
8       _stprintf_s(user.strPassword, _T("1234"));
9       DataBase db;
10      int i = db.regist(user);
11      switch (i)
12      {
13          case 0:
14              cout << "注册成功" << endl;
15              break;
16          case 3:
17              cout << "用户名已存在" << endl;
18              break;
19          case 1:
20          case 2:
21          case 4:
22              cout << "数据库访问失败" << endl;
23              break;
24       }
25      return 0;
26  }
```

上述程序首先定义宽字节编码表示的用户 user，然后为 user 的成员赋值，最后调用 DataBase 类中的 regist()函数进行注册。

程序执行后，检查数据库中的 user 表是否有对应的记录，如果没有则需要检查、修改注册函数 regist()。

（4）用户登录。在 DataBase 类中添加登录函数 login()，函数定义的代码如下。

```
1   /*
2   * 参数 userWideChar：in，宽字节编码表示的用户
```

```
 3  * 返回 0:  登录成功
 4  *      1:  数据库连接失败
 5  *      2:  数据库查询失败
 6  *      3:  用户名或密码错
 7  */
 8  int DataBase::login(const UserWideChar& userWideChar)
 9  {
10      UserMultiChar    user;
11      WideCharToMultiChar(userWideChar.strName, user.strName);
12      WideCharToMultiChar(userWideChar.strPassword, user.strPassword);
13      MYSQL mysql;
14      MYSQL_RES* res;         //查询结果集
15      MYSQL_ROW row;
16      if (!connect(&mysql))
17          return 1;           //数据库连接失败
18      //验证用户名和密码
19      char sql[256];
20      sprintf_s(sql, "select name,password from user where name='%s' and password='%s'",
                                user.strName, user.strPassword);
21      int ret = mysql_real_query(&mysql, sql, strlen(sql));       //执行查询
22      if (ret != 0)
23      {
24          mysql_close(&mysql);
25          return 2;           //数据库查询失败
26      }
27      //获取查询结果集
28      res = mysql_store_result(&mysql);
29      row = mysql_fetch_row(res);
30      if (row == NULL)        //没有查询到用户名和密码都符合的用户
31      {
32          mysql_free_result(res);
33          mysql_close(&mysql);
34          return 3;     //用户名或密码错
35      }
36      mysql_free_result(res);
37      mysql_close(&mysql);
38      return 0;
39  }
```

第 19～35 行代码在 user 表中查找指定的用户。第 21 行代码执行 sql 表示的查询语句，如果返回值不为 0，则表示查询失败。第 28 行代码获取查询结果集。第 29 行代码获取结果集中的第一行，如果 row 为空，则表示没有查询到符合要求的记录，登录失败；如果 row 不为空，

则表示查询到符合要求的记录，登录成功。

修改 MySQLTest.cpp 文件的主函数，对登录功能进行测试，可以参考如下代码。

```
1  int main()
2  {
3       UserWideChar user;
4       _stprintf_s(user.strName, _T("张三"));
5       _stprintf_s(user.strPassword, _T("1234"));
6       DataBase db;
7       int i = db.login(user);
8       switch (i)
9       {
10           case 0:
11               cout << "登录成功" << endl;
12               break;
13           case 1:
14           case 2:
15               cout << "数据库访问失败" << endl;
16               break;
17           case 3:
18               cout << "用户名或密码错" << endl;
19               break;
20      }
21      return 0;
22 }
```

可使用不同的用户名和密码，测试登录功能。

### 4.2.2 棋局管理

1. 知识准备

在上一小节，我们使用 API 函数 mysql_real_query()执行 SQL 语句。由于棋局表中包含 BLOB 字段，使用 mysql_real_query()函数不是很方便，因此使用 API 预处理语句实现棋局管理的功能。下面首先概述本小节用到的结构和函数，具体使用方法在后面的具体程序中体现。

（1）MYSQL_STMT 结构。该结构表示预处理语句，通过调用 mysql_stmt_init()函数创建语句，返回语句句柄，即指向 MYSQL_STMT 的指针。

（2）MYSQL_BIND 结构。该结构用于语句输入（发送给服务器的数据值，如添加记录）和输出（从服务器返回的结果值，如查询）。对于输入，它与函数 mysql_stmt_bind_param()一起使用，用于将参数数据值绑定到缓冲区上，以供函数 mysql_stmt_execute()使用。对于输出，它与函数 mysql_stmt_bind_result()一起使用，用于绑定结果缓冲区，以供函数 mysql_stmt_fetch()获取行。

（3）mysql_stmt_init()函数。函数 mysql_stmt_init()的原型如下。

```
MYSQL_STMT *mysql_stmt_init(MYSQL *mysql);
```

该函数的功能是创建 MYSQL_STMT 句柄，使用结束后，应使用 mysql_stmt_close(MYSQL_STMT *)释放该句柄。

如果函数调用成功，则返回指向 MYSQL_STMT 结构的指针；如果调用失败，则返回 NULL。

（4）mysql_stmt_prepare()函数。函数 mysql_stmt_prepare()的原型如下。

```
int mysql_stmt_prepare(MYSQL_STMT *stmt, const char *query, unsigned long length);
```

该函数的功能是为给定的 MYSQL_STMT 句柄准备具体的查询语句。

参数 stmt 是 MYSQL_STMT 句柄，必须是成功调用 mysql_stmt_init()函数的返回值。

参数 query 是表示 SQL 语句的字符串，这个字符串必须包含一条合法的 SQL 语句，字符串结尾不需要加分号。可以将一个或多个问号“?”嵌入 SQL 语句的恰当位置，作为 SQL 语句的参数标记符。

参数 length 是 SQL 字符串的长度。

如果成功处理了语句，则函数返回 0。如果出现错误，则函数返回非 0 值。

（5）mysql_stmt_bind_result()函数。函数 mysql_stmt_bind_result()的原型如下。

```
my_bool mysql_stmt_bind_result(MYSQL_STMT *stmt, MYSQL_BIND *bind);
```

该函数的功能是将结果集中的列与数据缓冲和长度缓冲关联（绑定）起来。以便调用函数 mysql_stmt_fetch()获取数据时，将绑定列的数据置于指定的缓冲区内。

参数 stmt 是 MYSQL_STMT 句柄，必须是成功调用 mysql_stmt_init()函数的返回值。

参数 bind 是 MYSQL_BIND 结构某一数组的地址。调用 mysql_stmt_fetch()函数之前，必须将所有列绑定到缓冲区，如果未将列绑定到 MYSQL_BIND 结构，则 mysql_stmt_fetch()函数将忽略数据获取操作。

如果绑定成功，则函数返回 0。如果出现错误，则函数返回非 0 值。

（6）mysql_stmt_bind_param()函数。函数 mysql_stmt_bind_param()的原型如下。

```
my_bool mysql_stmt_bind_param(MYSQL_STMT *stmt, MYSQL_BIND *bind);
```

该函数的功能是为SQL语句中的参数标记符绑定数据缓冲区，以传递给mysql_stmt_prepare()函数的 SQL 语句。

参数 bind 是 MYSQL_BIND 结构某一数组的地址。对于 SQL 语句中出现的每个“?”参数标记符，数组中均对应一个元素。

如果绑定成功，则函数返回 0。如果出现错误，则函数返回非 0 值。

（7）mysql_stmt_execute()函数。函数 mysql_stmt_execute()的原型如下。

```
int mysql_stmt_execute(MYSQL_STMT *stmt);
```

该函数的功能是执行与预处理语句句柄 stmt 相关联的 SQL 语句。

如果执行成功，则函数返回 0。如果出现错误，则函数返回非 0 值。

（8）mysql_stmt_store_result()函数。函数 mysql_stmt_store_result()的原型如下。

```
int mysql_stmt_store_result(MYSQL_STMT *stmt);
```

该函数的功能是对查询结果集进行缓冲处理，在调用 mysql_stmt_execute()函数完成 SQL 语句的执行后，在使用 mysql_stmt_fetch()函数获取结果集中的下一行数据之前，要调用 mysql_stmt_store_result()函数。

如果成功完成了对查询结果集的缓冲处理，则函数返回 0。如果出现错误，则函数返回非 0 值。

（9）mysql_stmt_fetch()函数。函数 mysql_stmt_fetch()的原型如下。

```
int mysql_stmt_fetch(MYSQL_STMT *stmt);
```

该函数的功能是返回结果集中的下一行。

如果成功，则函数返回 0。如果出现错误，则函数返回非 0 值。

2. 棋局的保存与查找

（1）添加表示棋局和棋谱的结构。与数据库 game 表中的字段相对应，表示棋局的结构包括 id、对局时间、黑棋用户名、白棋用户名、赢棋用户名和对局总手数。棋谱结构只需保存棋子的位置坐标，因此首先定义一个表示坐标位置的结构 Position。

在 DataBase.h 文件中继续添加结构 Position、Manual、GameWideChar 和 GameMultiChar，分别表示位置坐标、棋谱、宽字节棋局和多字节棋局。Position 结构和 Manual 结构的代码如下。

```
1   struct Position {          //用于表示棋子的位置坐标
2       int col;
3       int row;
4       Position(int col = 0, int row = 0)
5       {
6           this->col = col;
7           this->row = row;
8       }
9       Position(const Position& pos)
10      {
11          this->col = pos.col;
12          this->row = pos.row;
13      }
14      Position& operator=(const Position& pos)
15      {
16          this->col = pos.col;
17          this->row = pos.row;
18          return *this;
19      }
20  };
```

```
1  struct Manual              //用于保存棋谱，向量中的元素是 Position 指针
2  {
3      vector<Position*> positions;
4  };
```

Position 结构的两个数据成员分别是位置的列坐标和位置的行坐标。Manual 结构只有一个 vector 成员 positions，vector 中的每个元素是一个指向 Position 的指针。

由于用到了 vector，所以需要添加如下代码。

```
#include<vector>
using namespace std;
```

GameWideChar 结构和 GameMultiChar 结构的代码如下。

```
1  struct GameWideChar //用于保存程序中的棋局信息（宽字节编码）
2  {
3      int id;
4      TCHAR strTime[20];          //棋局结束时间
5      TCHAR strBlack[32];         //黑棋用户名
6      TCHAR strWhite[32];         //白棋用户名
7      TCHAR strWiner[32];         //赢棋用户名
8      int totalStep;              //对局总手数
9      GameWideChar()
10     {
11         id = 0;
12         memset(strTime, 0, sizeof(strTime));
13         memset(strBlack, 0, sizeof(strBlack));
14         memset(strWhite, 0, sizeof(strWhite));
15         memset(strWiner, 0, sizeof(strWiner));
16         totalStep = 0;
17     }
18 };
```

```
1  struct GameMultiChar            //用于数据库读写的棋局信息（多字节编码）
2  {
3      int id;
4      char strTime[20];           //棋局结束时间
5      char strBlack[64];          //黑棋用户名
6      char strWhite[64];          //白棋用户名
7      char strWiner[64];          //赢棋用户名
8      int totalStep;              //对局总手数
9      GameMultiChar()
10     {
11         id = 0;
```

```
12              memset(strTime, 0, sizeof(strTime));
13              memset(strBlack, 0, sizeof(strBlack));
14              memset(strWhite, 0, sizeof(strWhite));
15              memset(strWiner, 0, sizeof(strWiner));
16              totalStep = 0;
17          }
18  };
```

上述两个表示棋局的结构包含的成员相同，包括棋局的 id、棋局结束时间、黑棋用户名、白棋用户名、赢棋用户名和对局总手数，只是使用不同的编码方式。

（2）添加两个编码转换函数。为了方便，在 DataBase 类中添加 MultiGameToWideGame() 和 WideGameToMultiGame()两个函数，分别将多字节表示的棋局结构转换为宽字节表示的棋局结构，以及将宽字节表示的棋局结构转换为多字节表示的棋局结构，代码如下。

```
1   /*
2   *   将多字节表示的棋局结构转换为宽字节表示的棋局结构
3   *   参数 gameSource： in，多字节表示的棋局信息
4   *   参数 gameTarget： out，宽字节表示的棋局信息
5   */
6   void DataBase::MultiGameToWideGame(const GameMultiChar& gameSource,
                                                GameWideChar& gameTarget)
7   {
8       gameTarget.id = gameSource.id;
9       MultiCharToWideChar (gameSource.strTime, gameTarget.strTime);
10      MultiCharToWideChar(gameSource.strBlack, gameTarget.strBlack);
11      MultiCharToWideChar(gameSource.strWhite, gameTarget.strWhite);
12      MultiCharToWideChar(gameSource.strWiner, gameTarget.strWiner);
13      gameTarget.totalStep = gameSource.totalStep;
14  }
```

函数 MultiGameToWideGame()将第一个参数表示的多字节棋局信息转换为第二个参数表示的宽字节棋局信息。函数中调用 MultiCharToWideChar()函数将多字节编码转换为宽字节编码。

```
1   /*
2   *   将宽字节表示的棋局结构转换为多字节表示的棋局结构
3   *   参数 gameSource：in，宽字节表示的棋局信息
4   *   参数 gameTarget：out，多字节表示的棋局信息
5   */
6   void DataBase::WideGameToMultiGame(const GameWideChar& gameSource,
                                                GameMultiChar& gameTarget)
7   {
8       gameTarget.id = gameSource.id;
9       WideCharToMultiChar(gameSource.strTime, gameTarget.strTime);
10      WideCharToMultiChar(gameSource.strBlack, gameTarget.strBlack);
```

```
11        WideCharToMultiChar(gameSource.strWhite, gameTarget.strWhite);
12        WideCharToMultiChar(gameSource.strWiner, gameTarget.strWiner);
13        gameTarget.totalStep = gameSource.totalStep;
14    }
```

函数 WideGameToMultiGame()将第一个参数表示的宽字节棋局信息转换为第二个参数表示的多字节棋局信息。函数中调用 WideCharToMultiChar()函数将宽字节编码转换为多字节编码。

（3）保存棋局和棋谱。在 DataBase 类中添加保存棋局和棋谱的函数 addGame()，代码如下。

```
1    /* 功能：向棋局表添加一条记录
2     *   返回 0：成功；1：数据库连接失败；2：为 MYSQL_STMT 句柄准备 SQL 语句失败
3     *   参数 gameWide：宽字节表示的棋局
4     *   参数 manual：棋谱
5     */
6    int DataBase::addGame(const GameWideChar& gameWide, const Manual& manual)
7    {
8        GameMultiChar game;
9        WideGameToMultiGame(gameWide, game);
10       //将 manual 中用 vector 存储的棋谱保存在数组 positions 中
11       Position* positions = new Position[game.totalStep];
12       vector<Position*>::const_iterator it;
13       int i = 0;
14       for (it = manual.positions.cbegin(); it != manual.positions.cend(); it++)
15       {
16           Position* pos = *it;
17           *(positions + i) = *pos;
18           i++;
19       }
20       MYSQL mysql;
21       MYSQL_STMT* pstmt;
22       if (!connect(&mysql))    //数据库连接失败
23           return 1;
24       pstmt = mysql_stmt_init(&mysql);
25       const char* query = "insert into game values(?, ?, ?, ?, ?, ?, ?);";
26       if (mysql_stmt_prepare(pstmt, query, strlen(query)))
27       {
28           return 2;
29       }
30       MYSQL_BIND params[7];              //SQL 语句中有 7 个参数
31       memset(params, 0, sizeof(params));
32       bindParam(params[0], MYSQL_TYPE_LONG, &game.id, sizeof(int));
33       bindParam(params[1], MYSQL_TYPE_STRING, game.strTime,
                                      strlen(game.strTime) * sizeof(char));
34       bindParam(params[2], MYSQL_TYPE_STRING, game.strBlack,
```

```
                              strlen(game.strBlack) * sizeof(char));
35      bindParam(params[3], MYSQL_TYPE_STRING, game.strWhite,
                              strlen(game.strWhite) * sizeof(char));
36      bindParam(params[4], MYSQL_TYPE_STRING, game.strWiner,
                              strlen(game.strWiner) * sizeof(char));
37      bindParam(params[5], MYSQL_TYPE_LONG, &game.totalStep, sizeof(int));
38      bindParam(params[6], MYSQL_TYPE_BLOB, positions,
                              game.totalStep * sizeof(Position));
39      mysql_stmt_bind_param(pstmt, params);
40      mysql_stmt_execute(pstmt);          //执行与语句句柄相关的预处理
41      mysql_stmt_close(pstmt);
42      mysql_close(&mysql);
43      delete[]positions;
44      return 0;
45  }
```

第 8 行和第 9 行代码，得到多字节表示的棋局 game。第 11～19 行代码，将 manual 中用 vector 存储的棋谱保存在数组 positions 中，以便后面将棋谱信息存储到数据库中，直接向数据库保存 vector 是错误的。第 24 行代码创建 MYSQL_STMT 句柄。第 25～29 行代码，为 pstmt 准备具体的查询语句。第 30～39 行代码，将 SQL 语句中的参数标记符绑定到缓冲区中，由于 SQL 语句中共有七个参数，因此首先定义有七个元素的 MYSQL_BIND 类型的数组，数组中的每个元素对应一个 SQL 语句中的参数，然后七次调用 bindParam()函数，分别为每一个数组元素指定数据类型、缓冲区、数据长度等（bindParam()函数在后面马上给出代码），最后第 39 行代码调用 mysql_stmt_bind_param()函数将 SQL 语句中的参数标记符绑定到数组 bindParam 指定的缓冲区。第 40 行代码执行 pstmt 对应的 SQL 语句，完成棋局和棋谱的添加。

在 DataBase 类中添加函数 bindParam()，代码如下。

```
1  /*
2  *  功能：为第一个参数指定的 SQL 语句中的参数标记符绑定数据缓冲区
3  *  参数 param：指定要绑定的参数
4  *  参数 buffer_type：与 SQL 语句参数捆绑的值类型
5  *  参数 buffer：存储 SQL 语句参数值的缓冲区地址
6  *  参数 buffer_length：buffer 的大小
7  */
8  void DataBase::bindParam(MYSQL_BIND& param, enum_field_types buffer_type,
                                   void* buffer, unsigned long buffer_length)
9  {
10      param.buffer_type = buffer_type;
11      param.buffer = buffer;
12      param.buffer_length = buffer_length;
13  }
```

这个函数比较简单，就是通过参数给 param 的三个成员赋值。

结合 game 表结构，再看前面 addGame()函数对 bindParam()的调用。game 表的第一个字段是 INT 型，对应的是 MYSQL_TYPE_LONG；第二个字段是 DateTime 型，这里对应的是 MYSQL_TYPE_STRING，也就是说可以给 DateTime 型字段提供字符串类型的数据类型；其他字段都是 CHAR 型，对应的是 MYSQL_TYPE_STRING。

修改 MySQLTest.cpp 文件的主函数，对棋局和棋谱的保存功能进行测试，可以参考如下代码。

```
1   int main()
2   {
3       time_t now = time(NULL);
4       struct tm ltm;
5       localtime_s(&ltm, &now);
6       GameWideChar game;
7       Manual manual;
8       game.id = 0;
9       swprintf_s(game.strTime, -T("%d-%d-%d %d:%d:%d"), ltm.tm_year + 1900,
                ltm.tm_mon + 1, ltm.tm_mday, ltm.tm_hour, ltm.tm_min, ltm.tm_sec);
10      _stprintf_s(game.strBlack, _T("李四"));
11      _stprintf_s(game.strWhite, _T("张三"));
12      _stprintf_s(game.strWiner, _T("张三"));
13      game.totalStep = 4;
14      for (int i = 0; i < game.totalStep; i++)
15      {
16          manual.positions.push_back(new Position(2 + i, 5 + i));
17      }
18      DataBase db;
19      int i = db.addGame(game, manual);
20      switch (i)
21      {
22          case 0:
23              cout << "棋局、棋谱数据保存成功" << endl;
24              break;
25          case 1:
26          case 2:
27              cout << "数据库访问失败" << endl;
28              break;
29      }
30      return 0;
31  }
```

第 3 行代码调用 time()函数获取当前时间 now，time_t 实际就是 unsigned long。函数 time()

的功能是取得从 1970 年 1 月 1 日至目前的秒数，原型如下。

```
time_t    time(time_t* t);
```

第 5 行代码调用 localtime_s()函数将当前时间 now 转换为结构 ltm 类型，结构 ltm 中包含成员 tm_year（从 1900 年开始经历的整数年，因此实际的年份应该再加 1900）、tm_mon（月份，取值范围是 0～11）、tm_mday（一个月中的日期）、tm_hour（当日的小时，取值范围是 0~23）、tm_min（分，取值范围是 0～59）和 tm_sec（秒，取值范围是 0～59）。

第 6～17 行代码定义棋局和棋谱结构变量，并为其赋值。这里将对局总手数设置为 4，然后随意生成 4 个位置坐标，加到棋谱中。在实际测试时可以修改这些数据，然后查看数据库的 game 表中是否获得了正确的数据。

第 18 行和第 19 行代码定义 DataBase 对象，调用 addGame()函数向数据库的 game 表中添加一条记录。第 20～29 行代码根据 addGame()函数的返回值，输出结果。

（4）获取棋局和棋谱信息。在后面实现的棋谱回放功能中，需要根据棋局的 id 查找对应的棋局和棋谱信息，下面在 DataBase 类中添加实现这一功能的函数 getGame()，代码如下。

```
 1  /*
 2  *   功能：根据 ID 查找对应的棋局和棋谱信息
 3  *   返回 0：成功；1：数据库连接失败；2：创建 statement 失败；3：查询失败
 4  *   参数 id：in，棋局 ID
 5  *         gameWide：out，棋局引用
 6  *         manual：out，棋谱引用
 7  */
 8  int DataBase::getGame(int id, GameWideChar& gameWide, Manual& manual)
 9  {
10      GameMultiChar game;
11      MYSQL mysql;
12      if (!connect(&mysql))     //连接数据库
13      {
14          return 1;               //数据库连接失败
15      }
16      MYSQL_STMT* pstmt = mysql_stmt_init(&mysql);          //创建 MYSQL_STMT 句柄
17      char sql[256];
18      sprintf_s(sql, "select id,gameDate,playerBlack,playerWhite,winner,
                                    totalStep from game where id=%d;", id);
19      if (mysql_stmt_prepare(pstmt, sql, strlen(sql)))               //创建 statement
20      {
21          mysql_stmt_close(pstmt);
22          mysql_close(&mysql);
23          return 2;
24      }
25      MYSQL_BIND params[6];           //game 表中有 6 个字段，每个字段设置一个绑定结果缓冲区
```

```
26      memset(params, 0, sizeof(params));
27      bindParam(params[0], MYSQL_TYPE_LONG, &game.id, sizeof(int));
28      bindParam(params[1], MYSQL_TYPE_STRING, game.strTime, sizeof(game.strTime));
29      bindParam(params[2], MYSQL_TYPE_STRING, game.strBlack, sizeof(game.strBlack));
30      bindParam(params[3], MYSQL_TYPE_STRING, game.strWhite, sizeof(game.strWhite));
31      bindParam(params[4], MYSQL_TYPE_STRING, game.strWiner, sizeof(game.strWiner));
32      bindParam(params[5], MYSQL_TYPE_LONG, &game.totalStep, sizeof(int));
33      mysql_stmt_bind_result(pstmt, params);  //用于将 SQL 查询结果集中的列与数据缓冲绑定
34      mysql_stmt_execute(pstmt);              //执行与语句句柄相关的预处理
35      mysql_stmt_store_result(pstmt);         //以便调用 mysql_stmt_fetch()函数能返回缓冲区的数据
36      if (mysql_stmt_fetch(pstmt) != 0)       //查询棋局信息失败
37      {
38          mysql_stmt_close(pstmt);
39          mysql_close(&mysql);
40          return 3;
41      }
42      MultiGameToWideGame(game, gameWide);    //为棋局 gameWide 赋值
43      //棋局信息查询成功，继续读取棋谱信息
44      sprintf_s(sql, "select manual from game where id = %d;", id);
45      if (mysql_stmt_prepare(pstmt, sql, strlen(sql)))
46      {
47          mysql_stmt_close(pstmt);
48          mysql_close(&mysql);
49          return 2;
50      }
51      Position* positions = new Position[game.totalStep];
52      MYSQL_BIND param;
53      memset(&param, 0, sizeof(param));
54      bindParam(param, MYSQL_TYPE_BLOB, positions, sizeof(Position) * game.totalStep);
55      mysql_stmt_bind_result(pstmt, &param);  //将 SQL 查询结果集中的列与数据缓冲绑定
56      mysql_stmt_execute(pstmt);              //执行与语句句柄相关的预处理
57      mysql_stmt_store_result(pstmt);         //以便调用 mysql_stmt_fetch()函数返回缓冲数据
58      if (mysql_stmt_fetch(pstmt) != 0)       //读取棋谱信息失败
59      {
60          mysql_stmt_close(pstmt);
61          mysql_close(&mysql);
62          return 3;
63      }
64      //成功读取棋谱信息，为棋谱 manual 赋值
65      for (int i = 0; i < game.totalStep; i++)
66      {
67          manual.positions.push_back(&positions[i]);
```

```
68          }
69          mysql_stmt_close(pstmt);
70          mysql_close(&mysql);
71          return 0;
72  }
```

getGame()函数通过第一个参数传入棋局 ID，后两个参数分别返回棋局和棋谱信息。首先第 16～42 行代码查询棋局信息，然后根据对局总手数再读取棋谱信息（第 44～68 行）。

第 16～24 行代码创建 MYSQL_STMT 句柄 pstmt，并为 pstmt 准备具体的查询语句，这次是查询 game 表中除棋谱之外的其他所有字段。第 25～33 行代码将 SQL 查询结果集中的列与数据缓冲绑定。第 34 行代码执行 SQL 查询，第 35 行和第 36 行代码返回缓冲区的数据，如果成功，查询得到的数据就会保存到结构变量 game 中。第 42 行代码将多字节棋局信息转换为宽字节棋局信息。

第 44～50 行代码修改 pstmt 的查询语句，这次只查询指定 ID 对应的棋谱。第 51 行代码根据对局总手数，定义并分配缓冲区。第 52～55 行代码将 SQL 查询结果集中的列与数据缓冲绑定。如果读取棋谱信息成功，则第 65～68 行代码用读到的棋谱信息为结构变量 manual 赋值。

最后修改 MySQLTest.cpp 文件的主函数，对 getGame()函数进行测试，可以参考如下代码。

```
1   int main()
2   {
3       GameWideChar game;
4       Manual manual;
5       DataBase db;
6       int i = db.getGame(3, game, manual);
7       if (i == 0)
8       {
9           wcout.imbue(locale(""));                        //为了正常输出宽字节字符
10          cout << game.id << "    ";
11          wcout << game.strTime << "    ";
12          wcout << game.strBlack << "    ";              //wcout 用于输出宽字节字符
13          wcout << game.strWhite << "    ";
14          wcout << game.strWiner << "    ";
15          cout << game.totalStep << endl;
16          auto it = manual.positions.begin();
17          for (; it!= manual.positions.end(); ++it)      //输出棋谱
18          {
19              Position* pos = *it;
20              cout << "(" << pos->col << "," << pos->row << ")" << endl;
21          }
22      }
23      return 0;
24  }
```

第 6 行代码调用 getGame()函数，如果返回值为 0，则表示读取棋局和棋谱信息成功。第 7～22 行代码输出棋局和棋谱信息。第 9 行代码是为了能够使用 wcout 正常输出宽字节字符。

另外如果不想写这些输出代码，也可以通过调试的方式观察变量 game 和 manual 的值。

（5）读取指定用户的所有对局。在 DataBase 类中添加 getGames()函数，查询指定用户的所有对局，代码如下。

```
1   /*
2   * 功能：根据用户名查找该用户的所有对局
3   * 返回 0：成功；1：数据库连接失败；2：创建 statement 失败
4   * 参数 playerName：in，用户名
5   * games：out，保存所有棋局的向量引用
6   */
7   int DataBase::getGames(TCHAR * playerName, vector<GameWideChar*>&games)
8   {
9       GameMultiChar game;
10      char name[64];
11      WideCharToMultiChar(playerName, name);
12      MYSQL mysql;
13      if (!connect(&mysql))            //数据库连接失败
14      {
15          mysql_close(&mysql);
16          return 1;
17      }
18      MYSQL_STMT* pstmt = mysql_stmt_init(&mysql); //创建 MYSQL_STMT 句柄
19      char sql[256];
20      sprintf_s(sql, "select id,gameDate,playerBlack,playerWhite,winner,totalStep
                from game where playerBlack='%s' or playerWhite='%s';", name, name);
21      if (mysql_stmt_prepare(pstmt, sql, strlen(sql)))
22      {
23          mysql_stmt_close(pstmt);
24          mysql_close(&mysql);
25          return 2;
26      }
27      MYSQL_BIND params[6];
28      memset(params, 0, sizeof(params));
29      bindParam(params[0], MYSQL_TYPE_LONG, &game.id, sizeof(int));
30      bindParam(params[1], MYSQL_TYPE_STRING, game.strTime, sizeof(game.strTime));
31      bindParam(params[2], MYSQL_TYPE_STRING, game.strBlack, sizeof(game.strBlack));
32      bindParam(params[3], MYSQL_TYPE_STRING, game.strWhite, sizeof(game.strWhite));
33      bindParam(params[4], MYSQL_TYPE_STRING, game.strWiner, sizeof(game.strWiner));
34      bindParam(params[5], MYSQL_TYPE_LONG, &game.totalStep, sizeof(int));
35      mysql_stmt_bind_result(pstmt, params);          //将 SQL 查询结果集中的列与数据缓冲绑定
```

```
36      mysql_stmt_execute(pstmt);                    //执行与语句句柄相关的预处理
37      mysql_stmt_store_result(pstmt);
38      while (mysql_stmt_fetch(pstmt) == 0)
39      {
40          GameWideChar* pgameWideChar = new GameWideChar();
41          MultiGameToWideGame(game, *pgameWideChar);
42          games.push_back(pgameWideChar);
43      }
44      mysql_stmt_close(pstmt);
45      mysql_close(&mysql);
46      return 0;
47  }
```

getGames()函数通过第一个参数传入用户名，通过第二个参数返回该用户的所有对局。第37行代码之前的代码与函数getGame()前面的代码相似。

第11行代码获取多字节编码表示的用户名，并存放于name中。第20行代码生成SQL语句，这里的查询条件是黑棋用户名或白棋用户名是name。

由于一个用户会有多个对局，因此第38～43行代码通过循环处理每一个对局信息。由于给SQL查询结果集中的列绑定的数据缓冲区就是结构变量game的各个成员，因此，每取出一行数据就存放到game中，在循环中创建GameWideChar对象，调用函数MultiGameToWideGame()，获得宽字节表示的棋局结构，并保存到pgameWideChar所指向的对象中，最后将pgameWideChar添加到向量games中。

修改MySQLTest.cpp文件的主函数，对getGames()函数进行测试，可以参考如下代码。

```
1   int main()
2   {
3       TCHAR name[32];
4       _stprintf_s(name, _T("张三"));
5       vector<GameWideChar*> games;
6       DataBase db;
7       int i = db.getGames(name, games);
8       if (i == 0) {
9           wcout.imbue(locale(""));
10          GameWideChar *game;
11          auto it = games.begin();
12          for (; it != games.end(); ++it)
13          {
14              game = *it;
15              cout << game->id << "    ";
16              wcout << game->strTime << "    ";
17              wcout << game->strBlack << "    ";
18              wcout << game->strWhite << "    ";
```

```
19                  wcout << game->strWiner << "    ";
20                  cout << game->totalStep << endl;
21              }
22          }
23          return 0;
24      }
```

在第 12～21 行代码的循环中，依次取出向量 games 中的每一个元素，输出该元素对应的棋局信息。

## 4.3　用户注册和登录

用户注册和登录

### 4.3.1　准备工作

1. 配置项目属性

在第 3 章程序的基础上，按照前面 4.2.1 小节中创建工程并设置属性的方法，为服务器项目 FiveServer 设置 VC++包含目录和库目录，以及复制动态链接库（如果前面已经将动态链接库复制到 Windows 系统目录中，则不需要复制）。

2. 添加数据库类

将 4.2 节创建 DataBase 类的两个文件 DataBase.h 和 DataBase.cpp 复制到服务器项目 FiveServer 所在的文件夹下，然后将这两个文件添加到服务器项目中。

修改 DataBase.cpp 文件，在文件的最前面加入如下文件的包含。

```
#include "pch.h"
```

3. “注册”对话框

（1）添加“注册”对话框资源。用户注册是由用户在客户端完成的，因此在客户端项目 FiveClient 中添加“注册”对话框资源，如图 4-5 所示。

图 4-5　添加“注册”对话框资源

“注册”对话框的 ID 是 IDD_REGIST_DLG，标题为“注册”。“注册”对话框中控件的 ID 和属性见表 4-3。

表 4-3 “注册”对话框中控件的属性

| 控件名 | ID | 其他属性 |
| --- | --- | --- |
| IP 地址控件 | IDC_SERVER_IP | |
| 端口编辑框 | IDC_PORT_EDIT | |
| “用户名”编辑框 | IDC_USERNAME_EDIT | |
| “密码”编辑框 | IDC_PASSWORD_EDIT | 密码：true |
| “确认密码”编辑框 | IDC_CONFIRM_EDIT | 密码：true |
| “注册”按钮 | IDC_REGISR_BTN | |
| “取消”按钮 | IDCANCEL | |

然后为“注册”对话框资源添加管理类 CRegistDlg，对应的文件是 RegistDlg.h 和 RegistDlg.cpp，并使用类向导添加表 4-4 所示的控件关联变量。

表 4-4 “注册”对话框中添加的控件关联变量

| ID | 变量类型 | 变量名 |
| --- | --- | --- |
| IDC_SERVER_IP | CIPAddressCtrl | m_ipServer |
| IDC_PORT_EDIT | int | m_nServerPort |
| IDC_USERNAME_EDIT | CString | m_strUsername |
| IDC_PASSWORD_EDIT | CString | m_strPassword |
| IDC_CONFIRM_EDIT | CString | m_strConfirm |

（2）显示“注册”对话框。为了使“注册”对话框中服务器 IP 地址和端口两个控件有初始值，我们使用类向导重写 CRegistDlg 类的初始化函数 OnInitDialog()，并添加如下代码。

```
1  BOOL CRegistDlg::OnInitDialog()
2  {
3      CDialogEx::OnInitDialog();
4      m_ipServer.SetAddress(127, 0, 0, 1);
5      m_nServerPort = 4000;
6      UpdateData(false);
7      return TRUE;
8  }
```

在“登录”对话框中添加一个按钮，ID 为 ID_REGIST，标题为“注册”，修改后的对话框如图 4-6 所示。

图 4-6　修改后的“登录”对话框

然后为登录对话框的“注册”按钮添加单击事件的消息响应函数，代码如下。

```
1   void CLoginDlg::OnBnClickedRegist()
2   {
3       CRegistDlg dlg;
4       dlg.DoModal();
5   }
```

在 LoginDlg.cpp 文件中添加如下文件的包含。

```
#include "RegistDlg.h"
```

这时再运行客户端程序，首先出现“登录”对话框，单击“登录”对话框中的“注册”按钮，出现注册对话框。

### 4.3.2　实现功能

1. 实现注册功能

（1）添加“注册”按钮的消息响应函数。为“注册”对话框中的“注册”按钮添加单击事件的消息响应函数，代码如下。

```
1   void CRegistDlg::OnBnClickedRegistBtn()
2   {
3       UpdateData(true);
4       DWORD dwIp;
5       m_ipServer.GetAddress(dwIp);
6       if (m_strUsername.IsEmpty() || m_strPassword.IsEmpty() || m_strConfirm.IsEmpty()
            || m_nServerPort < 1000)
7       {
8           AfxMessageBox(_T("请输入合法的数据！ "));
9           return;
10      }
11      if (m_strPassword != m_strConfirm)
```

```
12          {
13              AfxMessageBox(_T("两次输入的密码不一致！"));
14              return;
15          }
16          GetDlgItem(IDC_REGIST_BTN)->EnableWindow(FALSE);
17          SetWindowText(_T("注册中......"));
18          //调用 CClient 类的 Regist()函数完成注册
19          unsigned int re = theApp.m_Client.Regist(dwIp, m_nServerPort, m_strUsername, m_strPassword);
20          SetWindowText(_T("注册对话框"));
21          GetDlgItem(IDC_REGIST_BTN)->EnableWindow(TRUE);
22          if(re==0)
23              AfxMessageBox(_T("注册成功！"));
24          else if(re==1)
25              AfxMessageBox(_T("网络连接失败！"));
26          else if (re == 2)
27              AfxMessageBox(_T("数据库访问失败！"));
28          else if (re == 3)
29              AfxMessageBox(_T("用户名已存在，注册失败！"));
30      }
```

第 6～15 行代码检查是否输入了合法的数据，以及两次输入的密码是否一致。第 19 行代码调用 CClient 类的 Regist()函数完成注册（Regist()函数在稍后介绍），根据函数的返回值判断注册结果，并显示在信息框中。

（2）定义注册消息。在 Msg.h 文件中定义注册消息以及注册消息结构，下面两行代码定义注册消息及服务器返回的注册结果消息。

```
#define MSG_REGIST              0X0E        //注册消息
#define MSG_REGIST_RETURN       0X0F        //服务器返回的注册结果消息
```

注册消息结构及注册消息参数结构代码如下。

```
1   // 客户端向服务器发送的注册消息的参数，包括用户名和密码
2   struct ParamRegist
3   {
4       TCHAR strName[MAX_STR_LEN];         //用户名
5       TCHAR strPass[MAX_STR_LEN];         //密码
6       ParamRegist() {
7           memset(strName, 0, sizeof(TCHAR) * MAX_STR_LEN);
8           memset(strPass, 0, sizeof(TCHAR) * MAX_STR_LEN);
9       }
10      ParamRegist(CString name, CString pass) {
11          memset(strName, 0, sizeof(TCHAR) * MAX_STR_LEN);
12          memset(strPass, 0, sizeof(TCHAR) * MAX_STR_LEN);
13          memcpy(strName, name.GetBuffer(), name.GetLength() * sizeof(TCHAR));
```

```
14              memcpy(strPass, pass.GetBuffer(), pass.GetLength() * sizeof(TCHAR));
15          }
16  };
17  struct MsgRegist :public Msg        //客户端向服务器发送的注册消息
18  {
19      struct ParamRegist Param;
20      MsgRegist():Msg(MSG_REGIST) {}
21      MsgRegist(CString name, CString pass):Msg(MSG_REGIST), Param(name, pass) {}
22  };
```

服务器返回的注册结果消息结构及注册结果消息参数结构代码如下。

```
1   //客户端发送注册消息后，服务器返回给客户端注册结果
2   struct ParamRegistReturn
3   {
4       unsigned int    result;     //0：成功；2：数据库出错；3：用户名已存在
5       ParamRegistReturn(unsigned int r=0) :result(r) {}
6   };
7   struct MsgRegistReturn :public Msg
8   {
9       struct ParamRegistReturn Param;
10      MsgRegistReturn() :Msg(MSG_REGIST_RETURN) {}
11      MsgRegistReturn(unsigned int r) :Msg(MSG_REGIST_RETURN), Param(r) {}
12  };
```

（3）在 CClient 类中添加注册函数。为 CClient 类添加注册函数 Regist()，向服务器发送注册消息，代码如下。

```
1   //功能：向服务器发送注册消息，并接收服务器返回的注册结果
2   //参数：服务器 IP、端口、用户名、密码
3   //返回：0 为注册成功，1 为网络错误，2 为数据库访问失败，3 为用户名重复
4   int CClient::Regist(DWORD dwIP, WORD wPort, CString strName, CString strPass)
5   {
6       m_Socket = socket(AF_INET, SOCK_STREAM, IPPROTO_TCP);
7       if (m_Socket == INVALID_SOCKET)
8       {
9           return 1;
10      }
11      sockaddr_in server;
12      server.sin_family = AF_INET;
13      server.sin_port = htons(wPort);
14      server.sin_addr.s_addr = htonl(dwIP);
15      if (connect(m_Socket, (sockaddr*)&server, sizeof(sockaddr)) == SOCKET_ERROR)
16      {
17          closesocket(m_Socket);
```

```
18            return 1;
19        }
20        MsgRegist msg(strName, strPass);
21        int len = send(m_Socket, (char*)&msg, sizeof(msg), 0);
22        if (len == SOCKET_ERROR)
23        {
24            closesocket(m_Socket);
25            return 1;
26        }
27        MsgRegistReturn    msgReturn;
28        if (RecvData(m_Socket, (char*)&msgReturn, sizeof(msgReturn)) <= 0)
29        {
30            closesocket(m_Socket);
31            return 1;
32        }
33        closesocket(m_Socket);
34        return msgReturn.Param.result;     //0：注册成功；2：数据库访问失败；3：用户名重复
35    }
```

第 19 行代码之前的代码与登录函数 Login()类似，完成网络连接。第 20～26 行代码向服务器发送注册消息。第 27～34 行代码接收服务器返回的注册结果，并将注册结果作为函数的返回值返回到调用它的函数中。

与登录不同的是，注册是一个独立的过程，与下棋无关，因此注册结束就将 socket 关闭。

（4）在服务器端处理注册消息。在服务器项目的 CServer 类中，定位到函数 RecvThreadProc()，在处理登录消息（MSG_LOGIN）代码的前面添加处理注册消息分支的代码，具体代码如下。

```
1   case MSG_REGIST:
2   {
3       MsgRegist msg;      //如果发到注册消息，则读取剩下的注册消息参数
4       if (RecvData(thisClient->m_Socket, (char*)&msg.Param, sizeof(msg.Param)) <= 0)
5       {
6           theApp.m_Server.ClientOffline(thisClient);
7           return 0;
8       }
9       MsgRegistReturn msgSend; //返回给客户端的注册结果消息
10      DataBase db;
11      UserWideChar user(msg.Param.strName, msg.Param.strPass);
12      EnterCriticalSection(&theApp.m_Server.m_cs);
13      msgSend.Param.result = db.regist(user);
14      LeaveCriticalSection(&theApp.m_Server.m_cs);
15      int len = send(thisClient->m_Socket, (char*)&msgSend, sizeof(msgSend), 0);
16      //发送数据后，客户端下线，结束线程
```

```
17          theApp.m_Server.ClientOffline(thisClient);
18          return 0;
19          break;
20  }
```

如果收到注册消息，则第 3～8 行代码继续读取注册消息的参数。第 9～15 行代码定义注册结果消息、构造 user 对象、调用数据库类 DataBase 的 regist()函数实现用户注册，最后将 regist()函数的返回值作为消息 MsgRegistReturn 的参数发送给客户端。需要注意的是，在调用函数 regist()时，这里仍然使用临界区对象控制线程同步。

第 17 行和第 18 行代码使注册的客户端下线，函数立即返回，结束线程。

由于函数中使用 DataBase 类，所以需要在 Server.cpp 文件中添加如下文件的包含。

```
#include "DataBase.h"
```

2. 实现登录功能

由于第 2 章中已经完成了登录的整个过程，所以下面只需要将服务器的登录检查改成数据库的登录检查就可以了。

在服务器项目的 CServer 类中，找到函数 RecvThreadProc()，定位并修改处理登录消息（MSG_LOGIN）的分支，将下面行代码

```
msgSend.Param.bSuccess = theApp.m_Server.CheckUserInfo(msg.Param.strName, msg.Param.strPass);
```

修改为

```
1  DataBase db;
2  UserWideChar user(msg.Param.strName, msg.Param.strPass);
3  if(db.login(user)==0)
4          msgSend.Param.bSuccess = true;
5  else
6          msgSend.Param.bSuccess = false;
```

原来的代码调用 CheckUserInfo()函数，检查是否有相同的用户名已经登录。修改后的代码调用数据库类 DataBase 的 login()函数，完成登录功能。

## 4.4　棋局和棋谱的保存

棋局和棋谱的保存

要保存棋局和棋谱，就要首先获取棋局和棋谱的信息。在服务器项目的 CClient 类中，已经包含了大部分棋局信息，这里我们再为其添加两个数据成员，猜中棋子的颜色 color 和棋谱 manual。猜先后可以为 color 赋值，每下一步棋要将落子位置加到棋谱 manual 中。赢棋后，创建棋局对象，调用 DataBase 类的 addGame()函数保存棋局和棋谱信息到数据库中。

我们前面在 DataBase.h 文件中定义的三个结构 GameWideChar、Position 和 Manual，将来

在客户端也要用到，因此我们将这三个结构移到 Msg.h 文件中（放在 struct Msg 结构定义之前）。

在 DataBase.h 文件中，添加如下的文件包含。

```
#include "Msg.h"
```

在 Msg.h 文件中，添加如下代码。

```
#include<vector>
using namespace std;
```

### 4.4.1 为 CClient 类添加新成员

在服务器项目 FiveServer 中，找到 Server.h 文件，在 CClient 类中添加如下两个成员。

```
GuessColor color;                    //猜中的棋子颜色
Manual m_manual;                     //棋谱
```

其中 color 表示猜中的棋子颜色，m_manual 用于记录棋谱，也就是每步棋的位置坐标。

### 4.4.2 为 CClient 类的成员 color 赋值

在 Server.cpp 文件中，找到 RecvThreadProc()函数，定位到同意对局消息的分支（MSG_AGREE），在“//向对话框发送自定义消息，显示猜先结果”代码的前面添加如下代码。

```
//为 Client 中的 color 赋值
thisClient->color = color1;
thisClient->m_cltOpponent->color = color2;
//向对话框发送自定义消息，显示猜先结果
```

查看猜先程序的代码可知，color1 代表发送消息的客户端猜中的棋子颜色，color2 代表其对手客户端猜中的棋子颜色。

### 4.4.3 记录棋谱

下棋过程中，每下一个棋子，将落子位置保存到棋谱中。

在 Server.cpp 文件中，找到 RecvThreadProc()函数，定位到下棋分支（MSG_GO），在“//向对话框发送自定义消息，显示落子信息”代码的前面添加如下代码。

```
1  //记录棋谱,两个客户端同时记录
2  Position* pos = new Position(Msg.Param.nCol,Msg.Param.nRow);
3  thisClient->m_manual.positions.push_back(pos);
4  thisClient->m_cltOpponent->m_manual.positions.push_back(pos);
5  //向对话框发送自定义消息，显示落子信息
```

第 2 行代码创建了一个 Position 对象，其参数(Msg.Param.nCol, Msg.Param.nRow)就是这一步棋的落子坐标。第 3 行代码将这个 Position 对象的地址添加到当前客户端的棋谱中，第 4 行代码将这个 Position 对象的地址添加到对手客户端的棋谱中。

由于一个对局有两个客户端，通过上面的程序可知，这两个客户端都保存了完整的棋谱。因此，将来下棋结束，只需要保存一个客户端的棋局和棋谱即可。

### 4.4.4　保存棋局和棋谱

棋局结束后，将棋局和棋谱数据保存到数据库中。我们先添加一个保存棋局和棋谱的函数，然后在适当的地方调用这个函数。

1. 保存棋局和棋谱的函数

在 CServer 类中添加保存棋局和棋谱的函数 SaveGame()，代码如下。

```
1   /*
2   *功能：保存棋局和棋谱
3   *参数：要保存的棋局对应的客户端（只保存赢棋的客户端）
4   */
5   void CServer::SaveGame(CClient* pClient)
6   {
7       GameWideChar game;
8       time_t now = time(NULL);
9       struct tm ltm;
10      localtime_s(&ltm, &now);
11      char strTime[20];
12      sprintf_s(strTime, "%d-%d-%d %d:%d:%d", ltm.tm_year + 1900,
                    ltm.tm_mon + 1, ltm.tm_mday, ltm.tm_hour, ltm.tm_min, ltm.tm_sec);
13      DataBase db;
14      db.MultiCharToWideChar(strTime, game.strTime);
15      if (pClient->color == GuessColor::COLOR_BLACK) //如果自己是黑棋
16      {
17          wcscpy_s(game.strBlack, pClient->m_strName);
18          wcscpy_s(game.strWhite, pClient->m_cltOpponent->m_strName);
19      }
20      else            //如果自己是白棋
21      {
22          wcscpy_s(game.strBlack, pClient->m_cltOpponent->m_strName);
23          wcscpy_s(game.strWhite, pClient->m_strName);
24      }
25      wcscpy_s(game.strWiner, pClient->m_strName);
26      game.totalStep = pClient->m_manual.positions.size();
27      db.addGame(game, pClient->m_manual);
28      //清理棋谱（两个客户端）
29      auto it = pClient->m_manual.positions.begin();
30      while (it != pClient->m_manual.positions.end()) //对向量遍历
31      {
32          Position* pPosition = *it;                          //取得向量中的一个元素
```

```
33            delete pPosition;                                         //释放 Position 对象
34            ++it;
35        }
36        //两个棋谱中的向量保存的是同一个 Position
37        pClient->m_manual.positions.clear();                          //清空棋谱向量
38        pClient->m_cltOpponent->m_manual.positions.clear();           //清空对手棋谱向量
39    }
```

第 7～26 行代码，创建棋局对象，并根据 pClient 指向对象的数据，为棋局对象赋值。首先获取当前时间，并赋给棋局对象的下棋时间，然后根据 pClient->color 确定黑棋用户名和白棋用户名。棋局的总步数就是表示棋谱向量包含元素的个数。

第 27 行代码调用 DataBase 类的 addGame()函数向 game 表中添加一行记录。

第 28～35 行代码，将棋谱向量中的所有动态创建的 Position 对象释放。

第 37 行和第 38 行代码分别清空两个客户端的棋谱向量。

2. 调用保存棋局和棋谱的函数

在服务器收到赢棋消息和认输消息后，都要保存棋局和棋谱。

（1）处理赢棋的情况。在 Server.cpp 文件中，找到 RecvThreadProc()函数，定位到赢棋分支（MSG_WIN），在“//向对话框发送自定义消息，显示对局结果”代码的前面添加如下代码。

```
theApp.m_Server.SaveGame(thisClient);
//向对话框发送自定义消息，显示对局结果
```

调用 SaveGame()函数，参数是 thisClient（因为 thisClient 是赢棋的用户客户端）。

（2）处理认输的情况。在 Server.cpp 文件中，找到 RecvThreadProc()函数，定位到认输分支（MSG_GIVEUP），在“//向对话框发送自定义消息，显示认输信息”代码的前面添加如下代码。

```
theApp.m_Server.SaveGame(thisClient->m_cltOpponent);
//向对话框发送自定义消息，显示认输信息
```

调用 SaveGame()函数，参数是 thisClient->m_cltOpponent（因为 thisClient 是认输的用户客户端，其对手 thisClient->m_cltOpponent 就是赢棋的用户客户端）。

棋谱回放

## 4.5 棋 谱 回 放

### 4.5.1 棋谱的回放过程

首先客户端向服务器发送“获取对局列表”消息。服务器收到“获取对局列表”消息后，从数据库中查出该用户的所有对局，并发送给客户端。客户端收到服务器发来的数据后，将所

有对局显示在列表中，用户从中选择一个，客户端将选中对局的 ID 发送给服务器。服务器根据对局的 ID 从数据库中将对局信息和棋谱信息查询出来，并发送给客户端。客户端收到对局信息和棋谱信息后，完成棋谱的回放。棋谱回放的处理流程如图 4-7 所示。

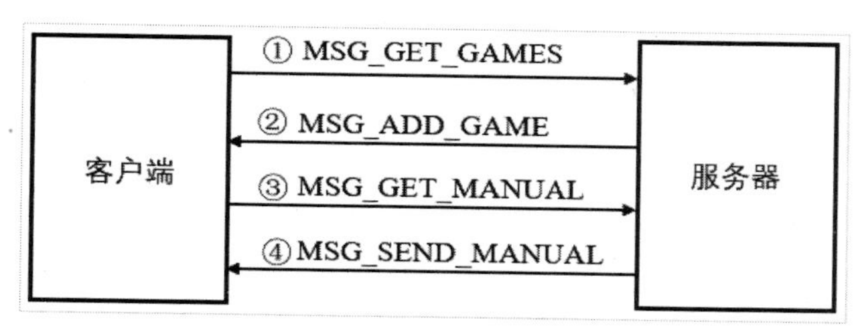


图 4-7　棋谱回放的处理流程

首先客户端向服务器发送获取对局列表（MSG_GET_GAMES）消息。服务器收到该消息后，从数据库中查出该用户的所有对局，逐个向客户端发送添加对局（MSG_ADD_GAME）消息，参数是对局数据。客户端收到添加对局消息后，将该对局显示在列表中。用户从列表中选择一个对局，向服务器发送获取棋谱（MSG_GET_MANUAL）消息，参数是对局 ID。服务器根据对局 ID 从数据库中查询出对应的棋谱，向客户端发送棋谱（MSG_SEND_MANUAL）消息，参数是棋谱数据。

### 4.5.2　客户端显示对局列表

1. 客户端向服务器发送消息

（1）定义相关消息。在 Msg.h 文件中定义如下的四个消息。

```
#define MSG_GET_GAMES        0X10    //客户端向服务器发送的获取对局列表消息
#define MSG_ADD_GAME         0X11    //服务器向客户端发送的添加对局消息
#define MSG_GET_MANUAL       0X12    //客户端向服务器发送的获取棋谱消息
#define MSG_SEND_MANUAL      0X13    //服务器向客户端发送的棋谱消息
```

这四个消息分别是客户端向服务器发送的获取对局列表消息、服务器向客户端发送的添加对局消息、客户端向服务器发送的获取棋谱消息和服务器向客户端发送的棋谱消息。

然后定义这四个消息结构，代码如下。

```
1  struct MsgGetGames :public Msg          //客户端向服务器发送的获取对局消息
2  {
3      MsgGetGames() :Msg(MSG_GET_GAMES) {}
4  };
5  struct MsgAddGame:public Msg            //服务器返回的对局消息
6  {
7      struct GameWideChar Param;
8      MsgAddGame() :Msg(MSG_ADD_GAME){}
9  };
```

```
10  struct ParamGetManual
11  {
12       unsigned int gameId;
13       ParamGetManual(unsigned int id=0) :gameId(id) {}
14  };
15  struct MsgGetManual :public Msg        //客户端向服务器发送的获取棋谱消息
16  {
17       struct ParamGetManual Param;
18       MsgGetManual(unsigned int id=0) :Msg(MSG_GET_MANUAL),Param(id) {}
19  };
20  struct ParamSendManual
21  {
22       unsigned int totalStep;
23       ParamSendManual(unsigned int step = 0) :totalStep(step) {}
24  };
25  struct MsgSendManual :public Msg  //服务器返回的棋谱消息（只包含总手数，不包含详细棋谱信息）
26  {
27       struct ParamSendManual Param;
28       MsgSendManual(unsigned int step = 0) :Msg(MSG_SEND_MANUAL), Param(step) {}
29  };
30  struct ParamSendManual2             //客户端自己使用的棋谱消息（包含详细的棋谱信息）的参数
31  {
32       unsigned int totalStep;
33       Position* positions;
34       ParamSendManual2(unsigned int step = 0) :totalStep(step) ,positions(NULL) {}
35  };
36  struct MsgSendManual2 :public Msg      //客户端自己使用的棋谱消息（包含详细的棋谱信息）
37  {
38       struct ParamSendManual2 Param;
39       MsgSendManual2(unsigned int step = 0) :Msg(MSG_SEND_MANUAL), Param(step) {}
40  };
```

第 1～29 行代码定义了前面所说的四个消息结构，与之前定义的其他消息结构类似。

其中 MSG_GET_GAMES 消息没有参数，MSG_ADD_GAME 消息的参数是 GameWideChar 结构类型，因此不需要再重新定义一个消息参数（对于前面用到的注册消息 MSG_REGIST 和登录消息 MSG_LOGIN，它们的参数都与 DataBase.h 文件中定义的结构 UserWideChar 相同，也可以使用同一个，我们这里不再修改）。

除了上述四个消息结构，第 30～40 行代码还定义了消息结构 MsgSendManual2，它与 MsgSendManual 结构的区别是参数多了一个 Position 类型的指针，这个消息结构是在客户端项目的 CClient 类向对话框发送自定义消息时使用的。

（2）在客户端对话框中加入“棋谱欣赏”按钮。在客户端对话框资源 IDD_FIVECLIENT_

DIALOG 中添加一个“棋谱欣赏”按钮，ID 为 IDC_MANUAL，修改后的对话框如图 4-8 所示。

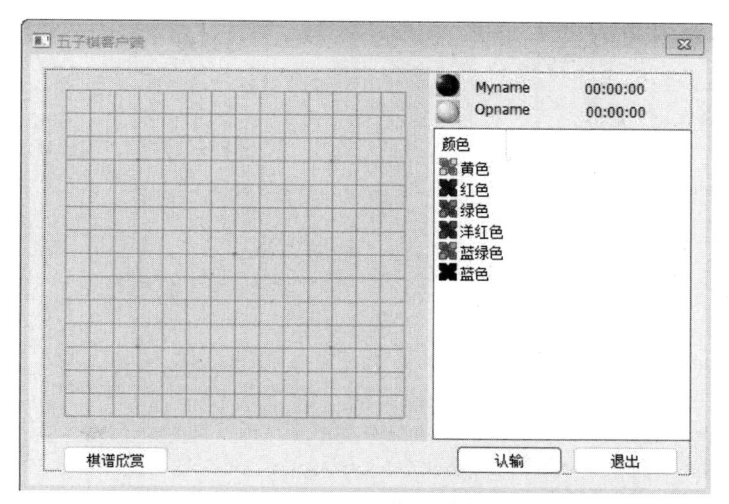


图 4-8　添加“棋谱欣赏”按钮后的客户端对话框

然后为“棋谱欣赏”按钮添加单击事件的消息响应函数 OnBnClickedManual()，代码如下。

```
1  void CFiveClientDlg::OnBnClickedManual()
2  {
3      theApp.m_Client.SendGamesMsg();
4  }
```

函数中调用 CClient 类的 SendGamesMsg()函数向服务器发送 MSG_GET_GAMES 消息。下面给出 SendGamesMsg()函数的定义。

（3）添加 SendGamesMsg()函数。在 CClient 类中添加 SendGamesMsg()函数，代码如下。

```
1  // 功能：向服务器发送 MSG_GET_GAMES 消息
2  void CClient::SendGamesMsg()
3  {
4      MsgGetGames msg;
5      int len = send(m_Socket, (char*)&msg, sizeof(msg), 0);
6      if (len == SOCKET_ERROR)
7      {
8          ProcessNetError();
9      }
10 }
```

这个 MSG_GET_GAMES 消息没有参数，定义消息结构变量后，直接发送就可以了。

2. 服务器接收 MSG_GET_GAMES 消息并处理

在服务器项目的 CServer 类中，定位到函数 RecvThreadProc()，添加一个处理 MSG_GET_GAMES 消息的分支，具体代码如下。

```
1  case MSG_GET_GAMES:
2  {
3      vector<GameWideChar*> games;
4      DataBase db;
5      TCHAR name[32];
6      _tcscpy_s(name, thisClient->m_strName);          //将 CString 转换为 TCHAR[]
7      db.getGames(name,games);                          //通过用户名查询该用户的所有对局
8      int len;
9      auto it = games.begin();
10     for (; it!=games.end(); ++it)                     //循环发送每一个对局
11     {
12         GameWideChar *game = *it;
13         MsgAddGame   Msg;                             //消息的参数是对局信息
14         Msg.Param.id = game->id;
15         memcpy(Msg.Param.strTime, game->strTime, sizeof(Msg.Param.strTime));
16         memcpy(Msg.Param.strBlack, game->strBlack, sizeof(Msg.Param.strBlack));
17         memcpy(Msg.Param.strWhite, game->strWhite, sizeof(Msg.Param.strWhite));
18         memcpy(Msg.Param.strWiner, game->strWiner, sizeof(Msg.Param.strWiner));
19         Msg.Param.totalStep = game->totalStep;
20         len = send(thisClient->m_Socket, (char*)&Msg, sizeof(Msg), 0);
21         if (len == SOCKET_ERROR)
22         {
23             theApp.m_Server.ClientOffline(thisClient);
24             return 0;
25         }
26     }
27     break;
28 }
```

第 7 行代码调用 DataBase 类的 getGames()函数，根据用户名查询该用户的所有对局，并保存在向量 games 中。

第 10～25 行的循环中，每次获取一个对局，并使用对局的数据为消息 Msg 的参数赋值，最后将消息 Msg 发送给客户端。

3. 添加对局列表对话框

（1）添加对话框资源并创建对应的类。在客户端项目 FiveClient 中添加对局列表对话框资源，对话框的 ID 是 ID_GAMELIST_DLG，标题是“对局列表对话框”，如图 4-9 所示。

对话框中有一个列表控件（ListCtrl）和两个按钮控件，两个按钮控件的属性保持默认不变，列表控件的 ID 是 IDC_GAME_LIST，“视图”属性选择 Report。

在列表控件中，将在每一行显示一个对局信息，包括对局 ID、对局用时、黑棋用户名、白棋用户名、赢棋用户名和对局总手数。

图 4-9　对局列表对话框

使用类向导为对话框添加对应的类 CGameListDlg，对应的文件是 GameListDlg.h 和 GameListDlg.cpp。然后为控件 IDC_GAME_LIST 添加控制型关联变量，代码如下。

```
CListCtrl m_lstGame;
```

然后在 CGameListDlg 类中添加以下属性，代码如下。

```
int m_gameId;
CString m_BlackName;
CString m_WhiteName;
CString m_WinnerName;
CString m_TotalStep;
```

这些属性的用途是在选中某个对局后，单击“确定”按钮退出对话框时，能够得到所选中对局的数据，以便获取棋谱信息，以及在“棋谱回放”对话框中使用。

（2）重写对话框的 OnInitDialog()函数。使用类向导为 CGameListDlg 添加对话框初始化函数 OnInitDialog()，代码如下。

```
1  BOOL CGameListDlg::OnInitDialog()
2  {
3       CDialogEx::OnInitDialog();
4       m_lstGame.InsertColumn(0, L"GameID", LVCFMT_CENTER, 60);
5       m_lstGame.InsertColumn(1, L"对局用时", LVCFMT_CENTER, 120);
6       m_lstGame.InsertColumn(2, L"黑棋方", LVCFMT_CENTER, 120);
7       m_lstGame.InsertColumn(3, L"白棋方", LVCFMT_CENTER, 120);
8       m_lstGame.InsertColumn(4, L"赢棋方", LVCFMT_CENTER, 120);
9       m_lstGame.InsertColumn(5, L"总手数", LVCFMT_CENTER, 60);
10      theApp.m_Client.sethWnd(this->GetSafeHwnd());
11      theApp.m_Client.SendGamesMsg();          //发送获取对局列表的消息
12      return TRUE;
13 }
```

第 4～9 行代码调用 InsertColumn()函数为列表控件插入 6 列，并设置列标题。第 10 行代码将 CClient 类发送自定义消息的目标设置为 CGameListDlg 对话框的句柄，使客户端接收到 MSG_ADD_GAME 消息时，发到本对话框，从而将对局数据显示在对话框的列表控件中，第 11 行代码调用 CClient 类的 SendGamesMsg()函数向服务器发送获取对局列表的消息。

4. 客户端接收服务器返回的消息

在客户端项目 FiveClient 中定位到 CClient 类的 RecvThreadProc()函数，添加一个处理 MSG_ADD_GAME 消息的分支，代码如下。

```
1   case MSG_ADD_GAME:
2   {
3       MsgAddGame msg;
4       if (RecvData(thisClient->m_Socket, (char*)&msg.Param, sizeof(msg.Param)) <= 0)
5       {
6           thisClient->ProcessNetError();
7           return 0;
8       }
9       ::SendMessage(thisClient->m_hWnd, UWM_CLIENT,
                    (LPARAM)msg.msgType, (WPARAM)&msg.Param);
10      break;
11  }
```

客户端收到 MSG_ADD_GAME 消息后，继续接收消息参数（第 4 行代码），也就是对局数据。然后发送自定义消息给对话框（第 9 行代码）。

5. 客户端显示对局列表

（1）修改 OnBnClickedManual()函数。修改 CFiveClientDlg 类中的 OnBnClickedManual()函数（“棋谱欣赏”按钮的消息响应函数），打开对局列表对话框，代码如下。

```
1   void CFiveClientDlg::OnBnClickedManual()
2   {
3       CGameListDlg   gamesDlg;              //对局列表抵扣
4       //显示对局列表对话框，如果不是单击“确定”按钮关闭对话框，则终止棋谱欣赏
5       if (gamesDlg.DoModal() != IDOK)
6       {
7           theApp.m_Client.sethWnd(this->GetSafeHwnd());
8           return;
9       }
10  }
```

第 5 行代码打开对局列表对话框，由于在对局列表对话框的初始化函数中已经将自定义消息的发送目标设置为对局列表对话框，因此 CClient 类再发送自定义消息时就会发送到对局列表对话框。如果不是单击“确定”按钮关闭对局列表对话框，则将自定义消息的发送目标重新设置为对局对话框。

在 Five ClienDlg.cpp 文件中添加如下文件的包含。

```
#include "GameListDlg.h"
```

（2）添加自定义消息响应函数。在 CGameListDlg 类中添加自定义消息响应函数的声明，代码如下。

```
afx_msg LRESULT OnClientMsg(WPARAM wParam, LPARAM lParam);
```

在 GameListDlg.cpp 文件中找到消息映射处，添加如下第 2 行代码。

```
1  BEGIN_MESSAGE_MAP(CGameListDlg, CDialogEx)
2      ON_MESSAGE(UWM_CLIENT, OnClientMsg)
3  END_MESSAGE_MAP()
```

在 GameListDlg.h 文件中添加如下文件的包含。

```
#include "Msg.h"
```

最后添加 OnClientMsg()函数的定义，代码如下。

```
1  LRESULT CGameListDlg::OnClientMsg(WPARAM wParam, LPARAM lParam)
2  {
3      UINT msgType = (UINT)wParam;
4      switch (msgType)
5      {
6          case MSG_NET_ERROR:                //网络错误
7          {
8              m_lstGame.DeleteAllItems();        //删除所有对局
9              MessageBox(_T("服务器失去连接！"), _T("提示"), MB_OK);
10             break;
11         }
12         case MSG_ADD_GAME:     //添加对局
13         {
14             GameWideChar* game = (GameWideChar*)lParam;
15             AddGame(game);
16             break;
17         }
18     }
19 return TRUE;
20 }
```

收到 MSG_ADD_GAME 消息后，将参数 lParam 强制转换为 GameWideChar*，再调用 AddGame()函数将这个对局信息添加到列表控件中，下面添加 AddGame()函数。

（3）添加 AddGame()函数。在 CGameListDlg 类中添加 AddGame()函数，代码如下。

```
1  //向列表控件中添加一行（即一个对局），参数是指向对局的指针
2  void CGameListDlg::AddGame(GameWideChar* game)
3  {
```

```
4        int itemCount = m_lstGame.GetItemCount();
5        CString strId;
6        CString strTotalStep;
7        strId.Format(_T("%d"), game->id);
8        strTotalStep.Format(_T("%d"), game->totalStep);
9        m_lstGame.InsertItem(itemCount, strId);
10       m_lstGame.SetItemText(itemCount, 1, game->strTime);
11       m_lstGame.SetItemText(itemCount, 2, game->strBlack);
12       m_lstGame.SetItemText(itemCount, 3, game->strWhite);
13       m_lstGame.SetItemText(itemCount, 4, game->strWiner);
14       m_lstGame.SetItemText(itemCount, 5, strTotalStep);
15   }
```

第 4 行代码获取当前列表控件的行数。第 7 行和第 8 行代码将对局的 ID 和总手数转换为 CString 类型。第 9 行代码调用 InsertItem()函数，向列表控件中插入一行。第 10～14 行代码调用 SetItemText()函数设置每一列的值。

至此，已经能够正常显示对局列表。

### 4.5.3 客户端获取棋谱数据

1. 客户端向服务器发送 MSG_GET_MANUAL 消息

（1）添加对局列表对话框“确定”按钮的消息响应函数。在对局列表对话框中，添加“确定”按钮单击事件的消息响应函数，代码如下。

```
1   void CGameListDlg::OnBnClickedOk()
2   {
3        POSITION pos = m_lstGame.GetFirstSelectedItemPosition();
4        if (pos == NULL) {
5             MessageBox(_T("请选择一个对局！"));
6             return;
7        }
8        int nId = (int)m_lstGame.GetNextSelectedItem(pos);
9        CString strGameId = m_lstGame.GetItemText(nId, 0);
10       m_gameId = _ttoi(strGameId);
11       m_BlackName = m_lstGame.GetItemText(nId, 2);
12       m_WhiteName= m_lstGame.GetItemText(nId, 3);
13       m_WinnerName=m_lstGame.GetItemText(nId, 4);
14       m_TotalStep= m_lstGame.GetItemText(nId, 5);
15       CDialogEx::OnOK();
16  }
```

第 3 行代码调用 GetFirstSelectedItemPosition()函数获取选中行的位置（POSITION 值），如果返回值为 NULL，则表示没有选中任何一行。第 8 行代码获取列表控件当前选中行的序号，后面的几行代码获取选中行各列的数据，以便退出对局列表对话框后还可以使用这些数据。

（2）修改 OnBnClickedManual()函数。修改 CFiveClientDlg 类中的 OnBnClickedManual()函数（“棋谱欣赏”按钮的消息响应函数），在函数的最后加入下面一行代码。

```
theApp.m_Client.SendManualMsg(gamesDlg.m_gameId);
```

退出对局列表对话框后，将选择的 gameId 作为参数调用 CClient 类的 SendManualMsg()函数向服务器发送 MSG_GET_MANUAL 消息。下面在 CClient 类中添加 SendManualMsg()函数。

（3）添加 SendManualMsg()函数。在 CClient 类中添加 SendManualMsg()函数，代码如下。

```
1  void  CClient::SendManualMsg(unsigned int gameId)
2  {
3       MsgGetManual msg(gameId);
4       int len = send(m_Socket, (char*)&msg, sizeof(msg), 0);
5       if (len == SOCKET_ERROR)
6       {
7           ProcessNetErorr();
8       }
9  }
```

MSG_GET_MANUAL 消息的参数是 gameId。定义 MsgGetManual 对象后，直接向服务器发送就可以了。

2. 服务器接收 MSG_GET_MANUAL 消息并处理

在服务器 MSG 项目 FiveServer 的 CServer 类中，定位到 RecvThreadProc()函数，添加一个处理 MSG_GET_MANUAL 消息的分支，代码如下。

```
1   case MSG_GET_MANUAL:
2   {
3       MsgGetManual msg;
4       if (RecvData(thisClient->m_Socket, (char*)&msg.Param, sizeof(msg.Param)) <= 0)
5       {
6           theApp.m_Server.ClientOffline(thisClient);
7           return 0;
8       }
9       //根据 gameId 查询对局和棋谱信息
10      GameWideChar game;
11      Manual manual;
12      DataBase db;
13      db.getGame(msg.Param.gameId, game, manual);
14      //先发送 MSG_SEND_MANUAL 消息，参数是总手数
15      MsgSendManual sendMsg(game.totalStep);
16      int len = send(thisClient->m_Socket, (char*)&sendMsg, sizeof(sendMsg), 0);
17      if (len == SOCKET_ERROR)
18      {
```

```
19              theApp.m_Server.ClientOffline(thisClient);
20          }
21          //然后发送棋谱数据
22          Position* position = new Position[game.totalStep];
23          auto it = manual.positions.begin();
24          int i = 0;
25          for (; it != manual.positions.end(); ++it)
26          {
27              Position* pos = *it;
28              position[i] = *pos;
29              i++;
30          }
31          len = send(thisClient->m_Socket, (char*)position, sizeof(Position)* game.totalStep, 0);
32          if (len == SOCKET_ERROR)
33          {
34              theApp.m_Server.ClientOffline(thisClient);
35          }
36          delete []position;
37          break;
38      }
```

第 10～13 行代码根据 MSG_GET_MANUAL 消息的参数 gameId，在数据库中查询棋局和棋谱信息。

第 15～20 行代码向客户端返送 MSG_SEND_MANUAL 消息，参数是总手数。第 22～30 行代码将棋谱数据保存到缓冲区 position 中。第 31～35 行代码将 position 指向的棋谱数据发送到客户端。

**注意：**由于 manual 中的棋谱数据保存在向量中，并且向量中的元素是指针，所以不能将 manual 直接发送给客户端。

3. 客户端接收服务器返回的消息

在客户端项目 FiveClient 的 CClient 类中，定位到 RecvThreadProc()函数，添加一个处理 MSG_SEND_MANUAL 消息的分支，代码如下。

```
1   case MSG_SEND_MANUAL:
2   {
3       MsgSendManual msg;
4       if (RecvData(thisClient->m_Socket, (char*)&msg.Param, sizeof(msg.Param)) <= 0)
5       {
6           thisClient->ProcessNetError();
7           return 0;
8       }
9       Position* positions = new Position[msg.Param.totalStep];
```

```
10      if (RecvData(thisClient->m_Socket, (char*)positions, sizeof(Position)* msg.Param.totalStep) <= 0)
11      {
12          thisClient->ProcessNetError();
13          return 0;
14      }
15      MsgSendManual2    msg2;
16      msg2.Param.totalStep = msg.Param.totalStep;
17      msg2.Param.positions = positions;
18      ::SendMessage(thisClient->m_hWnd, UWM_CLIENT,
                                    (LPARAM)msg2.msgType, (WPARAM)&msg2.Param);
19      break;
20  }
```

接收到 MSG_SEND_MANUAL 消息后，继续读取消息参数，也就是对局总手数。第 9 行代码根据总手数创建接收棋谱数据的缓冲区 positions。第 10～20 行代码接收棋谱数据，然后定义 MsgSendManual2 类型的变量 msg2，并向对话框发送自定义消息。

下一小节将添加“棋谱回放”对话框，并为对话框添加自定义消息响应函数，用于接收棋谱数据，完成棋谱回放的功能。

### 4.5.4　实现棋谱回放

1．添加“棋谱回放”对话框

（1）添加对话框资源。在客户端项目 FiveClient 中，添加“棋谱回放”对话框资源，如图 4-10 所示。由于显示棋盘部分与 IDD_FIVECLIENT_DIALOG 相同，所以可以将对话框资源 IDD_FIVECLIENT_DIALOG 复制一份，再修改对话框资源中的控件。

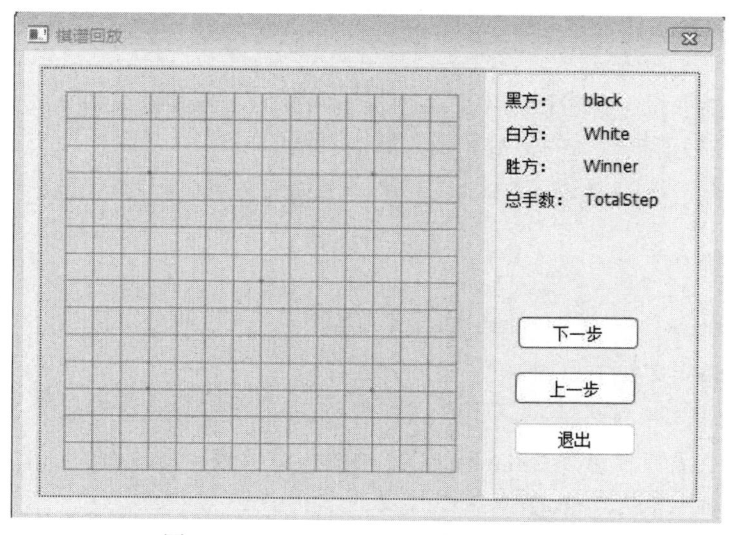


图 4-10　添加“棋谱回放”对话框资源

对话框的 ID 是 IDD_PLAYBACK_DLG，标题是“棋谱回放”。对话框中控件的属性见表 4-5，其中黑方、白方、胜方和总手数这四个静态文本是固定不变的，在表 4-5 中没有列出。

表 4-5 “棋谱回放”对话框中控件的属性

| 控件名 | ID | 其他属性 |
|---|---|---|
| 静态文本 | IDC_BLACK | 描述文字：Black |
| 静态文本 | IDC_WHITE | 描述文字：White |
| 静态文本 | IDC_WINNER | 描述文字：Winner |
| 静态文本 | IDC_TOTALSTEP | 描述文字：TotalStep |
| 按钮 | IDC_NEXT | 描述文字：下一步 |
| 按钮 | IDC_PREV | 描述文字：上一步 |
| 按钮 | IDCANCEL | 描述文字：退出 |

（2）添加类及控件关联变量。为“棋谱回放”对话框添加关联类 CPlaybackDlg，对应的文件是 PlaybackDlg.h 和 PlaybackDlg.cpp，并添加表 4-6 所示的控件关联变量。

表 4-6 “棋谱回放”对话框中的控件关联变量

| ID | 变量类型 | 变量名 |
|---|---|---|
| IDC_BLACK | CString | m_strBlack |
| IDC_WHITE | CString | m_strWhite |
| IDC_WINNER | CString | m_strWinner |
| IDC_TOTALSTEP | CString | m_strTotalStep |

2. 添加其他变量和函数

（1）添加成员变量。在对话框中要实现棋谱回放，应为其添加如下成员变量：棋盘对局 ID、对局总手数、当前棋盘上的手数和指向棋谱数据的指针。

```
CBoard m_board;                  //棋盘
int m_gameId;                    //对局 ID
unsigned m_totalStep;            //对局总手数
unsigned m_step;                 //当前棋盘上的手数
Position *m_positions;           //指向棋谱数据的指针
```

在 PlaybackDlg.h 文件中添加如下文件的包含。

```
#include "Board.h"
```

（2）修改构造函数。修改 CPlaybackDlg 类的构造函数，修改后的构造函数代码如下。

```
1   CPlaybackDlg::CPlaybackDlg(CWnd* pParent /*=nullptr*/)
2       : CDialogEx(IDD_PLAYBACK_DLG, pParent)
```

```
3         , m_board(this)
4         , m_gameId(0)
5         , m_positions(NULL)
6         , m_totalStep(0)
7         , m_step(0)
8         , m_strBlack(_T(""))
9         , m_strWhite(_T(""))
10        , m_strWinner(_T(""))
11        , m_strTotalStep(_T(""))
12    {
13    }
```

（3）添加对话框初始化消息响应函数。使用类向导添加对话框初始化消息响应函数，代码如下。

```
1    BOOL CPlaybackDlg::OnInitDialog()
2    {
3        CDialogEx::OnInitDialog();
4        theApp.m_Client.sethWnd(this->GetSafeHwnd());
5        theApp.m_Client.SendManualMsg(m_gameId);
6        m_board.isPlaying = true;
7        m_board.isGoing = true;
8        return TRUE;
9    }
```

第 4 行代码将接收 CClient 发送的自定义消息目标设置为“棋谱回放”对话框，一旦“棋谱回放”对话框显示出来，CClient 的自定义消息都发送到“棋谱回放”对话框。第 5 行代码调用 CClient 类的 SendManualMsg()函数向服务器发送获取棋谱消息。第 6 行和第 7 行代码将棋盘类的 isPlaying 和 isGoing 设置为 true，以便能够正常摆放棋子。

（4）重写 OnPaint()函数。使用类向导添加 OnPaint()函数，代码如下。

```
1    void CPlaybackDlg::OnPaint()
2    {
3        CPaintDC dc(this); // device context for painting
4        m_board.Draw(&dc);
5    }
```

第 4 行代码调用棋盘类的 Draw()函数，显示棋盘和当前棋盘上的棋子。

（5）在析构函数中添加代码。找到析构函数，在函数中添加如下代码。

```
1    CPlaybackDlg::~CPlaybackDlg()
2    {
3        if (m_positions != NULL)
4        {
5            delete[]m_positions;
```

```
6        }
7  }
```

如果 m_positions 不为空，则将动态分配的内存释放。

3. 自定义消息响应函数

（1）函数声明。在 CPlaybackDlg 类中添加自定义消息响应函数的声明，代码如下。

```
afx_msg LRESULT OnClientMsg(WPARAM wParam, LPARAM lParam);
```

（2）消息映射。在 PlaybackDlg.cpp 文件中找到消息映射处，添加下面第 2 行代码。

```
1  BEGIN_MESSAGE_MAP(CPlaybackDlg, CDialogEx)
2        ON_MESSAGE(UWM_CLIENT, OnClientMsg)
3        ON_WM_PAINT()
4  END_MESSAGE_MAP()
```

（3）函数定义。在 PlaybackDlg.cpp 文件中添加自定义消息响应函数的定义，代码如下。

```
1  LRESULT CPlaybackDlg::OnClientMsg(WPARAM wParam, LPARAM lParam)
2  {
3        UINT msgType = (UINT)wParam;
4        switch (msgType) {
5              case MSG_SEND_MANUAL:
6              {
7                    ParamSendManual2* param = (ParamSendManual2*)lParam;
8                    m_totalStep = param->totalStep;
9                    m_positions = new Position[m_totalStep];
10                   for (unsigned i = 0; i < m_totalStep; ++i)
11                   {
12                         m_positions[i] = param->positions[i];
13                   }
14                   break;
15             }
16             case MSG_NET_ERROR:
17             {
18                   MessageBox(_T("服务器失去连接！"), _T("提示"), MB_OK);
19                   break;
20             }
21       }
22       return TRUE;
23 }
```

如果接收到棋谱消息，则将参数 lParam 强制转换为 ParamSendManual2*，再将对局总手数赋给成员变量 m_totalStep，并根据对局总手数为 m_positions 分配内存，最后通过循环将每一步的棋子位置赋给 m_positions。

4. 修改 OnBnClickedManual()函数

在前面的基础上继续修改 CFiveClientDlg 类的 OnBnClickedManual()函数，修改后的代码如下。

```
1  void CFiveClientDlg::OnBnClickedManual()
2  {
3      CGameListDlg   gamesDlg;                          //对局列表对话框
4      theApp.m_Client.SendGamesMsg();                   //发送获取对局列表的消息
5      //显示对局列表对话框，如果不是单击“确定”按钮关闭对话框，则终止棋谱欣赏
6      if (gamesDlg.DoModal() != IDOK)
7      {
8          theApp.m_Client.sethWnd(this->GetSafeHwnd());
9          return;
10     }
11     CPlaybackDlg playbackDlg;            //“棋谱回放”对话框
12     playbackDlg.m_strBlack = gamesDlg.m_BlackName;
13     playbackDlg.m_strWhite = gamesDlg.m_WhiteName;
14     playbackDlg.m_strWinner = gamesDlg.m_WinnerName;
15     playbackDlg.m_strTotalStep = gamesDlg.m_TotalStep;
16     playbackDlg.m_gameId = gamesDlg.m_gameId;
17     playbackDlg.DoModal();
18     theApp.m_Client.sethWnd(this->GetSafeHwnd());
19 }
```

第 11～16 行代码是新添加的代码，定义“棋谱回放”对话框，并为对话框的成员变量赋值（这些值是从对局列表对话框中得到的）。第 17 行代码显示“棋谱回放”对话框。“棋谱回放”对话框消失后，第 18 行代码调用 sethWnd()函数将 CClient 类的成员 m_hWnd 设置为对局对话框，保证以后 CClient 类所发送的自定义消息都发给对局对话框。

在 FiveClientDlg.cpp 文件中添加如下文件的包含。

```
#include "PlaybackDlg.h"
```

5. 为按钮添加消息响应函数

下面为“下一步”和“上一步”两个按钮添加消息响应函数，实现棋谱的回放。

（1）添加“下一步”按钮的消息响应函数。为“棋谱回放”对话框的“下一步”按钮添加消息响应函数，代码如下。

```
1  void CPlaybackDlg::OnBnClickedNext()
2  {
3      if (m_step < m_totalStep)
4      {
5          if (m_step % 2 == 0)
6              m_board.putChess(m_positions[m_step].col, m_positions[m_step].row, true);
7          else
```

```
8                   m_board.putChess(m_positions[m_step].col, m_positions[m_step].row, false);
9               ++m_step;
10          }
11      }
```

如果当前棋盘上的手数小于总手数，则要根据棋谱向棋盘上添加一个棋子。如果当前棋盘上的手数是偶数，则放一个黑棋；否则放一个白棋。最后将当前棋盘上的手数加 1。

（2）添加“上一步”按钮的消息响应函数。为“棋谱回放”对话框的“上一步”按钮添加消息响应函数，代码如下。

```
1   void CPlaybackDlg::OnBnClickedPrev()
2   {
3       if (m_step > 0)
4       {
5           m_board.goback();
6           --m_step;
7           Invalidate();
8       }
9   }
```

如果当前棋盘上的手数大于 0，则调用悔棋函数，然后将当前棋盘上的手数减 1。

至此，棋谱回放功能已全部完成，重新编译运行程序，查看运行情况。

# 第 5 章　五子棋人机对战

五子棋人机对战就是人与计算机下棋，其重点在于计算机如何实现对弈功能，它是人工智能研究的一个重要分支。

五子棋人机对战运行界面如图 5-1 所示。先选择是否计算机先下棋，然后单击“开始”按钮开始下棋。

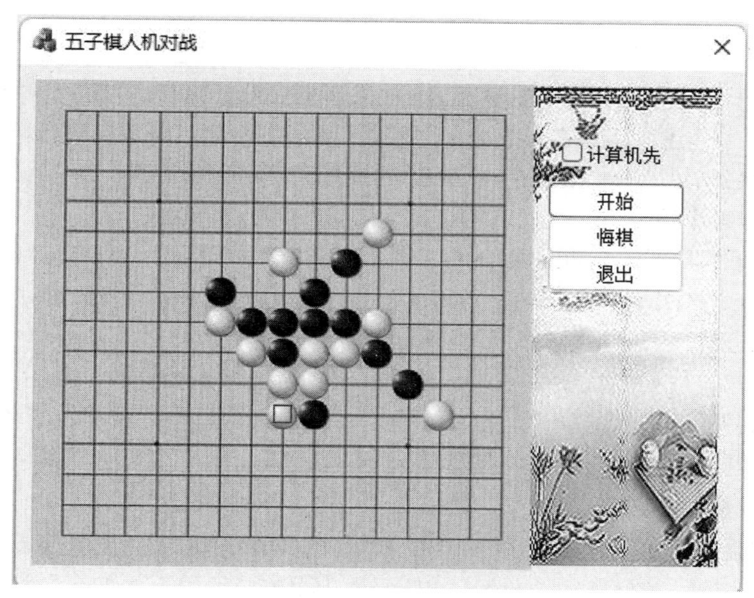


图 5-1　五子棋人机对战运行界面

与第 2 章单机版五子棋运行界面相比，五子棋人机对战运行界面多了一个“计算机先”的复选框组件，如果勾选该复选框则表示计算机先下棋，否则表示人先下棋。

下面将分 4 节介绍五子棋人机对战程序的实现，第 1 节是准备工作，包括界面的修改，以及实现人与计算机轮流下棋的控制逻辑，当然这一阶段的计算机没有智能，只是随机地在棋盘上下子；第 2 节实现计算机智能下棋，这一阶段计算机下棋时只判断当前一步棋的最好位置，最好位置的判断是通过棋型的估值实现的；第 3 节实现计算机能够预测未来几个可能走棋方法，通过极大极小搜索法提高计算机的下棋水平，极大极大搜索法就是让计算机先试着采用某个走棋方法，当下了这个棋子后再往后下若干个棋子，按照某种规则给这个走棋方法评分，最后，在所有走棋方法中选择一个相对最佳的走棋方法；第 4 节通过 Alpha-Beta 搜索法提高计算机的搜索效率。

# 5.1 准备工作

这一节主要是将单机版五子棋程序复制过来，进行修改，主要包括在界面中加入用于选择计算机先下棋的复选框；棋盘类中加入一些属性和方法，主要包括计算机下棋的方法、人下棋的方法，以及修改棋盘类和对话框类中的部分方法，主要有“开始”按钮的消息响应函数，悔棋函数，鼠标按下的消息响应函数等。

## 5.1.1 创建项目并添加资源

1. 创建项目 FiveAI 并复制资源

新建一个基于对话框的项目 FiveAI，然后将单机版五子棋中的位图资源和音频资源都复制到项目 FiveAI 中（注意不是在 Windows 资源管理器中复制，而是打开单机版五子棋项目，复制资源 IDB_BLACK、IDB_WHITE、IDB_BOARD、IDB_RIGHT、IDR_WAVE_GO）。

2. 复制对话框资源

把单机版五子棋中的对话框资源 IDD_FIVE_DIALOG 复制到项目 FiveAI 中，将原来的对话框资源 IDD_FIVE_DIALOG 删除，再将复制过来的 ID 改为 IDD_FIVEAI_DIALOG，标题改为“五子棋人机对战”。

与第 2 章一样，也将棋盘图片显示在对话框中。勾选对话框资源下方的“原型图像”，单击后面的“...”按钮，出现“打开”对话框，在“打开”对话框中找到棋盘背景图片 board.bmp 并选中，单击“打开”按钮，然后将偏移量 x、y 都设置为 10。

3. 编辑对话框中的控件

在对话框中添加一个复选框，ID 为 IDC_COMPUTER_FIRST，文字描述为“计算机先”。修改“重新开始”按钮的标题为“开始”，ID 修改为 IDC_START。（如果对话框右侧的背景图片影响控件的添加与修改，则可以先将其移到其他位置，等按钮和复选框都编辑好之后，再将背景图片移回原来的位置。）修改后的对话框控件布局参看图 5-1。

最后使用类向导为复选框控件添加控件关联变量，变量类型是 CButton，变量名是 m_btnComputerFirst。

## 5.1.2 修改对话框类

1. 复制棋盘类和棋子类

将单机版五子棋的棋盘类和棋子类文件（Board.h、Board.cpp、Chess.h 和 Chess.cpp）复制到项目 FiveAI 的程序文件夹中，并添加到项目 FiveAI 中。

2. 在对话框类中添加棋盘类属性

与单机版五子棋类似，在对话框类 CFiveAIDlg 中添加棋盘类属性 board，代码如下。

```
private:
    CBoard board;
```

在 FiveAIDlg.h 文件中添加如下的文件包含。

```
#include "Board.h"
```

3. 修改构造函数

修改 CFiveAIDlg 类的构造函数，代码如下。

```
1  CFiveAIDlg::CFiveAIDlg(CWnd* pParent /*=nullptr*/)
2      : CDialogEx(IDD_FIVEAI_DIALOG, pParent)
3      , board(this)
4  {
5      m_hIcon = AfxGetApp()->LoadIcon(IDR_MAINFRAME);
6  }
```

第 3 行代码是新增加的，功能是为属性 board 初始化。

4. 修改 OnPaint()函数

找到 CFiveAIDlg 类的 OnPaint()函数，修改 else 部分的代码，修改后的代码如下。

```
1  else
2  {
3      CPaintDC dc(this); // 用于绘制的设备上下文
4      board.Draw(&dc);
5      CDialogEx::OnPaint();
6  }
```

其中第 3 行和第 4 行代码是新增加的，用于显示棋盘以及棋盘上的棋子。重新编译运行程序，对话框各部分均已正常显示，如图 5-2 所示。

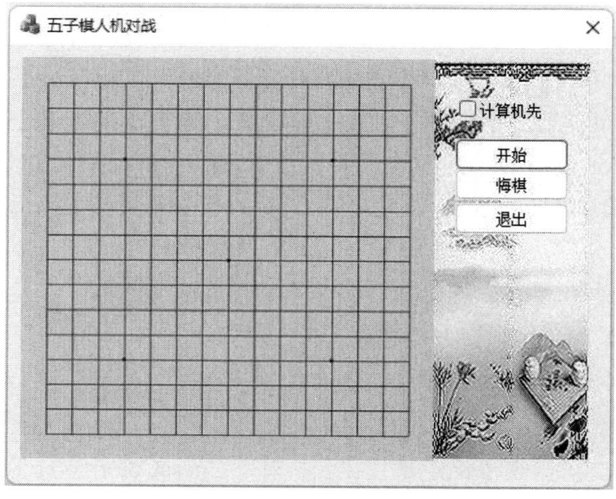


图 5-2　五子棋人机对战运行界面

### 5.1.3 添加 CBoardStatus 类

因为在实现计算机自动下棋的功能时，要根据当前棋盘的状态对局势进行评估，如果用前面的向量 chesses 来获取棋盘状态效率会比较低，因此我们引入二维数组 status 来记录棋盘的状态。如果不实现悔棋的功能，则可以将 chesses 删除，这里我们保留 chesses（如果删除 chesses，则一些方法要做相应的修改，如判断赢棋的方法等）。

由于向量 chesses 和二维数组 status 都是表示棋盘上的棋子状态，两者要保持一致，为了方便维护两者的一致性，我们创建一个 CBoardStatus 类，这个类中包含向量 chesses 和二维数组 status 两个属性。

在项目 FiveAI 中添加 CBoardStatus 类，对应的文件是 BoardStatus.h 和 BoardStatus.cpp。

BoardStatus.h 文件的代码如下。

```
1   #pragma once
2   #include<vector>
3   #include "Chess.h"
4   class CBoardStatus
5   {
6   public:
7       std::vector<CChess*> chesses;
8       ChessColor status[15][15];
9       CBoardStatus();
10      void putChess(CChess *ch);
11      void removeLastChess();
12      void clearBoard();
15  };
```

CBoardStatus 类中除了上面提到的两个属性 chesses 和 status，还有三个成员函数。函数 putChess()向棋盘中放置一个棋子、函数 removeLastChess()将棋盘上最后放置的一个棋子拿走、函数 clearBoard()清除棋盘上的所有棋子，这些函数的具体实现在 BoardStatus.cpp 文件中定义。

status 是 ChessColor 类型的二维数组，大小是 15 行 15 列，因此能够表示棋盘上所有交叉点的状态。前面我们在 Chess.h 文件中定义的 ChessColor 有两个值，表示黑棋和白棋，代码如下。

```
enum class ChessColor{ BLACK, WHITE};
```

现在再增加一个值 BLANK，表示无棋子，代码如下。

```
enum class ChessColor{ BLACK, WHITE, BLANK};
```

status[col][row]的值如果是 ChessColor::BLANK 则表示该点(col,row)无棋子（即空位）；如果是 ChessColor::BLACK，则表示该点是黑棋；如果是 ChessColor::WHITE，则表示该点是白棋。

BoardStatus.cpp 文件的代码如下。

```
1  #include "pch.h"
2  #include "BoardStatus.h"
3  //构造函数将棋谱上的所有交叉点设置为空白
4  CBoardStatus::CBoardStatus()
5  {
6       for (int i = 0; i < 15; i++)
7           for (int j = 0; j < 15; j++)
8               status[i][j] = ChessColor::BLANK;
9  }
10 //向棋盘中放置一个棋子，棋子状态由参数指定
11 void CBoardStatus::putChess(CChess* ch)
12 {
13      status[ch->getCol()][ch->getRow()] = ch->getColor();
14      chesses.push_back(ch);
15 }
16 //将棋盘上最后放置的一个棋子移走
17 void CBoardStatus::removeLastChess()
18 {
19      CChess* ch = chesses.back();
20      status[ch->getCol()][ch->getRow()] = ChessColor::BLANK;
21      chesses.pop_back();
22      delete ch;
23 }
24 //清空棋盘上的所有棋子
25 void CBoardStatus::clearBoard()
26 {
27      while (!chesses.empty())
28      {
29          CChess* ch = chesses.back();
30          chesses.pop_back();
31          delete ch;
32      }
33      for (int i = 0; i < 15; i++)
34          for (int j = 0; j < 15; j++)
35              status[i][j] = ChessColor::BLANK;
36 }
```

在构造函数中将棋盘上的所有交叉点设置为空白。putChess()函数将参数表示的棋子放置到棋盘上，同时修改 status 和 chesses，确保二者同步修改。removeLastChess()函数将棋盘上最后放置的一个棋子拿掉，也是同时对 status 和 chesses 进行操作。clearBoard()函数清空棋盘上的所有棋子，将 status 和 chesses 都清空。

### 5.1.4 修改 CBoard 类

1. 添加属性

删除原来 CBoard 类中表示棋盘上棋子的属性 chesses，增加 CBoardStatus 类属性 boardStatus。为了方便，我们将其定义为 public 类型。

```
public:
    CBoardStatus boardStatus;
```

在 Board.h 文件中添加如下的文件包含。

```
#include "BoardStatus.h"
```

将原来的属性 isStoped 修改为 isPlaying。当 isPlaying 为 true 时，表示正在下棋；当 isPlaying 为 false 时，表示未开始下棋或已结束下棋。

2. 修改构造函数和析构函数

修改 CBoard 类的构造函数和析构函数，修改后的代码如下。

```
1  CBoard::CBoard(CDialogEx* pDlg)
2  {
3      this->pDlg = pDlg;
4      isBlack = true;
5      isPlaying = false;
6      CBoard::LoadBitmap();
7      CChess::LoadBitmap();
8  }
9  CBoard::~CBoard()
10 {
11     boardStatus.clearBoard();
12 }
```

在构造函数中将 isPlaying 设置为 false，程序运行后不能立即下棋。只有当单击“开始”按钮后，才能开始下棋。

析构函数只需调用 CBoardStatus 类的 clearBoard()函数即可。

3. 修改 Draw()函数

修改 CBoard 类的 Draw()函数，修改后的代码如下。

```
1  void CBoard::Draw(CDC* pdc)
2  {
3      CDC memdc;
4      memdc.CreateCompatibleDC(pdc);
5      memdc.SelectObject(bmpBoard);
6      pdc->BitBlt(FRAME, FRAME, 320, 320, &memdc, 0, 0, SRCCOPY);
7      memdc.DeleteDC();
8      if (!boardStatus.chesses.empty())
```

```
 9      {
10          std::vector<CChess*>::iterator    it;
11          for (it = boardStatus.chesses.begin(); it != boardStatus.chesses.end(); it++)
12          {
13              (*it)->Draw(pdc);
14          }
15          it--;
16          int xPos = FRAME + BORDER + (*it)->getCol() * GRID_WIDTH - GRID_WIDTH / 2;
17          int yPos = FRAME + BORDER + (*it)->getRow() * GRID_WIDTH - GRID_WIDTH / 2;
18          CRect rect(xPos + 5, yPos + 5, xPos + GRID_WIDTH - 5, yPos + GRID_WIDTH - 5);
19          CPen pen;
20          CBrush brush;
21          pen.CreatePen(PS_SOLID, 1, RGB(255, 0, 0));
22          CBrush* oldBrush = (CBrush*)pdc->SelectStockObject(NULL_BRUSH);
23          CPen* oldPen = pdc->SelectObject(&pen);
24          pdc->Rectangle(rect);
25          pdc->SelectObject(oldPen);
26          pdc->SelectObject(oldBrush);
27      }
28  }
```

第 8 行和第 11 行代码是修改后的代码，将原来的变量 chesses 改为 boardStatus.chesses。其他代码与单机版五子棋的一致。

4. 修改几个相关函数

在单机版五子棋的程序中，棋盘类的部分函数都用到了向量属性 chesses，当前的 chesses 属性已经被 boardStatus 属性替换，因此这些函数都要修改。

下面对 hasChess()函数、Go()函数和 putChess()函数进行修改，代码如下。

```
 1  bool CBoard::hasChess(int col, int row) {
 2      return boardStatus.status[col][row] != ChessColor::BLANK;
 3  }
 4
 5  bool CBoard::hasChess(int col, int row, ChessColor color)
 6  {
 7      return boardStatus.status[col][row] == color;
 8  }
 9
10  void CBoard::Go(CPoint point)
11  {
12      int col = (point.x - FRAME - BORDER + GRID_WIDTH / 2) / GRID_WIDTH;
13      int row = (point.y - FRAME - BORDER + GRID_WIDTH / 2) / GRID_WIDTH;
14      //如果不在棋盘内，或者有棋子，或者不是下棋状态，则返回
15      if ((col < 0) || (col > 14) || (row < 0) || (row > 14)) return;
```

```
16        if (hasChess(col, row))    return;
17        if (!isPlaying)    return;
18        putChess(col, row);
19    }
20
21    //功能：在棋盘中放置一个棋子
22    //参数：两个参数是棋子坐标，棋子颜色由 isBlack 确定
23    void CBoard::putChess(int col, int row)
24    {
25        CChess* pChess;
26        ChessColor color = isBlack ? ChessColor::BLACK : ChessColor::WHITE;
27        pChess = new CChess(this, col, row, color);
28        boardStatus.putChess(pChess);
29        pDlg->RedrawWindow();
30        PlaySound(MAKEINTRESOURCE(IDR_WAVE_GO), GetModuleHandle(NULL),
                              SND_RESOURCE | SND_ASYNC);
31        if (isWin(col, row))
32        {
33            isPlaying = false;
34            CString str("恭喜，");
35            str += isBlack ? "黑棋赢了！" : "白棋赢了！";
36            AfxMessageBox(str);
37        }
38        isBlack = !isBlack;
39    }
```

由于用二维数组表示棋盘上每个交叉点的状态，所以两个 putChess()函数比原来的代码更为简洁。

将判断输赢并显示赢棋结果的代码，从 Go()函数移到了 putChess()函数中。在后面的程序中，人下棋调用 Go()函数，计算机下棋调用 computerGo()函数（这个函数稍后添加），这两个函数都会调用 putChess()函数，而每下一个棋子都要判断输赢，因此将这段代码放在 putChess()函数中比较合适。

在 putChess()函数中使用 RedrawWindow()函数代替原来的 Invalidate()函数（第 29 行代码）。因为 Invalidate()函数只是发送界面更新的消息，不能保证立即更新界面，而 RedrawWindow()函数会立即调用 WM_PAINT 消息处理，刷新界面。

另外，原来 putChess()函数有 3 个参数，现将表示棋子颜色的第 3 个参数删除，变为两个参数，棋子的颜色由棋盘类的属性 isBlack 确定。

5. 棋盘的初始化与悔棋

将棋盘类中的 replay()函数的函数名改为 initBoard，用于初始化棋盘，并修改 initBoard()函数中的代码，修改后的代码如下。

```
1  //下棋前，初始化棋盘
2  void CBoard::initBoard()
3  {
4      isPlaying = true;
5      isBlack = true;
6      boardStatus.clearBoard();
7  }
```

initBoard()函数中将 isPlaying 和 isBlack 都设置为 true，再调用 CBoardStatus 类的 clearBoard()函数清空棋盘上所有的棋子。

修改 goback()函数，实现悔棋功能，代码如下。

```
1  void CBoard::goback()
2  {
3      if (!isPlaying)
4          return;
5      if (!boardStatus.chesses.empty())
6      {
7          boardStatus.removeLastChess();
8          isBlack = !isBlack;
9          pDlg->RedrawWindow();
10         Sleep(500);
11         if (!boardStatus.chesses.empty())
12         {
13             boardStatus.removeLastChess();
14             isBlack = !isBlack;
15             pDlg->RedrawWindow();
16         }
17     }
18 }
```

这里的悔棋指的是人下棋时的悔棋，计算机一方是不能悔棋的。当人下一个棋子后，计算机下一个棋子，这时可以单击“悔棋”按钮进行悔棋，首先拿掉计算机一方的最后一个棋子，然后拿掉人一方的最后一个棋子，之后人可以重新下一个棋子，因此悔棋是要拿掉两个棋子的（注意：悔棋的时机是在计算机下完棋之后、人还没有下棋前，在计算机思考下棋的时间段向是不能悔棋的）。

第 5 行代码判断棋盘上的棋子是否为空，若为空则不能悔棋。如果棋盘上的棋子不为空，则拿掉最后一个棋子（该棋子是计算机一方下的棋子），刷新界面后停留 0.5 秒（Sleep()函数的参数的单位是毫秒，函数的作用是使程序暂停参数指定的毫秒），以便能够看清悔棋的过程。如果棋盘上的棋子仍然不为空，则再拿掉一个棋子（该棋子是人一方下的棋子）。

6. 添加计算机下棋的函数

在 CBoard 类中添加计算机下棋的函数 computerGo()，代码如下。

```
1  //计算机下棋
2  void CBoard::computerGo()
3  {
4      if (!isPlaying)   return;
5      int col;
6      int row;
7      while (true)
8      {
9          col = rand() % 15;
10         row = rand() % 15;
11         if (!hasChess(col, row))
12         {
13             putChess(col, row);
14             break;
15         }
16     }
17 }
```

在循环中随机生成0～14的随机数，如果该位置无棋子，则在此处放一个棋子，结束循环。这里只是实现了计算机的随机下棋，计算机智能下棋的具体算法在下一节实现。

### 5.1.5　实现人与计算机轮流下棋功能

1. 实现下棋功能

在对话框类中添加鼠标左键被按下、鼠标移动和“开始”按钮的消息响应函数。其中鼠标移动的消息响应函数与单机版相同，代码如下。

```
1  void CFiveAIDlg::OnMouseMove(UINT nFlags, CPoint point)
2  {
3      if (board.canGo(point))
4          SetCursor(LoadCursor(NULL, IDC_HAND));
5      else
6          SetCursor(::LoadCursor(NULL, IDC_ARROW));
7      CDialogEx::OnMouseMove(nFlags, point);
8  }
```

鼠标左键被按下的消息响应函数的代码如下。

```
void CFiveAIDlg::OnLButtonDown(UINT nFlags, CPoint point)
1  {
2      board.Go(point);
3      board.computerGo();
4      CDialogEx::OnLButtonDown(nFlags, point);
5  }
```

每按下一次鼠标左键，首先调用棋盘类的 Go()函数在鼠标点下一个棋子，然后调用棋盘类的 computerGo()函数让计算机下一个棋子。

“开始”按钮的消息响应函数的代码如下。

```
void CFiveAIDlg::OnClickedStart()
 1  {
 2        board.initBoard();
 3        RedrawWindow();
 4        if (m_btnComputerFirst.GetCheck())
 5        {
 6            board.computerGo();
 7        }
 8  }
```

首先调用棋盘类的 initBoard()函数清理棋盘，然后刷新界面，如果勾选了“计算机先”，则调用 computerGo()函数，让计算机先下一个棋子，然后等待鼠标左键被按下事件。如果没有勾选“计算机先”，则直接等待鼠标左键被按下事件，让人先下棋。

2. 实现悔棋功能

在对话框类中添加“悔棋”按钮的消息响应函数，代码如下。

```
1  void CFiveAIDlg::OnClickedGoback()
2  {
3       board.goback();
4  }
```

这个函数比较简单，只需调用棋盘类的 goback()函数完成悔棋功能即可。

这时下棋功能就基本实现了，重新编译运行程序，就可以完成人与计算机的轮流下棋，只不过计算机下子的位置是随机的，如图 5-3 所示。

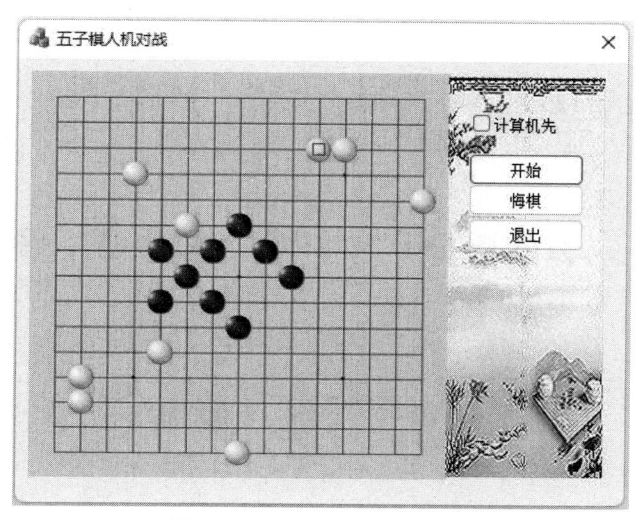


图 5-3　人与计算机轮流下棋

下一节我们给出计算机选取下棋位置的算法，真正实现人机对战。

计算机智能下棋

## 5.2 计算机智能下棋

这一节将实现计算机智能下棋，通过计算每个空白位置的价值（也就是在该位置下棋后，所形成棋型的价值），然后找出价值最大的空位下棋。因此，需要分析五子棋的各种棋型，并给每种棋型一个合适的估值，能够根据棋盘的状态，分析在每个空位下棋后所形成的棋型。

### 5.2.1 五子棋的棋型与估值

1. 五子棋的棋型

要使计算机能够实现智能下棋，需要了解五子棋的各种棋型以及各种棋型的价值。为了编程简单，本书只涉及以下一些棋型，连五、活四、冲四、活三、眠三、活二和眠二。当然如果要进一步提高计算机的下棋水平，则要分析研究各种复杂的棋型，以及各种棋型的价值。这里主要是训练程序设计的能力，而不是研究五子棋本身。下面分别介绍各种棋型及其价值。

为了形象地表示棋型，使用图 5-4 所示的图例，分别表示黑棋、白棋和空位。

（1）连五。连五就是五个同色棋子连在一起，先形成连五的一方赢棋，如图 5-5 所示（这里以黑棋的棋型为例）。

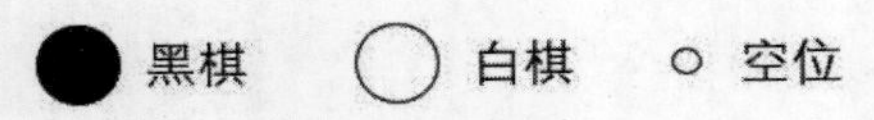


图 5-4　表示棋型的图例

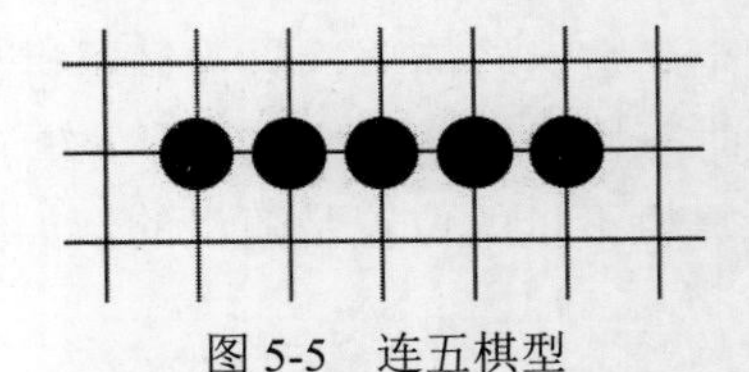

图 5-5　连五棋型

（2）活四。活四是有两个可以形成连五的点，因此当活四出现的时候，对手已经无法阻止自己连五了。我们分析出三种活四棋型，如图 5-6 所示。

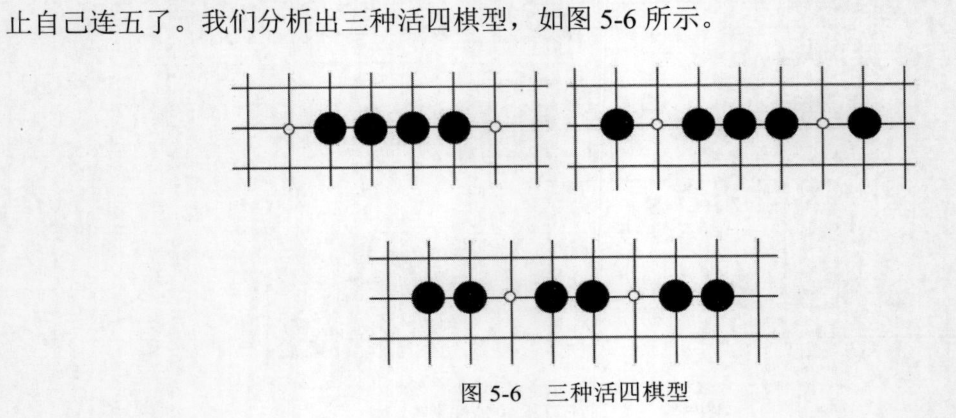

图 5-6　三种活四棋型

（3）冲四。冲四是有一个可以形成连五的点，如图 5-7 所示。冲四有三种棋型，无论哪一种都有一个可以形成连五的点。如果自己形成一个冲四棋型，那么只要对方占据形成连五的点就可以防止自己形成连五棋型，因此冲四棋型的价值小于活四棋型的价值。

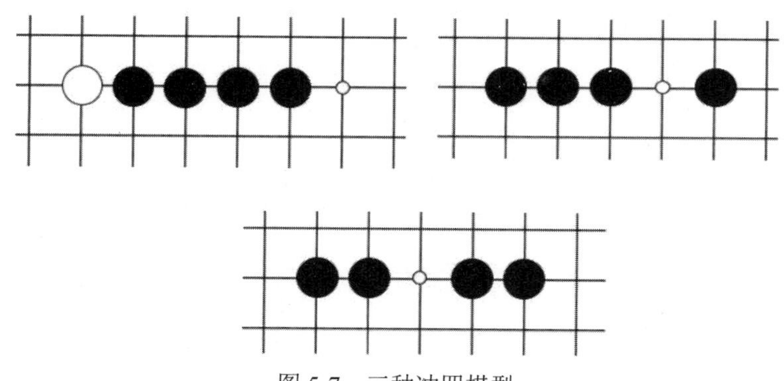

图 5-7　三种冲四棋型

（4）活三。可以形成活四的棋型称为活三，有两种最基本的活三棋型，如图 5-8 所示。形成活三棋型后，对方必须要占据其中的一个形成活四的点，否则自己再下一个棋子就形成活四棋型，对手就无法防守了。

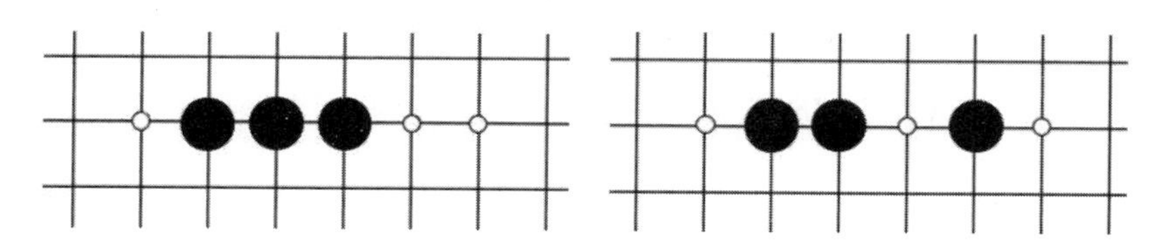

图 5-8　两种活三棋型

（5）眠三。能够形成冲四的棋型称为眠三，有四种最基础的眠三棋型，如图 5-9 所示。眠三棋型与活三棋型相比，眠三棋型的价值要小很多。

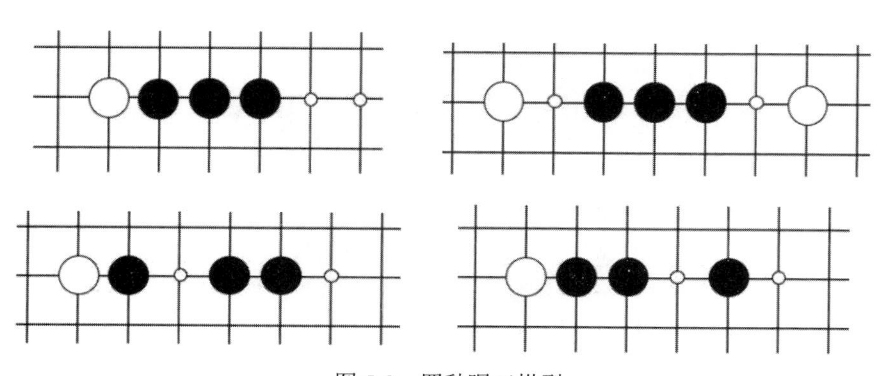

图 5-9　四种眠三棋型

（6）活二。能够形成活三的两个棋子称为活二，如图 5-10 所示是两种基本的活二棋型。

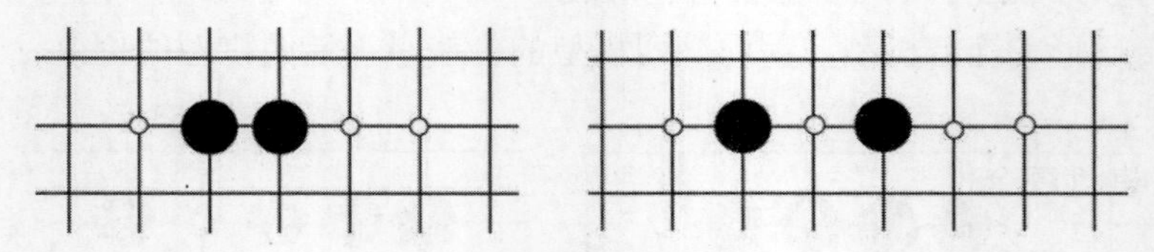

图 5-10　两种活二棋型

（7）眠二。能够形成眠三的两个棋子称为眠二，如图 5-11 所示是两种基本的眠二棋型。

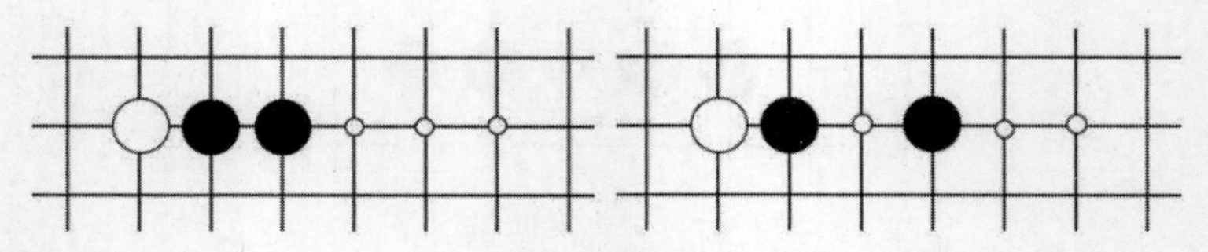

图 5-11　两种眠二棋型

2. 位置估值与棋型估值

可以将估值分成两部分，一部分是位置估值，显然越靠近棋盘的中央位置，价值越高，越靠近边界的位置，价值越低；另一部分是棋型估值，就是前面介绍的各种棋型所具有的价值。

（1）位置估值。位置估值就是事先给每个位置一个固定的分值，靠近棋盘中央位置的分值高，靠近边界位置的分值低。将棋盘中心位置的分值设为 7，然后向外分值逐渐减少，边界位置的分值为 0，如图 5-12 所示。

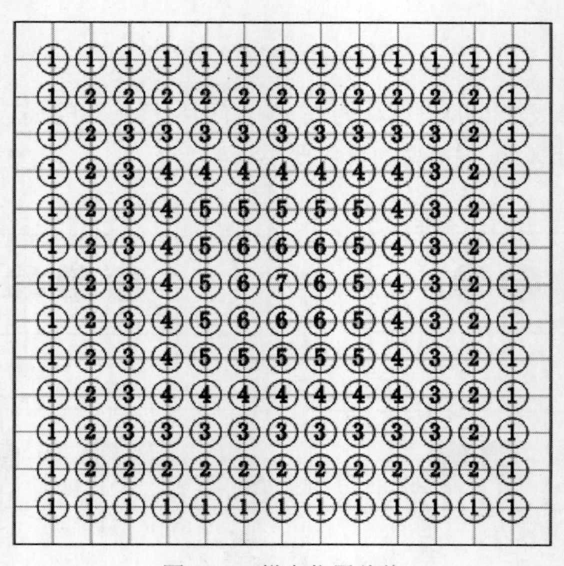


图 5-12　棋盘位置估值

由于棋盘是对称的，因此在程序中可以先给出棋盘左上角四分之一位置的分值，然后复制到其他位置。

观察图 5-12 左上角四分之一位置的分值，可以用该位置的行号和列号的最小值得到该位置的分值，而另外三个部分的分值可以由第一部分的分值推导得出。例如我们用二维数组 staticValue 记录棋盘每个位置的分值，可以通过下面的程序计算位置的分值。

```
1  #include<stdio.h>
2  int main()
3  {
4      int staticValue[15][15];
5      for (int i = 0; i <= 15 / 2; i++) {
6          for (int j = 0; j <= 15 / 2; j++) {
7              staticValue[i][j] = i < j ? i : j;
8              staticValue[15-1-i][j] = staticValue[i][j];
9              staticValue[i][15-1-j] = staticValue[i][j];
10             staticValue[15-1-i][15-1-j] = staticValue[i][j];
11         }
12     }
13     for (int i = 0; i < 15; i++) {
14         for (int j = 0; j <15; j++) {
15             printf("%3d", staticValue[i][j]);
16         }
17         printf("\n");
18     }
19 }
```

需要注意的是，在我们的程序中，数组的第一个下标表示列坐标，第二个下标表示行坐标，但由于位置估值是对称的，所以直接输出没有影响。

（2）棋型估值。根据前面介绍的棋型，给每种棋型一个恰当的分值，以便计算各个空位的价值。例如我们给予各种棋型的分值如下。

连五：50000；

活四：5000；

冲四：2000；

活三：1000；

眠三：400；

活二：200；

眠二：80。

当然这些分值只是一个大概的估算，例如，同样是眠三，其不同的棋型（图 5-9），其价值也不完全相同，这里我们不再细分，可以随着对五子棋的深入理解而调整这些棋型的价值。

### 5.2.2 估值类 CEvaluate

1. 添加估值类 CEvaluate

为 FiveAI 项目添加估值类 CEvaluate，对应的文件是 Evaluate.h 和 Evaluate.cpp。对棋盘每个位置的估值，以及查找最佳的下棋位置，都是在 CEvaluate 类中完成的。

文件 Evaluate.h 的代码如下。

```
1   #pragma once
2   #include "Chess.h"
3   #define FIVE              50000
4   #define HUO_FOUR          5000
5   #define CHONG_FOUR        2000
6   #define HUO_THREE         1000
7   #define MIAN_THREE        400
8   #define HUO_TWO           200
9   #define MIAN_TWO          80
10  class CEvaluate
11  {
12  private:
13      CBoard* m_pBoard;
14      int blackValue[15][15];
15      int whiteValue[15][15];
16      int staticValue[15][15];
17  public:
18      CEvaluate(CBoard* m_pBoard);
19      void getBestPosition(int& col, int& row, bool isComputerFirst);
20  private:
21      int evaluate(ChessColor color, int col, int row);
22      int getValue(int chCount1, int chCount2, int chCount3, int spCount1,
                                          int spCount2, int spCount3, int spCount4);
23          void getBlanksValue()
24          void sort(int allValue[15 * 15][3], int k);
25  };
```

第 3～9 行代码定义了各种棋型的价值。由于估值是针对棋盘上某一个局面进行的，因此 CEvaluate 类中有一个棋盘类的指针属性（第 13 行代码），还有三个属性分别是黑棋估值、白棋估值和位置估值。黑棋估值就是在某个空位放一个黑棋，给黑棋带来的价值。因为棋盘上一共有 15*15 个下棋位置，这三个属性都是 15*15 的二维数组。

成员函数 getBestPosition()的功能就是查找最佳的下棋位置（估值最大的位置），另外还有三个私有函数，稍后在给出函数定义时再详细介绍。

在 Evaluate.cpp 文件中添加如下文件的包含。

```
#include "Board.h"
```

2. 构造函数

构造函数为黑棋估值数组、白棋估值数组和位置估值数组初始化，代码如下。

```
1  CEvaluate::CEvaluate(CBoard* board):m_pBoard(board)
2  {
3      memset(blackValue, 0, sizeof(blackValue));
4      memset(whiteValue, 0, sizeof(whiteValue));
5      for (int i = 0; i <= 15 / 2; i++) {
6          for (int j = 0; j <= 15 / 2; j++) {
7              staticValue[i][j] = i < j ? i : j;
8              staticValue[15 - 1 - i][j] = staticValue[i][j];
9              staticValue[i][15 - 1 - j] = staticValue[i][j];
10             staticValue[15 - 1 - i][15 - 1 - j] = staticValue[i][j];
11         }
12     }
13 }
```

数组 staticValue 保存每一点的位置价值，越靠近棋盘中心，价值越大，数组 blackValue 保存每一空位下黑棋给黑棋带来的价值，数组 whiteValue 保存每一空位下白棋给白棋带来的价值，这两个数组的所有元素在构造方法中都被初始化为 0。

3. evaluate()函数

函数 evaluate()是计算由参数指定位置的黑棋估值或白棋估值。

要找到价值最大的空位点，需要计算每个空位的价值，而空位的价值是由该点所能形成的棋型决定的，每一个点又可以从四个方向形成各种棋型，即水平方向、垂直方向，左上角到右下角方向，以及左下角到右上角方向。为了判断某一点下棋后能够形成的棋型，首先要得到在某个方向上的棋子信息，也就是图 5-13 所示的某个方向的棋子分布。

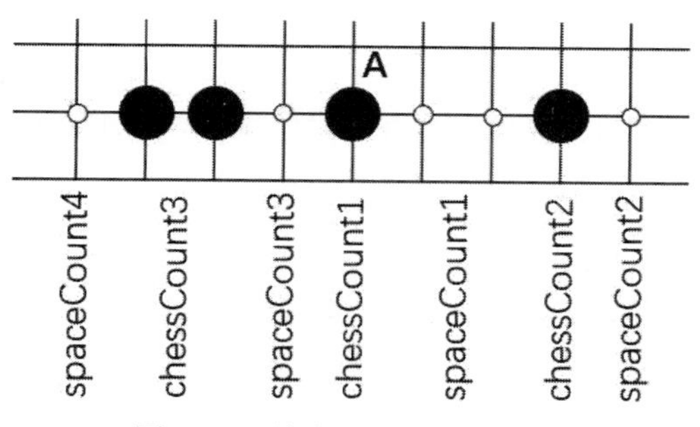


图 5-13　某个方向的棋子分布

假设原来 A 点是空位，现在在 A 点放一个黑棋，我们要根据 A 点两侧的黑棋和空位的情况判断棋型，要以 A 点为中心，向两侧检查黑棋与空位的分布情况，这里需要七个变量。图 5-13 所示的变量 chessCount1 表示在 A 点放一个黑棋后，形成连续黑棋的数量，图 5-13 中的 chessCount1=1；变量 spaceCount1 表示前面连续黑棋右侧的连续空位数，图 5-13 中的

spaceCount1=2；变量 chessCount2 是前面连续空位右侧的连续黑棋数，图 5-13 中的 chessCount2=1；变量 spaceCount2 是最右侧的连续空位数，图 5-13 中的 spaceCount2=1；变量 spaceCount3 是中间连续黑棋左侧的连续空位数，图 5-13 中 spaceCount3=1；变量 chessCount3 是上面连续空位左侧的连续黑棋数，图 5-13 中的 chessCount3=2；spaceCount4 是最左侧的空位数，图 5-13 中的 spaceCount4=1。

得到上面的七个变量的值，就可以得到在 A 点放置一个黑棋后形成的棋型，从而得到该点放置黑棋的黑棋估值，采用同样的方式可以得到该点放置白棋后的白棋估值。

下面给出 evaluate()函数的代码。

```
1  // 计算指定位置的估值，每个点有两个估值，即黑棋估值和白棋估值
2  // 参数 col, row 指定要估值的点，color 指定是对黑棋估值，还是对白棋估值
3  int  CEvaluate::evaluate(ChessColor color, int col, int row)
4  {
5      int k, m;
6      int value = 0;
7      int chessCount1 = 1;      // 棋子数 1
8      int chessCount2 = 0;      // 棋子数 2
9      int chessCount3 = 0;      // 棋子数 3
10     int spaceCount1 = 0;      // 空位数 1
11     int spaceCount2 = 0;      // 空位数 2
12     int spaceCount3 = 0;      // 空位数 3
13     int spaceCount4 = 0;      // 空位数 4
14     //水平方向
15     //向增加的方向查找相同颜色连续的棋子
16     for (k = col + 1; k < 15; k++) {
17         if (m_pBoard->boardStatus.status[k][row] == color) {
18             chessCount1++;
19         }
20         else {//遇到不是同颜色棋子的位置，结束循环，得到 chessCount1 的值
21             break;
22         }
23     }
24     //在上述同颜色棋子尽头查找连续的空位数，得到 spaceCount1 的值
25     while ((k < 15) && (m_pBoard->boardStatus.status[k][row]==ChessColor::BLANK)) {
26         spaceCount1++;
27         k++;
28     }
29     if (spaceCount1 == 1) {//如果只有一个空位，则继续查找同颜色棋子，得到 chessCount2 的值
30         while ((k < 15) && (m_pBoard->boardStatus.status[k][row] == color)) {
31             chessCount2++;
32             k++;
```

```
33              }
34              //在上述同颜色棋子尽头查找连续的空位数，得到 spaceCount2 的值
35              while ((k < 15) && (m_pBoard->boardStatus.status[k][row] == ChessColor::BLANK))
36               {
37                   spaceCount2++;
38                   k++;
39              }
40          }
41          //向相反方向查找相同颜色连续的棋子，与前面算法一样
42          for (k = col - 1; k >= 0; k--) {
43              if (m_pBoard->boardStatus.status[k][row] == color) {
44                   chessCount1++;
45              }
46              else {
47                   break;
48              }
49          }
50          //在棋子的尽头查找连续的空位数
51          while ((k>=0) && (m_pBoard->boardStatus.status[k][row] == ChessColor::BLANK)){
52              spaceCount3++;
53              k--;
54          }
55          if (spaceCount3 == 1) {
56              while ((k >= 0) && (m_pBoard->boardStatus.status[k][row] == color)) {
57                   chessCount3++;
58                   k--;
59              }
60              while((k>=0) && (m_pBoard->boardStatus.status[k][row]==ChessColor::BLANK))
61              {
62                   spaceCount4++;
63                   k--;
64              }
65          }
66          if (chessCount1 + chessCount2 + chessCount3 + spaceCount1
                                + spaceCount2 + spaceCount3 + spaceCount4 >= 5) {
67              //7 个变量的取值决定了棋型，根据这些变量获取棋型的估值
68              value += getValue(chessCount1, chessCount2, chessCount3, spaceCount1,
                                              spaceCount2, spaceCount3, spaceCount4);
69          }
70          // 垂直方向
71          chessCount1 = 1;
72          chessCount2 = 0;
```

```
73          chessCount3 = 0;
74          spaceCount1 = 0;
75          spaceCount2 = 0;
76          spaceCount3 = 0;
77          spaceCount4 = 0;
78          //向增加的方向查找相同颜色连续的棋子
79          for (k = row + 1; k < 15; k++) {
80              if (m_pBoard->boardStatus.status[col][k] == color) {
81                  chessCount1++;
82              }
83              else {
84                  break;
85              }
86          }
87          //在上述同颜色棋子尽头查找连续的空位数
88          while((k<15) && (m_pBoard->boardStatus.status[col][k]==ChessColor::BLANK)){
89              spaceCount1++;
90              k++;
91          }
92          if (spaceCount1 == 1) {
93              while ((k < 15) && (m_pBoard->boardStatus.status[col][k] == color)) {
94                  chessCount2++;
95                  k++;
96              }
97              while((k<15) && (m_pBoard->boardStatus.status[col][k]==ChessColor::BLANK)){
98                  spaceCount2++;
99                  k++;
100             }
101         }
102         //向相反方向查找相同颜色连续的棋子，前面的算法一样
103         for (k = row - 1; k >= 0; k--) {
104                 if (m_pBoard->boardStatus.status[col][k] == color) {
105                 chessCount1++;
106             }
107             else {
108                 break;
109             }
110         }
111         //在相反方向的棋子尽头查找连续的空位数
112         while((k>=0) && (m_pBoard->boardStatus.status[col][k]==ChessColor::BLANK)){
113             spaceCount3++;
114             k--;
```

```
115         }
116         if (spaceCount3 == 1) {
117             while ((k >= 0) && (m_pBoard->boardStatus.status[col][k] == color)) {
118                 chessCount3++;
119                 k--;
120             }
121             while((k>=0)&&(m_pBoard->boardStatus.status[col][k]==ChessColor::BLANK)){
122                 spaceCount4++;
123                 k--;
124             }
125         }
126         if(chessCount1 + chessCount2 + chessCount3 + spaceCount1
                            + spaceCount2 + spaceCount3 + spaceCount4 >= 5) {
127             //7 个变量的取值决定了棋型，根据这些变量获取棋型的估值
128             value += getValue(chessCount1, chessCount2, chessCount3, spaceCount1,
                                        spaceCount2, spaceCount3, spaceCount4);
129         }
130         // 左上角到右下角方向
131         chessCount1 = 1;
132         chessCount2 = 0;
133         chessCount3 = 0;
134         spaceCount1 = 0;
135         spaceCount2 = 0;
136         spaceCount3 = 0;
137         spaceCount4 = 0;
138         //向增加的方向查找相同颜色连续的棋子
139         for (k = col + 1, m = row + 1; k < 15 && m < 15; k++, m++) {
140             if (m_pBoard->boardStatus.status[k][m] == color) {
141                 chessCount1++;
142             }
143             else {
144                 break;
145             }
146         }
147         //在上述相同颜色棋子尽头查找连续的空位数
148         while((k<15)&&(m<15)&&(m_pBoard->boardStatus.status[k][m]==ChessColor::BLANK)){
149             spaceCount1++;
150             k++;
151             m++;
152         }
153         if (spaceCount1 == 1) {
154             while((k<15)&&(m<15) && (m_pBoard->boardStatus.status[k][m]==color)){
```

```
155                 chessCount2++;
156                 k++;
157                 m++;
158             }
159             while((k<15) && (m<15) && (m_pBoard->boardStatus.status[k][m] == ChessColor::BLANK)){
160                 spaceCount2++;
161                 k++;
162                 m++;
163             }
164         }
165         //向相反方向查找相同颜色连续的棋子，与前面的算法一样
166         for (k = col - 1, m = row - 1; (k >= 0) && (m >= 0); k--, m--) {
167             if (m_pBoard->boardStatus.status[k][m] == color) {
168                 chessCount1++;
169             }
170             else {
171                 break;
172             }
173         }
174         //在相反方向的棋子尽头查找连续的空位数
175         while((k>= 0) && (m>= 0) && (m_pBoard->boardStatus.status[k][m]==ChessColor::BLANK)){
176             spaceCount3++;
177             k--;
178             m--;
179         }
180         if (spaceCount3 == 1) {
181             while((k>=0) && (m>=0) && (m_pBoard->boardStatus.status[k][m]==color)){
182                 chessCount3++;
183                 k--;
184                 m--;
185             }
186             while ((k >= 0) && (m >= 0) && (m_pBoard->boardStatus.status[k][m]==ChessColor::BLANK)){
187                 spaceCount4++;
188                 k--;
189                 m--;
190             }
191         }
192         if (chessCount1 + chessCount2 + chessCount3 + spaceCount1
                            + spaceCount2 + spaceCount3 + spaceCount4 >= 5){
193             //7 个变量的取值决定了棋型，根据这些变量获取棋型的估值
194             value += getValue(chessCount1, chessCount2, chessCount3, spaceCount1,
                                               spaceCount2, spaceCount3, spaceCount4);
```

```
195         }
196         //左下角到右上角方向
197         chessCount1 = 1;
198         chessCount2 = 0;
199         chessCount3 = 0;
200         spaceCount1 = 0;
201         spaceCount2 = 0;
202         spaceCount3 = 0;
203         spaceCount4 = 0;
204         for(k = col+1, m = row-1; k < 15 && m >= 0; k++, m--){ //向增加方向查找相同颜色连续的棋子
205             if (m_pBoard->boardStatus.status[k][m] == color) {
206                 chessCount1++;
207             }
208             else {
209                 break;
210             }
211         }
212         while((k<15)&&(m>=0)&&(m_pBoard->boardStatus.status[k][m]==ChessColor::BLANK)){
213             spaceCount1++;
214             k++;
215             m--;
216         }
217         if (spaceCount1 == 1) {
218             while((k<15) && (m>=0) && (m_pBoard->boardStatus.status[k][m]==color)){
219                 chessCount2++;
220                 k++;
221                 m--;
222             }
223             while ((k < 15) && (m >= 0) && (m_pBoard->boardStatus.status[k][m]==ChessColor::BLANK)){
224                 spaceCount2++;
225                 k++;
226                 m--;
227             }
228         }
229         for (k = col - 1, m = row + 1; k >= 0 && m < 15; k--, m++) {
230             if (m_pBoard->boardStatus.status[k][m] == color) {
231                 chessCount1++;
232             }
233             else {
234                 break;
235             }
236         }
```

```
237        while((k>=0) && (m<15) && (m_pBoard->boardStatus.status[k][m]==ChessColor::BLANK)){
238            spaceCount3++;
239            k--;
240            m++;
241        }
242        if (spaceCount3 == 1) {
243            while ((k>=0) && (m<15) && (m_pBoard->boardStatus.status[k][m]==color)){
244                chessCount3++;
245                k--;
246                m++;
247            }
248            while ((k >= 0) && (m < 15)
                           && (m_pBoard->boardStatus.status[k][m]==ChessColor::BLANK)){
249                spaceCount4++;
250                k--;
251                m++;
252            }
253        }
254        if (chessCount1 + chessCount2 + chessCount3 + spaceCount1
                           + spaceCount2 + spaceCount3 + spaceCount4 >= 5) {
255            //7 个变量的取值决定了棋型，根据这些变量获取棋型的估值
256            value += getValue(chessCount1, chessCount2, chessCount3, spaceCount1,
                                           spaceCount2, spaceCount3, spaceCount4);
257        }
258        return value;
259    }
```

这个函数的代码比较长，主要过程就是在棋盘上的某个空位放置一个指定颜色的棋子，该棋子带来的价值，每一个点都要计算四个方向所形成的棋型的估值，将这四个方向的估值加起来就是该点的估值。

四个方向计算估值的方法相同，下面以水平方向为例（第 5～69 行代码），分析计算方法。首先获取图 5-13 所示的 7 个变量的值，然后根据这些变量的值得出棋型，从而获得估值。

第 5～13 行代码定义变量并初始化。因为要在该空位放置一个棋子，因此将 chessCount1 初始化为 1，其他变量都初始化为 0。

第 16～23 行代码查找下棋点右侧连续同颜色的棋子，将同颜色的棋子数加入变量 chessCount1。

第 24～28 行代码查找上面连续同颜色棋子右侧的空位，将连续的空位数赋给变量 spaceCount1。

第 29 行代码判断如果 spaceCount1 的值是 1，则继续向右统计连续的同色棋子和空位，否则不再统计右侧的数据（如果 spaceCount1 的值是 0，则说明遇到另一种颜色的棋子或遇到边

界，如果 spaceCount1 的值大于 1，则右侧的棋子对下棋点没有价值贡献）。

第 30～33 行代码查找上面空位右侧连续同颜色的棋子，将同颜色的棋子数赋给变量 chessCount2。

第 35～39 行代码查找上面连续同颜色棋子右侧的连续空位，将连续空位数赋给变量 spaceCount2。

右侧处理结束后，第 42～65 行代码再从下棋点的左侧向左统计连续的棋子数，加入变量 chessCount1，与上面介绍的向右侧统计的方法一样，接着统计其左侧的空位数 spaceCount3，再统计棋子数 chessCount3 和空位数 spaceCount4。

第 66～69 行代码判断七个变量的和不小于 5 才有价值，调用 getValue()函数获取这个棋型的价值，并加到变量 value 中。getValue()函数稍后在下面介绍。

其他三个方向的处理与水平方向的处理类似，此处不再详细分析。计算出这七个变量的值之后，调用 getValue()函数得到对应棋型的价值，最后得到四个方向的棋型总价值，将这个总价值作为函数的返回值。

4. getValuate()函数

getValue()函数根据前面介绍的五子棋的各种棋型，以及上面得到的七个变量的值。以 chessCount1 为基础，综合两端的情况判断棋型，得到对应的价值。在 getValue()函数中，计分的棋型包括连五、活四、冲四、活三、眠三、活二和眠二，其他情况不计分，代码如下。

```
1   //根据前面得到的 7 个变量的值，判定棋型并给出其估值
2   int   CEvaluate::getValue(int chCount1, int chCount2, int chCount3,
                              int spCount1, int spCount2, int spCount3, int spCount4)
3   {
4       int value = 0;
5       if (chCount1 >= 5) {      //赢棋(●●●●●) （以黑棋为例）
6           return FIVE;
7       }
8       switch (chCount1) {
9           case 4:
10              if ((spCount1 > 0) && (spCount3 > 0)){ //活四(_●●●●_) （_表示空位）
11                  value = HUO_FOUR;
12              }
13              else if((spCount1 > 0)|| (spCount3 > 0)){
14                  value = CHONG_FOUR;          //冲四(○●●●●_ ，  _●●●●○)
15              }
16              break;
17          case 3:
18              if(((spCount1==1)&&(chCount2>=1))&&((spCount3==1)&&(chCount3>=1))){
19                  value = HUO_FOUR;        //活四(●_●●●_●)
20              }
```

```
21                  else if (((spCount1 == 1) && (chCount2 >= 1))
                                  || ((spCount3 == 1) && (chCount3 >= 1))) {
22                      value = CHONG_FOUR;          //冲四（●●●_●，  ●_●●●）
23                  }
24                  else if(((spCount1>1)&&(spCount3>0))||((spCount1>0)&&(spCount3>1))){
25                      value = HUO_THREE;            //活三（_●●●_ _，  _ _●●●_）
26                  }
27                  else if(spCount1>1 || spCount3>1 || (spCount1==1 && spCount3==1)) {
28                      value = MIAN_THREE;           //眠三（●●●_ _，  _ _●●●，  _●●●_）
29                  }
30                  break;
31              case 2:
32                  if((spCount1==1) && (chCount2>=2) && (spCount3==1) && (chCount3>=2)){
33                      value = HUO_FOUR;        //活四（●●_●●_●●）
34                  }
35                  else if (((spCount1 == 1) && (chCount2 >= 2))
                                  ||((spCount3 == 1) && (chCount3 >= 2))) {
36                      value = CHONG_FOUR;          //冲四（●●_●●）
37                  }
38                  else if(((spCount1==1)&&(chCount2==1)&&(spCount2>0)&&(spCount3>0))
                              ||((spCount3==1)&&(chCount3==1))&&(spCount1>0)&&(spCount4>0)){
39                      value = HUO_THREE;            //活三（_●●_●_，  _●_●●_）
40                  }
41                  else if((spCount1==1 && chCount2==1 && (spCount2>0 || spCount3>0))
                              ||(spCount3==1 && chCount3==1 && (spCount4>0 || spCount3>0))){
42                      value = MIAN_THREE;    //眠三（○●●_●_，_●●_●○，_●_●●○，○●_●●_）
43                  }
44                  else if((spCount1>1) && (spCount3>0) || (spCount1>0) && (spCount3>1)){
45                      value = HUO_TWO;        //活二（_●●_ _，_ _●●_）
46                  }
47                  else if((spCount1>2 && spCount3==0) || (spCount3>2 && spCount1==0)){
48                      value = MIAN_TWO;             //眠二（○●●_ _ _，  _ _ _●●○）
49                  }
50                  break;
51              case 1:
52                  if((spCount1==1 && chCount2>=3) || (spCount3==1 && chCount3>=3)){
53                      value = CHONG_FOUR;          //冲四（●_●●●，●●●_●）
54                  }
55                  else if(((spCount1==1)&&(chCount2==2)&&(spCount2>=1)&&(spCount3>=1))
                              ||((spCount3==1)&&(chCount3==2)&&(spCount1>=1)&&(spCount4>=1))){
56                      value = HUO_THREE;            //活三（_●_●●_，_●●_●_）
57                  }
```

```
58                  else if((spCount1==1 && chCount2==2 && (spCount2>=1 || spCount3>=1))
                            ||(spCount3==1 && chCount3==2 && (spCount1>=1 || spCount4>=1))){
59                      value = MIAN_THREE;     //眠三（○●_●●_，_●_●●○，_●●_●○，○●●_●_）
60                  }
61                  else if(spCount1 == 1 && chCount2 == 1 &&
                            ((spCount2>1 && spCount3>0) || (spCount2>0 && spCount3>1))){
62                      value = HUO_TWO;        //活二（_●_●__，  __●_●_）
63                  }
64                  else if(spCount3 == 1 && chCount3 == 1 &&
                            ((spCount1>0 && spCount4>1)|| (spCount1>1 && spCount4>0))){
65                      value = HUO_TWO;        //活二（__●_●_，  _●_●__）
66                  }
67                  else if (spCount1 == 1 && chCount2 == 1 &&
                            ((spCount2>1 && spCount3==0)|| (spCount2==0 && spCount3>1))){
68                      value = MIAN_TWO;              //右侧有棋子，眠二（○●_●__，  __●_●○）
69                  }
70                  else if(spCount3 == 1 && chCount3 == 1 &&
                            ((spCount1>1 && spCount4==0)|| (spCount1==0 && spCount4>1))){
70                      value = MIAN_TWO;              //左侧有棋子：眠二（○●_●__，  __●_●○）
72                  }
73                  break;
74              default:
75                  value = 0;
76                  break;
77          }
78          return value;
79  }
```

首先第 5 行代码判断中间连续同颜色的棋子数 chCount1 是否已经达到 5，如果达到 5 则将 FIVE 作为估值返回，否则处理其他情况。

在 switch 语句中，根据中间连续同颜色的棋子数 chCount1 为 4、3、2、1 的不同情况分别进行处理，根据棋型为该点的估值赋值。可以根据每个分支的 if 条件和对应的棋型注释理解每一个分支的逻辑。

第 61～66 行代码，有两个 if 分支都是活二棋型，是因为这个活二棋型的条件太多，如果写在一个 else if 语句中，则比较混乱，因此写在两个 else if 语句中。

同样的原因，第 67～72 行代码也是两个 else if 语句都是眠二棋型。

getValue()函数根据七个变量的值分析出对应的棋型，上面的分析不一定很全面，另外每一种棋型的价值也不一定一样，例如活三的两种棋型（图 5-8）的价值应该有所不同，我们在这里并没有给予不同的分值，因此这里的程序只是提供了一种计算估值的方法，有兴趣的读者可以根据自己的理解给出更恰当的算法。

5. getBlanksValue()函数

有了前面的估值函数，就可以计算每个空位的黑棋估值和白棋估值，getBlanksValue()函数就是计算所有空位的黑棋估值和白棋估值，代码如下。

```
//获取每个空位的黑棋估值和白棋估值
 1  void   CEvaluate::getBlanksValue()
 2  {
 3        int i, j;
 4        for (i = 0; i < 15; i++) {
 5              for (j = 0; j < 15; j++) {//对棋盘的所有点循环
 6                    blackValue[i][j] = 0;
 7                    whiteValue[i][j] = 0;
 8                    if (m_pBoard->boardStatus.status[i][j] == ChessColor::BLANK) {  //空位
 9                          blackValue[i][j] = evaluate(ChessColor::BLACK, i, j);    //黑棋估值
10                          whiteValue[i][j] = evaluate(ChessColor::WHITE, i, j);    //白棋估值
11                    }
12              }
13        }
14  }
```

getBlanksValue()函数使用两层循环，遍历棋盘上的每一个交叉点，如果其是空位，则计算出该空位的黑棋估值和白棋估值。

6. getBestPosition()函数

有了空位的估值函数，就可以找到计算机的最佳下棋位置。getBestPosition()函数就是查找计算机最佳下棋位置的函数，代码如下。

```
 1  //计算最佳下棋位置，参数 col，row 是最佳下棋位置，isComputerFirst 表示是否计算机先手
 2  void CEvaluate::getBestPosition(int& col, int& row, bool isComputerFirst)
 3  {
 4        getBlanksValue();     //获取所有空位估值
 5        //定义一个保存总估值的具有三列的二维数组，第一、二列是某点的列坐标和行坐标
 6        //第三列是该点的总估值。定义这样一个数组主要是为了将来要对总估值进行排序
 7        int k = 0;
 8        int totalValue[15 * 15][3];
 9        for (int i = 0; i < 15; i++) {
10              for (int j = 0; j < 15; j++) {
11                    if (m_pBoard->boardStatus.status[i][j] == ChessColor::BLANK)
12                    {
13                          totalValue[k][0] = i;
14                          totalValue[k][1] = j;
15                          if (isComputerFirst)//给计算机的棋型估值加 20%，优先形成自己的棋型
16                                totalValue[k][2] = blackValue[i][j] * 1.2 + whiteValue[i][j]+ staticValue[i][j];
17                          else
```

```
18                              totalValue[k][2] = blackValue[i][j] + whiteValue[i][j] * 1.2+ staticValue[i][j];
19                         k++;
20                    }
21               }
22          }
23          sort(totalValue, k);   //对总估值降序排列，将估值最高的点排到前面
24          //如果有几个点同时具有最大得分，则这些点一定排在最前面，从中随机选取一个作为最佳点
25          int maxValue = totalValue[0][2];
26          k = 1;          //具有最大估值点的数量
27          while (totalValue[k][2] == maxValue) {
28               k++;
29          }
30          int r;
31          srand(time(0));
32          r = rand() % k;               //r 的值在 0 到 k-1 之间
33          col = totalValue[r][0];
34          row = totalValue[r][1];
35   }
```

我们查找计算机最佳下棋位置的策略是在整个棋盘中，找到一个估值最大的空位。我们将空位的总估值定义为黑棋估值加上白棋估值，再加上位置估值。

第 4 行代码调用 getBlanksValue()函数计算棋盘上每个空位的黑棋估值和白棋估值。第 8 行代码定义一个具有三列的二维数组 totalValue，数组的第一、二列是某点的列坐标和行坐标，第三列是该点的总估值，定义这样一个数组主要是为了将来要对总估值进行排序。我们用图 5-14 来直观地理解二维数组 totalValue。

| col | row | value |
|---|---|---|
| 0 | 0 | 0 |
| 0 | 1 | 0 |
| 0 | 4 | 0 |
| 1 | 0 | 0 |
| 1 | 1 | 101 |
| 1 | 2 | 1 |
| 1 | 13 | 81 |
| 2 | 0 | 0 |
| 2 | 8 | 1000 |
| 2 | 12 | 2500 |
| 3 | 4 | 5000 |
| 3 | 8 | 6000 |
| 4 | 5 | 6000 |
| 4 | 9 | 3000 |
| …… | …… | …… |

（a）排序前的数据

| col | row | value |
|---|---|---|
| 3 | 8 | 6000 |
| 4 | 5 | 6000 |
| 3 | 4 | 5000 |
| 4 | 9 | 3000 |
| 2 | 12 | 2500 |
| 2 | 8 | 1000 |
| 1 | 1 | 101 |
| 1 | 13 | 81 |
| 1 | 2 | 1 |
| 0 | 0 | 0 |
| 0 | 1 | 0 |
| 0 | 4 | 0 |
| 1 | 0 | 0 |
| 2 | 0 | 0 |
| …… | …… | …… |

（b）排序后的数据

图 5-14　数组 totalValue 排序前后的数据

图 5-14（a）所示是排序前的数据（这里只显示部分数据，实际所有空位的估值都在这个数组中），图 5-14（b）所示是按总估值排序后的数据。在这个例子中有两个空位同时具有最大的估值，将在这两个空位中随机选择一个作为计算机的落子点。

第 7～22 行代码计算每个空位的总估值，每个空位的总估值等于该空位的黑棋估值加上白棋估值，再加上位置估值。这里将计算机一方的估值增加 20%，目的是使计算机优先走出自己的棋型，也称为进攻优先。

第 23 行代码调用 sort()函数对 totalValue 按第三列（总估值）进行降序排列（sort()函数在后面介绍）。

最后选取具有最大估值的点作为计算机的落子点。如果有多个点具有相同的最大估值，则从中随机选取一个作为落子点。

第 25～29 行代码统计具有最大估值的空位数 k。第 30～32 行代码产生一个 0 ~ k-1 的随机数 r，选择第 r 行作为计算机的最佳下棋位置。

7. sort 函数

sort()函数使用 shell 排序方法，按二维数组第三列的值降序排列，代码如下。

```
1   //对数组按第三列的值（allValue[][2]降序排列）
2   //参数 allValue：待排序的数组，k 是排序的行数（也就是空位数）
3   void CEvaluate::sort(int allValue[15 * 15][3], int k) {
4       for (int i = 0; i < k; i++) {
5           for (int j = 0; j < k - 1; j++) {
6               int ti, tj, tvalue;
7               if (allValue[j][2] < allValue[j + 1][2]) {
8                   tvalue = allValue[j][2];                //交换第 3 列
9                   allValue[j][2] = allValue[j + 1][2];
10                  allValue[j + 1][2] = tvalue;
11                  ti = allValue[j][0];                    //交换第 1 列
12                  allValue[j][0] = allValue[j + 1][0];
13                  allValue[j + 1][0] = ti;
14                  tj = allValue[j][1];                    //交换第 2 列
15                  allValue[j][1] = allValue[j + 1][1];
16                  allValue[j + 1][1] = tj;
17              }
18          }
19      }
20  }
```

sort()函数就是一个普通的排序函数，需要注意的是，在交换两行的值时，要保证三列的数据同时交换。

### 5.2.3　实现计算机智能下棋

有了上面查找计算机最佳下棋位置函数后，就可以在计算机走棋函数中调用该函数，实现计算机智能下棋。只需要将 5.1 节中的计算机随机落子改为最佳位置落子即可。

1. 修改棋盘类 CBoard

（1）添加属性。在 CBoard 中添加一个表示是否计算机先手的属性 isComputerFirst 和一个 CEvaluate 指针类型的属性 pEvaluate。为了方便在其他类中访问，将 isComputerFirst 定义为 public 类型，代码如下。

```
private:
    CEvaluate *pEvaluate;
public:
bool isComputerFirst;
```

在 Board.h 文件中添加如下文件的包含。

```
#include "Evaluate.h"
```

（2）修改构造函数。修改 CBoard 类的构造函数，创建 CEvaluate 对象，修改后的构造函数如下。

```
1  CBoard::CBoard(CDialogEx*pDlg)
2  {
3      this->pDlg = pDlg;
4      isBlack = true;
5      isPlaying = false;
6      pEvaluate = new CEvaluate(this);
7      CBoard::LoadBitmap();
8      CChess::LoadBitmap();
9  }
```

其中第 6 行代码是新添加的，用来创建 CEvaluate 对象。

（3）修改 computerGo()函数。修改棋盘类的 computerGo()函数，使计算机根据前面计算的最佳位置下棋，修改后的代码如下。

```
1  void CBoard::computerGo()
2  {
3      if (!isPlaying)    return;
4      int col = 0;
5      int row = 0;
6      pEvaluate->getBestPosition(col, row, isComputerFirst);
7      putChess(col, row);
8  }
```

第 6 行代码调用 CEvaluate 类的 getBestPosition()函数获得计算机的最佳下棋位置。第 7 行代码在该最佳位置下棋。

2. 修改对话框类的 OnClickedStart()函数

修改对话框类的 OnClickedStart()函数，修改后的代码如下。

```
1  void CFiveAIDlg::OnClickedStart()
2  {
3      board.initBoard();
4      RedrawWindow();
5      board.isComputerFirst = false;
6      if (m_btnComputerFirst.GetCheck())
7      {
8          board.isComputerFirst = true;
9          board.computerGo();
10     }
11 }
```

首先初始化棋盘并重绘五子棋人机对战界面，然后将棋盘类的 isComputerFirst 设置为false，第 6 行代码用于是否勾选对话框中的“计算机先”复选框，如果勾选则将 isComputerFirst 赋值为 true，再调用棋盘类的 computerGo()函数，让计算机先下一个棋子。

完成上面的代码后，重新编译运行程序，这时计算机已经具有一定的智能了。当然目前我们只考虑了当前棋局状态，而如果要提高计算机的下棋水平，则要多计算几个可能走棋方法才行。下一节我们将使用极小极大搜索法，使计算机能够计算到未来几个可能走棋方法，从而提高计算机的下棋水平。

极小极大搜索法

## 5.3 极小极大搜索法提高下棋水平

极小极大搜索法，也称为极小化极大搜索法，是一种找出失败的最大可能性中的最小值的算法（即最小化对手的最大得益），通常以递归形式实现。

极小极大搜索法一般应用在博弈搜索中，如围棋、五子棋、象棋等，结果有三种可能：胜利、失败和平局。

假设 A 和 B 对弈，轮到 A 走棋了，那么会遍历 A 的每一个可能走棋方法，然后对于前面 A 的每一个走棋方法，遍历 B 的每一个走棋方法，接着遍历 A 的每一个走棋方法，如此循环下去，直到得到确定的结果或达到了搜索深度的限制。当达到了搜索深度的限制时，仍无法判断结局，一般都是根据当前局面的形式，给出一个得分，计算得分的方法被称为评价函数。

### 5.3.1 棋局的评估与极小极大搜索法

在 5.2 节中是根据哪个空位的估值最大，就选择哪个位置下棋。而使用极小极大搜索法，需要对整个棋局的优劣进行评价，因此不能采用 5.2 节的方法。棋局的优劣是指对计算机而言，计算机处于优势还是劣势，如果计算机处于优势，则空位的估值是一个较大的值，如果计算机处于劣势，则空位的估值就是一个较小的值。估值的计算方法是否适当，对于计算机下棋水平具有重要的影响，因此设计一个好的评估方法非常重要。

1. 棋局的评估

现在所说的棋局估值，和 5.2 节对空位的估值是不一样的。空位估值的目的是找一个价值最大的空位作为下一步的落子点，与哪一方优劣没有关系，而棋局的估值是对当前整个棋盘的局势进行评估，评价哪一方更具有优势。

对棋局的评估，要分析整个棋盘的每一方所有棋子形成的棋型，将所有棋型的估值求和，然后将两方的总估值相减，可以判断哪一方占有优势。例如用计算机的总估值减去人的总估值，这个值越大计算机越有优势，这个值越小人越有优势。

分析整个棋盘所有棋子形成的棋型比较复杂，要分析每一行、每一列以及两个对角线上所形成的所有棋型。对于行和列所形成的棋型分析比较简单，对于对角线所形成的棋型要复杂一些，以左下角到右上角的对角线为例进行分析，如图 5-15 所示。对于左上角和右下角部分的对角线，由于不落下 5 个棋子，因此无须处理，剩下的一共是 21 条对角线需要处理（图中只画出部分对角线），因此一共需要处理的有 72 条线（水平 15 条，垂直 15 条，两个对角线各 21 条）。

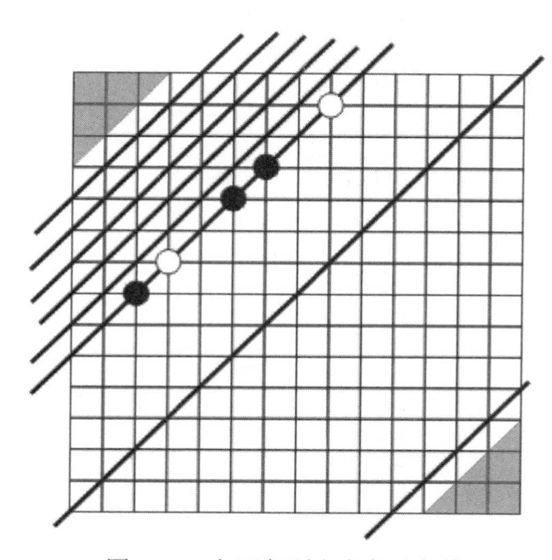

图 5-15 左下角到右上角对角线

分析的方法是，首先将每一条线上的棋子状态保存到一维数组中，然后对一维数组进行分析，例如，将图 5-15 中画有棋子的线保存到一维数组中，数组中各元素的值就是{2,2,0,1,2,0,0,2,1,2}，其中 0 表示黑子（ChessColor::BLACK），1 表示白子（ChessColor::WHITE），2 表示空位（ChessColor::BLANK）。

有了这个保存棋盘某一条线上的状态数组后，我们只需要对这个数组进行分析即可。为了简化分析过程，只分析连续棋子形成的棋型（图 5-16），不再分析不连续棋子形成的棋型，虽然这样处理不是很精确，但如果处理所有情况确实非常复杂。

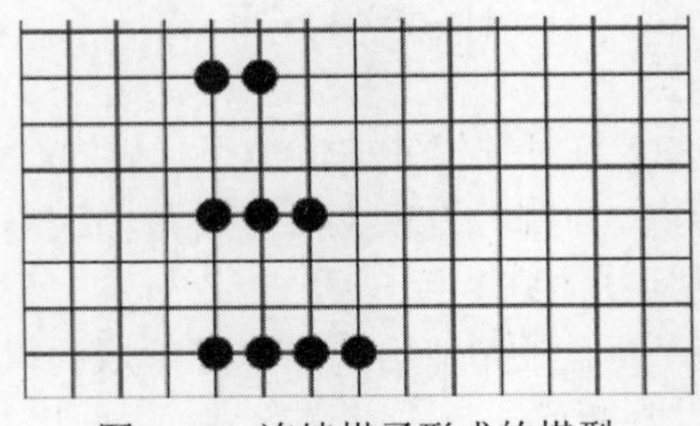

图 5-16　连续棋子形成的棋型

2. 极小极大搜索法

假设计算机执黑棋先行，有很多个位置可以下第一个棋子，如图 5-17 所示的 B、C、D 等节点的位置（实际上第一个棋子可以下在任何位置，也就是有 15×15 个位置可以选择）。

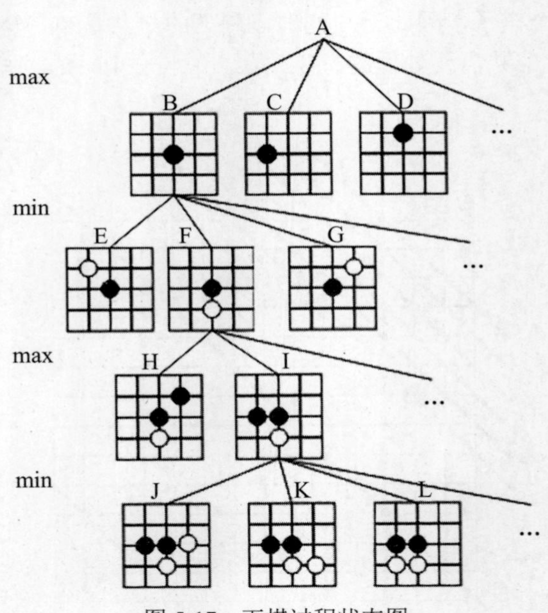


图 5-17　下棋过程状态图

当然计算机应该在 B、C、D 等节点（即棋盘上的交叉点）对应的位置上选择一个最有利的位置，也就是估值最大的那个位置下棋，这个估值并不是目前 B、C、D 等节点状态对应的估值，而是下了若干个棋子之后或棋局结束时整个棋盘状态的估值。

图 5-17 所表示的下棋过程状态图，可以看成一个分层的图形，第一步棋在第一层（也就是节点 B、C、D 所在的层）选择下棋位置；第二步棋根据第一步棋的落子位置，在其下面一

层（也就是 E、F、G 节点所在的层）选择下棋位置。下棋过程就是从最上层一步步向下，直到棋局结束。

假如黑棋下在 B 节点对应的位置，则白棋也有很多下棋的位置，如 E、F、G 等节点对应的位置，在这些位置上显然要选择一个对白棋更有利的位置，也就是估值最小的那个位置下棋（棋盘状态的总估值定义为棋盘状态对应的黑棋估值减去棋盘状态对应的白棋估值）。

再下一层又轮到计算机下棋，这样循环下去，一层选择估值最大的位置，另一层选择估值最小的位置，直到棋局结束或达到事先指定的层数。由于随着搜索层数的增加，所要搜索点的数量迅速增多，因此一般只能规定搜索有限的层数。

为了叙述方便，用带估值的状态介绍极小极大搜索法，如图 5-18 所示。

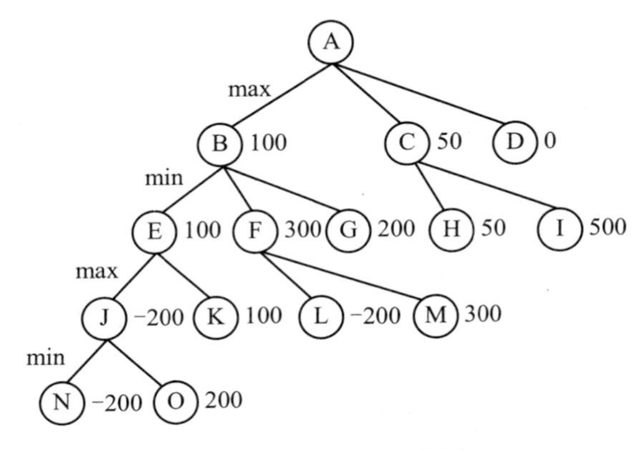


图 5-18　带估值的状态图

假设棋局在 N、O 状态的估值分别为−200 和 200，因为轮到人（白棋）下棋，所以选择最小的估值点下棋，也就是选择 N 状态的下棋方法，得到 J 点的估值为−200。假设 K 状态的估值是 100，在这一层轮到计算机下棋，应选 J 状态和 K 状态最大的估值点下棋，也就是选择 K 状态对应的下棋方法，因此得到 E 状态的估值是 100。同样 F 状态的估值应选取 L 状态和 M 状态的最大估值，得到 F 状态的估值是 300。B 状态的估值应选取 E、F、G 状态的最小估值，即 100。A 状态的估值应选择 B、C、D 状态的最大估值，即 100，也就是选择 B 状态对应的下棋方法。

下面用极小极大搜索法实现计算机智能下棋的功能。

### 5.3.2　极小极大搜索法的实现

#### 1. 在 Evaluate 类中定义常量

在 Evaluate.h 文件中添加三个常量的定义，并修改原来棋型的估值，修改后的代码如下。

```
#define FIVE                100000
#define HUO_FOUR            10000
#define CHONG_FOUR          2000
```

```
#define HUO_THREE           1000
#define MIAN_THREE          400
#define HUO_TWO             200
#define MIAN_TWO            80
#define LARGE_NUMBER        10000000
#define SEARCH_DEPTH        4
#define SAMPLE_NUMBER       10
```

其中 SEARCH_DEPTH 是极小极大搜索法搜索的深度，SAMPLE_NUMBER 是在搜索时选择的样本数，也就是说在搜索时并不是对每一种可能方案都进行搜索，而是选取部分较优方案进行搜索。例如在开始时有 15×15 个空位，没有必要将每个空位都试一下，而是选择估值较大的几个空位作为样本进行搜索。LARGE_NUMBER 就是一个很大的数。

2. 在 Evaluate 类中添加 evaluateGame()函数

添加棋局估值函数 evaluateGame()对当前的局面进行评估，根据双方各种棋型的数量计算每一方的估值，用计算机一方的估值减去人一方的估值得到棋局的估值。棋局估值越大，则计算机一方越有优势；棋局估值越小，则人一方越有优势。在棋盘中可以在四个方向形成各种棋型，即水平、垂直、左上角到右下角、左下角到右上角四个方向，例如前面的图 5-15 显示的是左下角到右上角的方向。因此，要在四个方向统计所有棋型的数量，方法是将每一条线上的状态保存到一维数组中，然后对这个数组进行分析得到各种棋型，并累加每个棋型的估值，代码如下。

```
1   //返回棋局的估值，估值越大表明计算机一方越有优势
2   int CEvaluate::evaluateGame()
3   {
4       int value = 0;
5       int i, j, k;                    //i 是列坐标，j 是行坐标
6       ChessColor line[15];            //每一条线最多有 15 个落子点
7       //对每一行估值
8       for (j = 0; j < 15; j++) {              //对行循环
9           for (i = 0; i < 15; i++) {          //将一行的棋子状态信息保存到一维数组中
10              line[i] = m_pBoard->boardStatus.status[i][j];           //第一个下标是列下标
11          }
12          value += evaluateLine(line, 15, ChessColor::BLACK);        //加上黑棋的估值
13          value -= evaluateLine(line, 15, ChessColor::WHITE);        //减去白棋的估值
14      }
15      // 对每一列估值
16      for (i = 0; i < 15; i++) {              //对列循环
17          for (j = 0; j < 15; j++) {          //将一列的棋子状态信息保存到一维数组中
18              line[j] = m_pBoard->boardStatus.status[i][j];
19          }
20          value += evaluateLine(line, 15, ChessColor::BLACK);
21          value -= evaluateLine(line, 15, ChessColor::WHITE);
```

```
22          }
23          // 左下角到右上角对角线估值
24          for (j = 4; j < 15; j++) {                    //左上角部分的对角线
25              for (k = 0; k <= j; k++) {
26                  line[k] = m_pBoard->boardStatus.status[k][j - k];
27              }
28              value += evaluateLine(line, j + 1, ChessColor::BLACK);
29              value -= evaluateLine(line, j + 1, ChessColor::WHITE);
30          }
31          for (i = 1; i < 15 - 4; i++) {               //右下角部分的对角线
32              for (k = 0; k < 15 - i; k++) {
33                  line[k] = m_pBoard->boardStatus.status[k + i][14 - k];
34              }
35              value += evaluateLine(line, 15 - j, ChessColor::BLACK);
36              value -= evaluateLine(line, 15 - j, ChessColor::WHITE);
37          }
38          // 左上角到右下角对角线估值
39          for (j = 0; j < 15 - 4; j++) {               //左下角部分的对角线
40              for (k = 0; k < 15 - j; k++) {
41                  line[k] = m_pBoard->boardStatus.status[k][k + j];
42              }
43              value += evaluateLine(line, 15 - j, ChessColor::BLACK);
44              value -= evaluateLine(line, 15 - j, ChessColor::WHITE);
45          }
46          for (i = 1; i < 15 - 4; i++) {               //右上角部分的对角线
47              for (k = 0; k < 15 - i; k++) {
48                  line[k] = m_pBoard->boardStatus.status[k + i][k];
49              }
50              value += evaluateLine(line, 15 - i, ChessColor::BLACK);
51              value -= evaluateLine(line, 15 - i, ChessColor::WHITE);
52          }
53          if (m_pBoard->isComputerFirst) {
54              return value;
55          }
56          else {
57              return -value;
58          }
59      }
```

第 8～14 行代码对水平方向处理，将每一行的棋子状态信息保存到数组 line 中，然后调用 evaluateLine()函数分别计算数组 line 中的黑棋估值和白棋估值（evaluateLine()函数在后面介绍），将黑棋的估值加到变量 value 中，将白棋的估值的负值加到变量 value 中。其他三个方向的处理方法类似。第 15～22 行代码处理垂直方向，第 23～37 行代码处理从左下角到右上角的对角线方向，第 38～52 行代码处理从左上角到右下角的对角线方向。最后如果计算机执黑棋，则返回 value；如果计算机执白棋，则返回-value。

3. 在 Evaluate 类中添加 evaluateLine()函数

在 Evaluate 类中添加棋局估值函数调用的 evaluateLine()函数，代码如下。

```
1  //从一条线上的棋子状态分布，计算一条线上所有棋型的总估值
2  //line：指向代表棋型的一维数组；n：数组元素个数；color：指定要估值一方的棋子颜色
3  int CEvaluate::evaluateLine(ChessColor* line, int n, ChessColor color)
4  {
5      int chess, space1, space2;
6      int i, j;
7      int value = 0;
8      int begin, end;
9      for (i = 0; i < n; i++)
10         if (line[i] == color) {          //遇到要找的棋子，检查棋型，得到对应的分值
11             chess = 1;                   //棋子数量
12             begin = i;                   //棋子开始的下标
13             for (j = begin + 1; (j < n) && (line[j] == color); j++) {
14                 chess++;
15             }
16             if (chess < 2) {             //如果棋子的个数小于 2，则无须加分，继续向后搜索
17                 continue;
18             }
19             end = j - 1;                 //棋子结束的下标
20             space1 = 0;                  //棋子前面的空位数
21             space2 = 0;                  //棋子后面的空位数
22             //计算棋子前面的空位数（包括同颜色棋子）
23             for (j = begin - 1; (j >= 0) &&
                       ((line[j] == ChessColor::BLANK) || (line[j] == color)); j--){
24                 space1++;
25             }
26             //计算棋子后面的空位数（包括同颜色棋子）
27             for (j = end + 1; (j < n) &&
                       ((line[j] == ChessColor::BLANK) || (line[j] == color)); j++){
28                 space2++;
29             }
30             if (chess + space1 + space2 >= 5) {      //只有 5 个以上空位数的才有价值
31                 value += getValue(chess, space1, space2);
32             }
33             i = end + 1;             //从上述棋子的后面继续循环
34         }
35     return value;
36 }
```

evaluateLine()函数有三个参数，分别是保存棋子信息的一位数组 line、数组元素的个数 n 和处理棋子的颜色 color。从数组 line 的第一个元素开始查找，一旦遇到 color 颜色的棋子，就统计该颜色连续棋子的个数，如果连续棋子的个数大于 1，则再计算这段连续棋子前面的空位数和后面的空位数，最后调用 getValue()函数得到这段棋子的估值（getValue()函数将在下面给出），并加到变量 value 中，再继续向后查找。最终返回数组 line 对应的总估值 value。

4. 在 Evaluate 类中添加 getValue()函数

之前我们已经有了一个具有七个参数的 getValue()函数，这里再添加一个具有三个参数的 getValue()函数，这两个函数是重载 getValue()关系，函数代码如下。

```
1   //根据棋子数 chess 和两端的空位数 space1 和 space2，判断棋型并估值
2   int CEvaluate::getValue(int chess, int space1, int space2)
3   {
4       int value = 0;
5       //将棋型分成连五、活四、冲四、活三、眠三、活二、眠二
6       switch (chess) {
7           case 5:         //如果已经连成 5 子，则赢棋
8               value = FIVE;
9               break;
10          case 4:
11              if ((space1 > 0) && (space2 > 0)) {     //活四
12                  value = HUO_FOUR;
13              }
14              else if(space1 + space2 > 0) {          //冲四
15                  value = CHONG_FOUR;
16              }
17              break;
18          case 3:
19              if ((space1 > 0) && (space2 > 0) && (space1 + space2 > 2)){ //活三
20                  value = HUO_THREE;
21              }
22              else if(space1 + space2 >= 2) {         // 眠三
23                  value = MIAN_THREE;
24              }
25              break;
26          case 2:
27              if ((space1 > 0) && (space2 > 0)&&(space1+space2 > 3)){         //活二
28                  value = HUO_TWO;
29              }
30              else if (space1 + space2 >= 3) {        //眠二
31                  value = MIAN_TWO;
32              }
33              break;
```

```
34              default:
35                  value = 0;
36                  break;
37          }
38          return value;
39  }
```

getValue()函数根据连续棋子的个数和棋子前后的空位数（由 getValue()函数的三个参数给出）判断棋型，并根据棋型给出估值，最后函数返回估值。

5. 在 Evaluate 类中添加 getTheMostValuablePositions()函数

getTheMostValuablePositions()函数用来查找价值最大的几个空位作为进一步搜索的样本，即不需要对整个棋盘进行搜索，只对几个估值较大的空位进行搜索，这个估值包括空位的黑棋估值、白棋估值和静态估值，函数代码如下。

```
1   //获取最大估值的空位，返回值是最大估值空位的个数
2   int CEvaluate::getTheMostValuablePositions(int valuablePositions[SAMPLE_NUMBER][3])
3   {
4       getBlanksValue();                       //先计算每个空位的估值
5       int i,j,k = 0;
6       int totalValue[15 * 15][3];             //保存每个空位的估值（三列：列坐标、行坐标、估值）
7       for (i = 0; i < 15; i++) {
8           for (j = 0; j < 15; j++) {
9               if (m_pBoard->boardStatus.status[i][j] == ChessColor::BLANK) {
10                  totalValue[k][0] = i;   //列坐标
11                  totalValue[k][1] = j;   //行坐标
12                  //给计算机的棋型估值加 20%，优先形成自己的棋型
13                  if (m_pBoard->isComputerFirst)
14                      totalValue[k][2] = blackValue[i][j] * 1.2 + whiteValue[i][j]+ staticValue[i][j];
15                  else
16                      totalValue[k][2] = blackValue[i][j] + whiteValue[i][j] * 1.2+ staticValue[i][j];
17                  k++;
18              }
19          }
20      }
21      sort(totalValue, k);        //按估值降序排列
22      int size = k < SAMPLE_NUMBER ? k : SAMPLE_NUMBER;          //k 是空位数
23      //将 totalValue 中的前 size 个空位赋给 valuablePositions
24      for (i = 0; i < size; i++) {
25          valuablePositions[i][0] = totalValue[i][0];
26          valuablePositions[i][1] = totalValue[i][1];
27          valuablePositions[i][2] = totalValue[i][2];
28      }
29      return size;
30  }
```

第 4 行代码调用 getBlanksValue()函数计算每个空位的估值，并保存到 CEvaluate 类的 blackValue、whiteValue 属性中。

为了方便按估值大小对空位排序，第 6 行代码定义一个新的二维数组 totalValue，该数组每一行对应棋盘上一个空位的信息，共有三列。第一列是该空位的列坐标，第二列是该空位的行坐标，第三列是该空位的估值（等于该点黑棋估值、白棋估值和位置估值之和）。在计算空位的总估值时为计算机一方的估值增加 20%，目的是使计算机下棋时优先形成自己的棋型。例如，如果计算机在空位 A 落子将形成活四，如果人在空位 B 落子也可以形成活四，此时计算机应选择在空位 A 落子。

数组 totalValue 通过循环获得估值后，第 21 行代码调用 sort()函数按估值降序排列，这样排在最前面的就是估值最大的空位。SAMPLE_NUMBER 是我们设定的搜索样本数，k 是数组 totalValue 中实际的行数，size 取这二者中的最小者。

最后将 totalValue 中估值最大的 size 个空位赋给 valuablePositions，并返回 size。

6. 修改 getTheBestPosition()函数

修改 getTheBestPosition()函数，使用极小极大搜索法，获得计算机的下棋位置，修改后的代码如下。

```
1   //计算最佳下期位置，col、row 是最佳下棋位置，isComputerFirst 表示是否计算机先手
2   void CEvaluate::getBestPosition(int& col, int& row, bool isComputerFirst)
3   {
4       getBlanksValue();
5       int maxValue = -LARGE_NUMBER;
6       int value;
7       int positions[SAMPLE_NUMBER][3];
8       int k = getTheMostValuablePositions(positions);
9       for (int i = 0; i < k; i++) {
10          if (positions[i][2] >= FIVE) {          //已经连五，在此位置下一个棋子
11              col = positions[i][0];
12              row = positions[i][1];
13              break;
14          }
15          //计算机试着在这里下一个棋子
16          m_pBoard->boardStatus.status[positions[i][0]][positions[i][1]] =
                                isComputerFirst ? ChessColor::BLACK : ChessColor::WHITE;
17          //在该位置下一个棋子后，再找到最小估值，也就是最有利于人一方的局势
18          value = minValue(SEARCH_DEPTH);
19          //恢复为空位
20          m_pBoard->boardStatus.status[positions[i][0]][positions[i][1]] = ChessColor::BLANK;
21          //在这几个最小估值中选取一个最大的估值作为计算机的下棋位置
22          if (value > maxValue) {
```

```
23                  maxValue = value;
24                  col = positions[i][0];
25                  row = positions[i][1];
26              }
27          }
28  }
```

第 4 行代码调用 getBlanksValue()函数计算每个空位的估值，并保存到 CEvaluate 类的 blackValue、whiteValue 属性中。

第 8 行代码调用 getTheMostValuablePositions()函数，获取估值最大的几个空位存放于数组 positions 中作为搜索样本。

第 9～27 行代码对 positions 按行循环逐一搜索，在循环过程中，如果某个点的估值已经达到连五的价值，则在该点下棋就已经连成五个棋子，因此将该点作为落子点，并结束循环，否则试着在该点下一个棋子，再调用 minValue()函数搜索人下棋的最佳位置（minValue()函数将在下面介绍），并将 minValue()函数的返回值赋给变量 value，然后将该点恢复为空位。在这个循环中是要找到估值的最大值作为计算机的落子点。

7. 添加 minValue()函数

minValue()函数作为搜索树中人一方下棋的一层，搜索估值最小的分枝，代码如下。

```
1   //人一方下棋，寻找最小估值的分枝，返回最小估值，参数是剩余的搜索深度
2   int CEvaluate::minValue(int depth)
3   {
4       if (depth == 0) {            //如果搜索到最底层，则直接返回当前的估值
5           return evaluateGame();
6       }
7       getBlanksValue();
8       int bestValue = LARGE_NUMBER; //此变量为最佳分枝的估值，开始设置为一个很大的值
9       int value;
10      int positions[SAMPLE_NUMBER][3];
11      int k = getTheMostValuablePositions(positions);
12      for (int i = 0; i < k; i++) {
13          //人一方下棋时，如果该空位的人一方的估值达到连五的估值
14          //则不必再继续向下搜索，直接返回一个很大的负值
15          if (m_pBoard->isComputerFirst) {            //人执白棋
16              if (whiteValue[positions[i][0]][positions[i][1]] >= FIVE) {
17                  return -10 * FIVE;
18              }
19          }
20          else {
21              if (blackValue[positions[i][0]][positions[i][1]] >= FIVE) {
```

```
22                  return -10 * FIVE;
23              }
24          }
25          //人试着在这里下一个棋子
26          m_pBoard->boardStatus.status[positions[i][0]][positions[i][1]] =
                    m_pBoard->isComputerFirst ? ChessColor::WHITE : ChessColor::BLACK;
27          //人在该位置下一个棋子后，再找到最大估值，也就是最有利于计算机的局势
28          value = maxValue(depth - 1);
29          //恢复为空位
30          m_pBoard->boardStatus.status[positions[i][0]][positions[i][1]] = ChessColor::BLANK;
31          //在这几个最大估值中选取一个最小的估值作为人的下棋位置
32          if (value < bestValue) {
33              bestValue = value;
34          }
35      }
36      return bestValue;
37  }
```

minValue ()函数的参数是还要搜索的层数（即剩余的搜索深度），如果已经搜索到最后一层，则返回当前棋局的估值（第 4～6 行代码）。第 7 行代码调用 getBlanksValue()函数计算每个空位的估值。

剩下的代码与 getTheBestPosition()函数有些类似，第 7 行代码调用 getBlanksValue()函数计算每个空位的估值。第 11 行代码调用 getTheMostValuablePositions()函数，获取估值最大的几个空位存放于数组 positions 中作为搜索样本。再对 positions 按行循环逐一搜索，在循环过程中，试着在该点下一个棋子，再调用 maxValue()函数搜索计算机下棋的最佳位置（maxValue()方法将在下面介绍），并将 maxValue()函数的返回值赋给变量 value，再将该点恢复为空位。循环结束后将最小估值分枝的估值返回。

8. 添加 maxValue()函数

maxValue()函数作为搜索树中计算机下棋的一层，搜索估值最大的分枝，代码如下。

```
1   //计算机一方下棋，寻找最大估值的分枝，返回最大估值，参数是剩余的搜索深度
2   int CEvaluate::maxValue(int depth)
3   {
4       if (depth == 0) { //如果搜索到最底层，则直接返回当前的估值
5           return evaluateGame();
6       }
7       getBlanksValue();
8       int bestValue = -LARGE_NUMBER;   //此变量为最佳分枝的估值，开始设置为一个很小的值
9       int value;
10      int positions[SAMPLE_NUMBER][3];
11      int k = getTheMostValuablePositions(positions);
```

```
12        for (int i = 0; i < k; i++) {
13            //计算机一方下棋时，如果该空位的计算机一方的估值达到连五的估值
14            //则不必再继续向下搜索，直接返回一个很大的值
15            if (m_pBoard->isComputerFirst) {
16                if (blackValue[positions[i][0]][positions[i][1]] >= FIVE) {
17                    return 10 * FIVE;
18                }
19            }
20            else {
21                if (whiteValue[positions[i][0]][positions[i][1]] >= FIVE) {
22                    return 10 * FIVE;
23                }
24            }
25            m_pBoard->boardStatus.status[positions[i][0]][positions[i][1]] =
                          m_pBoard->isComputerFirst ? ChessColor::BLACK : ChessColor::WHITE;
26            value = minValue(depth - 1);
27            m_pBoard->boardStatus.status[positions[i][0]][positions[i][1]] = ChessColor::BLANK;
28            if (value > bestValue) {
29                bestValue = value;
30            }
31        }
32        return bestValue;
33    }
```

与 minValue()函数类似，其参数是还要搜索的层数，如果已经搜索到最后一层，则返回当前棋局的估值。对 positions 按行循环逐一搜索，在循环过程中，试着在该点下一个棋子，再调用 minValue()函数搜索人下棋的最佳位置，并将 minValue()函数的返回值赋给变量 value，再将该点恢复为空位。循环结束后将最大估值分枝的估值返回。

至此，五子棋的极小极大搜索法已经全部实现，试着改变搜索深度 SEARCH_DEPTH 常量，当搜索深度增加时，计算机下棋需要的时间显著增加。这是因为随着搜索深度的增加，需要处理的分枝急剧增加。为了改善计算机的下棋时间，下一节介绍 Alpha-Beta 搜索法。

Alpha-Beta 搜索法

## 5.4 Alpha-Beta 搜索法

### 5.4.1 Alpha-Beta 搜索法简介

在极小极大搜索法中，随着搜索深度的增加，计算量会迅速增加，因此不能将搜索深度设置得太深，采用 Alpha-Beta 搜索法能够将一些不必要的搜索删除，从而减少计算量。

Alpha-Beta 搜索法，使用 Alpha 剪枝和 Beta 剪枝方法删除不必要的搜索。我们用图 5-19 所示的搜索树介绍 Alpha 剪枝方法，设节点 A 是求极大值，节点 B 和节点 C 是求极小值。

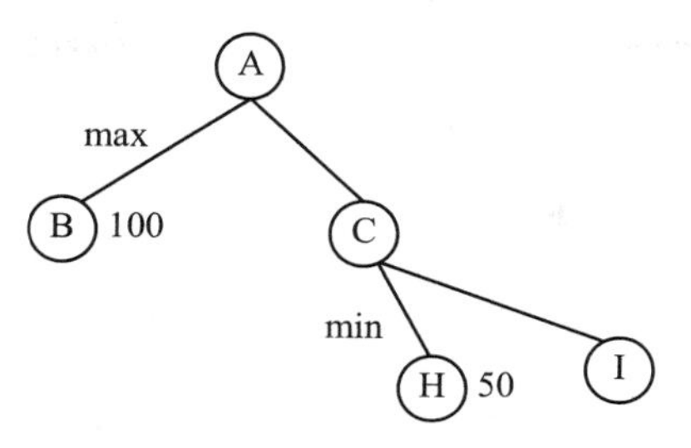


图 5-19　Alpha 剪枝方法

假设节点 B 以下的搜索树已经搜索结束，B 点搜索到的最小估值为 100，在搜索节点 C 下面的子树时，得到节点 H 的估值为 50，因为节点 C 是求节点 H 和节点 I 的最小值，所以节点 C 的估值不会大于 50，这样节点 A 一定选择节点 B，而不会选择节点 C，也就是说当节点 C 下面某个节点的估值小于节点 B 的估值时，节点 C 下面的其他分枝就没有必要搜索了，将这个分枝剪掉，该分枝称为 Alpha 剪枝。

与 Alpha 剪枝方法类似，我们用图 5-20 所示的搜索树介绍 Beta 剪枝方法。

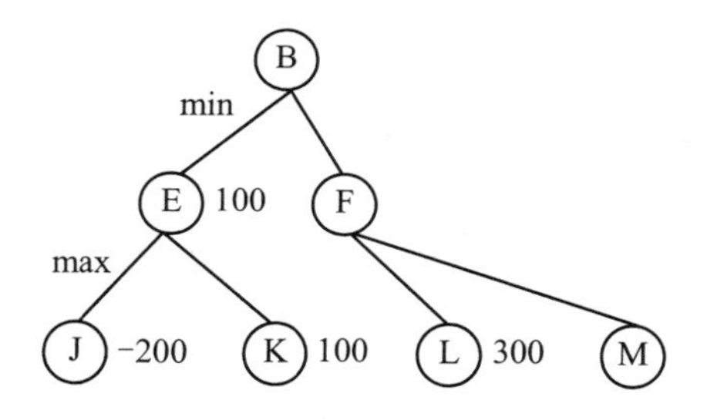


图 5-20　Beta 剪枝方法

假设节点 B 是求极小值，节点 E 和节点 F 是求极大值。节点 E 的估值为 100，在搜索 F 分枝时，已经得到节点 L 的估值是 300，因此节点 F 的估值不会小于 300，节点 B 一定选择节点 E 对应的分枝，这样节点 M 下面的分枝就没有必要搜索了，将这个分枝剪掉，该分枝称为 Beta 剪枝。

### 5.4.2　Alpha-Beta 搜索法的实现

修改前面程序中的 getBestPosition()函数、minValue()函数和 maxValue()函数，实现五子棋的 Alpha-Beta 搜索法。

1. 修改 getBestPosition()函数

修改后的 getBestPosition()函数如下。

```
1   //计算最佳下棋位置，col、row 是最佳下棋位置，isComputerFirst 表示是否计算机先手
2   void CEvaluate::getBestPosition(int& col, int& row, bool isComputerFirst)
3   {
4       getBlanksValue();
5       int maxValue = -LARGE_NUMBER;
6       int value;
7       int positions[SAMPLE_NUMBER][3];
8       int k = getTheMostValuablePositions(positions);
9       for (int i = 0; i < k; i++) {
10          if (positions[i][2] >= FIVE) {      //已经连五，在此位置下一个棋子
11              col = positions[i][0];
12              row = positions[i][1];
13              break;
14          }
15          //计算机试着在这里下一个棋子
16          m_pBoard->boardStatus.status[positions[i][0]][positions[i][1]] =
                        isComputerFirst ? ChessColor::BLACK : ChessColor::WHITE;
17          //在该位置下一个棋子后，再找到最小估值，也就是最有利于人一方的局势
18          value = minValue(SEARCH_DEPTH,-LARGE_NUMBER, LARGE_NUMBER);
19          //恢复为空位
20          m_pBoard->boardStatus.status[positions[i][0]][positions[i][1]] = ChessColor::BLANK;
21          //在这几个最小估值中选取一个最大的估值作为计算机的下棋位置
22          if (value > maxValue) {
23              maxValue = value;
24              col = positions[i][0];
25              row = positions[i][1];
26          }
27      }
28  }
```

该函数主要是第 18 行代码调用 minValue()函数的参数有了改变，由原来的一个参数改为三个参数。第一个参数仍然是搜索深度；第二个参数为很小的负数，作为当前搜索到的最大估值；第三个参数为很大的数，作为当前搜索到的最小估值。后两个参数用于 Alpha 剪枝和 Beta 剪枝。

2. 修改 minValue()函数

修改后的 minValue()函数如下。

```
1   //人一方下棋，寻找最小估值的分枝，返回最小估值，参数是剩余的搜索深度
2   int CEvaluate::minValue(int depth,int alpha, int beta)
3   {
4       if (depth == 0) { //如果搜索到最底层，则直接返回当前的估值
```

```
5            return evaluateGame();
6        }
7        getBlanksValue();
8        int bestValue = LARGE_NUMBER;      //最佳分枝的估值，开始设置为一个很大的值
9        int value;
10       int positions[SAMPLE_NUMBER][3];
11       int k = getTheMostValuablePositions(positions);
12       for (int i = 0; i < k; i++) {
13           //人一方下棋时，如果该空位的人一方的估值达到连五的估值
14           //则不必再继续向下搜索，直接返回一个很大的负值
15           if (m_pBoard->isComputerFirst) {        //人执白棋
16               if (whiteValue[positions[i][0]][positions[i][1]] >= FIVE) {
17                   return -10 * FIVE;
18               }
19           }
20           else {
21               if (blackValue[positions[i][0]][positions[i][1]] >= FIVE) {
22                   return -10 * FIVE;
23               }
24           }
25           //人试着在这里下一个棋子
26           m_pBoard->boardStatus.status[positions[i][0]][positions[i][1]] =
                     m_pBoard->isComputerFirst ? ChessColor::WHITE : ChessColor::BLACK;
27           //人在该位置下一个棋子后，再找到最大估值，也就是最有利于计算机的局势
28           value = maxValue(depth - 1,alpha, beta);
29           //恢复为空位
30           m_pBoard->boardStatus.status[positions[i][0]][positions[i][1]] = ChessColor::BLANK;
31           //在这几个最大估值中选取一个最小的估值作为人的下棋位置
32           if (value < beta) {  //beta 保存当前找到的最小估值
33               beta = value;
34               if (beta <= alpha)    //不需要继续搜索
35                   return alpha;
36           }
37       }
38       return beta;
39   }
```

minValue()函数的三个参数分别是还要搜索的层数（depth），当前搜索到的最大估值（alpha）和最小估值（beta），主要修改的代码是第 32～36 行，如果某个分枝的估值不大于 alpha（当前搜索到的最大估值），则不再搜索剩下的分枝，直接返回。

3. 修改 maxValue()函数

修改后的 maxValue()函数如下。

```
1   //计算机一方下棋，寻找最大估值的分枝，返回最大估值，参数是剩余的搜索深度
2   int CEvaluate::maxValue(int depth, int alpha, int beta)
3   {
4       if (depth == 0) { //如果搜索到最底层，则直接返回当前的估值
5           return evaluateGame();
6       }
7       getBlanksValue();
8       int bestValue = -LARGE_NUMBER;   //此变量为最佳分枝的估值，开始设置为一个很小的值
9       int value;
10      int positions[SAMPLE_NUMBER][3];
11      int k = getTheMostValuablePositions(positions);
12      for (int i = 0; i < k; i++) {
13          //计算机一方下棋时，如果该空位的计算机一方的估值达到连五的估值
14          //则不必再继续向下搜索，直接返回一个很大的值
15          if (m_pBoard->isComputerFirst) {
16              if (blackValue[positions[i][0]][positions[i][1]] >= FIVE) {
17                  return 10 * FIVE;
18              }
19          }
20          else {
21              if (whiteValue[positions[i][0]][positions[i][1]] >= FIVE) {
22                  return 10 * FIVE;
23              }
24          }
25          //计算机试着在这里下一个棋子
26          m_pBoard->boardStatus.status[positions[i][0]][positions[i][1]] =
                        m_pBoard->isComputerFirst ? ChessColor::BLACK : ChessColor::WHITE;
27          //计算机在该位置下一个棋子后，再找到最小值，也就是最有利于人一方的局势
28          value = minValue(depth - 1,alpha, beta);
29          //恢复为空位
30          m_pBoard->boardStatus.status[positions[i][0]][positions[i][1]] = ChessColor::BLANK;
31          if (value > alpha) {      //alpha 保存当前找到的最大估值
32              alpha = value;
33              if (alpha >= beta)   //不需要继续搜索
34                  return beta;
35          }
36      }
37      return alpha;
38  }
```

与 minValue()函数类似，maxValue()函数的三个参数分别是还要搜索的层数（depth），当前搜索到的最大估值（alpha）和最小估值（beta），主要修改的代码是第 31～35 行，如果某个分枝的估值不小于 beta（当前搜索到的最小估值），则不再搜索剩下的分枝，直接返回。

完成 Alpha-Beta 剪枝后，改变搜索深度常量 SEARCH_DEPTH，将其增加到 6，计算机下棋的速度还是可以接受的。

另外可以适当减少搜索样本数 SAMPLE_NUMBE，也可能会有较好的效果。

至此，五子棋人机大战的功能已全部完成，重新编译运行程序，查看运行结果。

# 参考文献


[1] 杨国兴．极简 C++[M]．北京：中国水利水电出版社，2021．

[2] 张远龙．C++服务器开发精髓[M]．北京：电子工业出版社，2021．

[3] 梁伟．Visual C++网络编程案例实战[M]．北京：清华大学出版社，2013．

[4] 朱晨冰．Visual C++ 2017 网络编程实战[M]．北京：清华大学出版社，2020．